Prammer
Rationales Umweltmanagement

Heinz Karl Prammer

Rationales Umweltmanagement

Entscheidungsrahmen und Konzeption für
ein ökologieorientiertes Rechnungswesen

GABLER

Univ.-Ass. Mag. Dr. rer. soc. oec. Heinz Karl Prammer ist wissenschaftlicher Mitarbeiter am Institut für Betriebliche und Regionale Umweltwirtschaft der Johannes Kepler-Universität Linz (Österreich). Außerdem ist er als Umweltgutachter gemäß EG-Öko-Audit-Verordnung tätig.

Die Deutsche Bibliothek - CIP-Einheitsaufnahme

Prammer, Heinz Karl:
Rationales Umweltmanagement : Entscheidungsrahmen und Konzeption
für ein ökologieorientiertes Rechnungswesen / Heinz Karl Prammer.
- Wiesbaden : Gabler, 1998
   ISBN 3-409-11403-3

© Betriebswirtschaftlicher Verlag Dr. Th. Gabler GmbH, Wiesbaden, 1998
Lektorat: Ralf Wettlaufer / Annegret Heckmann

Der Gabler Verlag ist ein Unternehmen der Bertelsmann Fachinformation GmbH.

http://www.gabler-online.de

Höchste inhaltliche und technische Qualität unserer Produkte ist unser Ziel. Bei der Produktion und Verbreitung unserer Werke wollen wir die Umwelt schonen: Dieses Werk ist auf säurefreiem und chlorfrei gebleichtem Papier gedruckt. Die Einschweißfolie besteht aus Polyäthylen und damit aus organischen Grundstoffen, die weder bei der Herstellung noch bei der Verbrennung Schadstoffe freisetzen.

Die Wiedergabe von Gebrauchsnamen, Handelsnamen, Warenbezeichnungen usw. in diesem Werk berechtigt auch ohne besondere Kennzeichnung nicht zu der Annahme, daß solche Namen im Sinne der Warenzeichen- und Markenschutz-Gesetzgebung als frei zu betrachten wären und daher von jedermann benutzt werden dürften.

Druck und Buchbinder: Hubert & Co., Göttingen
Printed in Germany

ISBN 3-409-11403-3

Geleitwort

Wie rational ist unternehmerisches Handeln? In Anbetracht der ökologischen Herausforderungen stellt sich diese Frage auch für Unternehmen als Subsysteme der Gesellschaft wieder neu. Die wichtigste Ressource zur Bewältigung dieser Aufgabe ist das Management, denn es hat die Aufgabe, unsere ökonomischen und sozialen Systeme den sich wandelnden, neuen Bedingungen anzupassen.

Um Erfolg im betrieblichen Umweltschutz zu erzielen, müssen zunächst jene Umweltaspekte des Unternehmens identifiziert werden, die bedeutende Auswirkungen auf die Umwelt haben oder haben können. Erst diese Selektionsleistung läßt eine System-Umwelt-Differenz entstehen, die erfolgsorientiertes Handeln des Umweltmanagements, d.h. die aktive Steuerung der Umweltaspekte des Unternehmens ermöglicht. Prammer zeigt auf, daß mit erfolgsorientiertem Handeln im betrieblichen Umweltschutz aber nur die subjektive Rationalität der Handlungsträger und damit das zweckrationales Prinzip zum Tragen kommt. Erst durch einen Dialog mit allen Beteiligten, d.h. durch kommunikativ rationale Handlungen werden Voraussetzungen für gesamthafte Rationalität (auch) bei ökologischen Fragestellungen geschaffen. Kommunikativ rationale Handlungen müssen aber nicht zwangsläufig zu einer stärkeren Ausrichtung an ökologische Belange führen. Prammer argumentiert, daß nur im Zusammenhang mit einer sozialökologischen Verantwortungsethik eine hinreichende Orientierung für das Management gegeben ist. Vor diesem Hintergrund ist auch die vom Autor vorgenommene Erweiterung des Modells der „Fünf Komponenten einer Vision" (*Bleicher*) durch eine sozial-ökologische Ethik als treibende Kraft für die Bildung ökonomischer und sozialer Visionen zu sehen.

Mit der Diskussion und Darstellung des St. Galler Management-Modells wird ein Bezugsrahmen für ein integriertes Umweltmanagement gespannt, das über einseitiges Erfolgsfaktoren-Denken hinausreicht. Das Aufzeigen neuer Möglichkeiten für strukturelle und kulturelle Auseinandersetzungen und Problemlösungen ist zugleich ein Beleg für die Bedeutung des normativen Managements im betrieblichen Umweltschutz.

Bei der weiteren Konkretisierung des Bezugsrahmens für eine dauerhafte Verankerung des betrieblichen Umweltschutzes werden von Prammer - ausgehend vom normativen Management - vier betriebliche Umweltpolitiken nach den Kriterien „Ökonomisch-ökologischen Zielausrichtung", „Zielausrichtung auf Anspruchsgruppen" und „Entwicklungsorientierung" unterschieden und folgend deren umweltpolitische Missionen skizziert. Mit den beiden - zueinander kompatiblen - Umweltpolitiken „Umweltschutz als Erfolgskomponente" und „Umweltschutz aus ethischer Selbstverpflichtung" setzt sich Prammer dann näher auseinander. Hierbei wird die Position des Autors deutlich, daß betrieblicher Umweltschutz nicht nur im strategischen Kontext gesehen werden darf, sondern für Unternehmen auch als soziokulturelle Aufgabe zu begreifen ist, Umweltqualitätsziele zu entwickeln, zu kommunizieren und umzusetzen.

Nach der Typisierung betrieblicher Umweltpolitiken werden Einsatzgebiete und Leistungs-fähigkeit spezifischer Informationsinstrumente des Umweltmanagements konkretisiert. Prammer greift dabei die innere Differenzierung und ökologische Erweiterung der traditionellen Kostenrechnung ebenso auf, wie darüberhinausgehende Informationsinstrumente eines um-fassenden ökologisch orientierten Rechnungswesens. Dieses reicht - abhängig von umwelt-politischer Zielausrichtung und Entwicklungsrichtung - vom Ausweis der Kostenwirkungen umweltrelevanter betrieblicher Tätigkeiten (bei umweltdefensiven Umweltpolitiken) über die Monetarisierung betrieblicher Umweltwirkungen (bei „Umweltschutz als Erfolgskompo-nente") bis zur Abbildung betrieblicher Umweltauswirkungen sowie der durch sie verursachten Umweltqualitätsveränderungen (bei „Umweltschutz aus ethischer Selbstverpflichtung").

Prammer beleuchtet in dieser Arbeit Grundprobleme, die mit dem Übergang zum „Sustainable Development" als gleichwertige Berücksichtigung ökonomischer, ökologischer und sozialer Ziele verbunden sind. Ansätze in der Literatur werden aufgegriffen, weiterentwickelt bzw. zu einem Bezugsrahmen für eine Ökologieorientierung in der Betriebswirtschaftslehre verknüpft, die sich als Managementlehre versteht.

o.Univ.-Prof. Dr. Adolf Heinz Malinsky

„Es gibt ... so viele externe Effekte, weil es so viele Externe
bei unternehmenspolitischen Entscheidungen gibt."
Peter Ulrich

Vorwort

Die zunehmende Beeinträchtigung der natürlichen Lebensgrundlagen wird von der breiten Öffentlichkeit und von der Fachöffentlichkeit längst nicht mehr als gesellschaftliche Randbedingung angesehen. Die Unternehmen stehen bei dieser Diskussion oft als „Hauptverursacher" von Umweltschäden im Kreuzfeuer der Kritik.

Bevor die Unternehmen maßgebliche Beiträge zur Verringerung der betrieblichen Umweltwirkungen leisten können, muß der Umweltschutz dauerhaft in deren Unternehmenspolitik verankert werden. Diesbezügliche Anstöße für die Neudefinition der unternehmenspolitischen Verantwortung gab das „Business Council for Sustainable Development" im Vorfeld der 1992 abgehaltenen UN-Konferenz für Entwicklung und Zusammenarbeit. Zur Umsetzung einer dauerhaft umweltgerechten Entwicklung auf Unternehmenebene bedarf es allerdings auch entsprechender Instrumente, um die relevanten Daten zu erfassen, zu bewerten und zu dokumentieren. In der betrieblichen Praxis fehlen im allgemeinen derzeit entsprechende Informationen, da Rechnungswesen und Controlling (noch) nicht auf diese Aufgaben ausgerichtet sind.

Damit ist auch die inhaltliche Struktur für diese Arbeit vorgegeben: Ausgehend von der Diskussion über eine nachhaltige Entwicklung von Wirtschaft und Gesellschaft gilt es einen Bezugsrahmen für Umweltmanagement unter besonderer Berücksichtigung der normativen Verankerung des Umweltschutzes zu bilden und Ansätze für geeignete Informationsinstrumente zur Bewältigung der Aufgaben im Umweltmanagement darzustellen.

Der Verfasser möchte auf diesem Weg allen jenen danken, ohne deren Unterstützung diese Veröffentlichung nicht zustandegekommen wäre: In erster Linie gebührt mein Dank Herrn o.Univ.Prof. Dr. Adolf Heinz Malinsky, der die Bearbeitung des Themas durch zahlreiche Hinweise unterstützt und mir auch jenen inhaltlichen Freiraum eingeräumt hat, der zum Verfassen dieser Arbeit erforderlich war. Weiters habe ich Herrn Ass.Prof. Dr. Reinhold Priewasser für seine konstruktiven Anregungen und seine stete Diskussionsbereitschaft während der Entstehung der Arbeit zu danken. Schließlich bedanke ich mich herzlich bei Fr. Margarette Hauzenberger für die Durchsicht des Textes.

Heinz Karl Prammer

Inhaltsverzeichnis

Abbildungsverzeichnis

Tabellenverzeichnis

Abkürzungsverzeichnis

AP	Acidification Potential
BDF	Biotic Depletion Factor
BUIS	Betriebliches Umweltinformationssystem
CML	Centrum voor Milieukunde (Universität Leiden)
DIS	Draft International Standard (ISO)
DB	Deckungsbeitrag
ECA	Ecotoxicological Classification factor for Aquatic ecosystems
ECT	Ecotoxicological Classification factor for Terrestrial ecosystems
EMAS	Eco-Management and Audit Scheme
EWG	Europäische Wirtschaftsgemeinschaft
GWP	Global Warming Potential
HCA	Human toxicological Classification factor for Air
HCS	Human toxicological Classification factor for Soil
HCW	Human toxicological Classification factor for Water
ISO	International Organisation for Standardization
LCA	Life Cycle Assessment
MIK	Maximale Immissionskonzentration
MIPS	Material Intensity Per unit Service
MJ	Megajoule
NP	Nutrification Potential
OECD	Organisation für wirtschaftliche Zusammenarbeit und Entwicklung
ÖNORM	Österreichisches Normungsinstitut
ODP	Ozone Depletion Potential
OTV	Odour Threshold Value
öoS	ökologieorientierter Standard
PLA	Produktlinienanalyse
POCP	Photochemical Ozone Creation Potential
SC	Sub-Committee
SD	Sustainable Development
TC	Technical Committe
UBA	Umweltbundesamt Berlin
UBP	Umweltbelastungspunkte

UNCED	United Nations Conference on Environment and Development
UNEP	United Nations Environment Programme
UWE	Umweltwirkungseinheit
VNCI	Association of the Dutch Chemical Industry
VO	Verordnung
WCED	World Commission on Environment and Development
WD	Working Draft (ISO)
WG	Working Group (ISO)

1 Natürliche Umwelt, Gesellschaft und Unternehmen

In einer ersten Zusammenschau wird versucht, einen Überblick über die Umweltschutz-
thematik zu gewinnen. Ausgehend von der globalen ökologischen Entwicklung der letzten
Jahre und der Diskussion der letzten Jahre über eine „nachhaltige Entwicklung" von Wirtschaft
und Gesellschaft, die inzwischen auch in der Betriebswirtschaftslehre ihren Niederschlag
gefunden hat, wird die Unternehmung mit ihren Bezügen in die vorrangigen gesellschaftlichen
Handlungsfelder und in die natürliche Umwelt dargestellt.

Dies bildet dann auch die Ausgangsposition für Überlegungen, in deren Mittelpunkt die
Beziehung von Gesellschaft und Wirtschaft mit ihren Handlungsakteuren steht.

1.1 Die globale ökologische Entwicklung in den letzten Jahrzehnten

In den siebziger Jahren wurden durch Berichte wie, „Grenzen des Wachstums (1972)"[1],
„Menschheit am Wendepunkt (1974)"[2], „Die Zukunft der Weltwirtschaft: Bericht der
Vereinten Nationen (1977)"[3] die globale Dimension der anthropogenen Umweltwirkungen[4]
und deren Vernetztheit transparent gemacht. Diese Berichte hatten alle ein gemeinsames Ziel:
Die Umweltwirkungen und die Selbstgefährdung des Menschen über „Weltmodelle" erkennbar
und rechenbar zu machen. Dennoch stieg der ökologische Problemdruck in diesem Zeitraum
weltweit kontinuierlich an. Resümiert doch eine Projektgruppe der amerikanischen Regierung
(Global 2000) nach einer umfassenden Bestandsaufnahme 1980: „Wenn sich die gegenwärtigen
Entwicklungstrends fortsetzen, wird die Welt im Jahre 2000 noch überbevölkerter,
verschmutzter, ökologisch noch weniger stabil und für Störungen anfälliger sein, als die Welt,
in der wir heute leben"[5].

Als Ausfluß der damaligen Forderungen, vom exponentiellen Wachstum zu einem Wachstum
im Gleichgewicht mit der Natur überzugehen, kann das Konzept des „qualitativen Wachstums" gelten. Eine möglichst gleich verteilte und hohe Zunahme der materiellen Bedürfnisbefriedigung pro Kopf der Bevölkerung sollte bei gleichbleibender oder sogar steigender
Umweltqualität erreicht werden. Die Abkoppelung des Sozial- und Wirtschaftswachstums

---

[1]   Meadows, D.L., u.a..: Die Grenzen des Wachstums. Bericht an den Club of Rom zur Lage der
Menschheit. Stuttgart 1972.

[2]   Mesarovic, M., Pestel, E.: Menschheit am Wendepunkt. 2. Bericht an den Club of Rome zur Weltlage.
Stuttgart 1974.

[3]   Leontief, W., u.a.: Die Zukunft der Weltwirtschaft: Bericht der Vereinten Nationen. Stuttgart 1977.

[4]   *Anthropogene* Umweltwirkungen sind alle vom *Menschen* direkt oder indirekt verursachten Einflüsse, die
auf die Umweltmedien und innerhalb dieser auf die belebte und unbelebte Natur wirken.

[5]   Council on Environmental Quality und US-Außenministerium (Hrsg.): Global 2000. Der Bericht an den
Präsidenten (deutsche Übersetzung hrsg. von Kaiser, R.). 24. Auflage, Frankfurt a.M. 1981, S. 25.

vom „ökologischen Wachstum" ist jedoch trotz mancher umweltpolitischer Anstrengungen nicht erreicht worden. Zu stark steuerten sektorale und nationale Interessen entgegen.[6]

Die weltökonomische und -ökologische Entwicklung der achtziger Jahre charakterisiert das angesehene Worldwatch Institute im Bericht „Zur Lage der Welt 91/92": „Der Wert aller weltweit erzeugten Güter und erbrachten Dienstleistungen stieg während der achtziger Jahre beständig um 3 Prozent jährlich und vergrößerte das Welt-Bruttosozialprodukt bis 1990 um einen Betrag von 4,5 Billionen US-$; ein Betrag, der das gesamte Bruttosozialprodukt der Welt bis 1950 übertrifft. Anders ausgedrückt: Das Wachstum der Wirtschaftsproduktion war weltweit in den achtziger Jahren größer als in den Jahrtausenden seit Beginn der Zivilisation bis 1950[7]". Und später:"Obwohl niemand weiß, wieviele Pflanzen- und Tierarten während der letzten zehn Jahre ausgestorben sind, schätzen führende Biologen, daß bis zum Ende des Jahrhunderts möglicherweise ein Fünftel der Pflanzen- und Tierarten von der Erde verschwunden sein wird. Nicht abzuschätzen ist, wie lange es dauert, bis ein Aussterben solchen Umfangs zu einem völligen Zusammenbruch der Öko-Systeme führt."[8]

Im neuesten Bericht des Club of Rome, „Die globale Revolution (1991)"[9] werden Mangel an Rohstoffen und Nahrungsmittel sowie Auftreten von Umweltkatastrophen szenarienhaft dargestellt. Wissenschaftliche Erkenntnisse zeigen, daß die Zeit drängt, ja für ökologische Reformen vielleicht abläuft. Niemand weiß allerdings, wann genau. In einer Welt, die sich wohl kaum unter 10 Milliarden Einwohnern stabilisieren läßt und wo große Teile der Dritten Welt schon heute unter dem Existenzminimum leben,[10] läßt sich der jedenfalls begrenzte zeitliche Spielraum nur ausschöpfen, wenn Nächstenliebe und Liebe zur Natur stärker sind als ideologisch-politische Barrieren und das menschliche Bestreben, die Natur bloß ökonomisch-rational zu unterwerfen.

Wenn der Club of Rome eine Ethik der Solidarität verlangt, „diktiert durch die Dimension der Probleme, vor denen die Menschheit heute steht, eine Dimension, welche die Kooperation der Menschen überlebensnotwendig macht"[11], so sind damit in erster Linie die Industrieländer angesprochenen, da sie über die materiellen Ressourcen, das technische Know-how und das Innovationspotential verfügen, um einen Paradigmenwechsel im Sinne einer „dauerhaften oder nachhaltigen Entwicklung" einzuleiten.

---

[6]   Vgl. Roth, K.: Ressourcenschutz als Unternehmensaufgabe. Anforderung an eine ökologische Unternehmenspolitik. In: Ökologische Reform der Unternehmen. (Hrsg. von Roth, K., Sander, R.), Köln 1992, S. 13.

[7]   Brown, L.R.: Die neue Weltordnung. In: Zur Lage der Welt 91/92. (Hrsg. vom Worldwatch Institute, deutsche Übersetzung hrsg. von Michelsen, G.), Frankfurt/Main 1991, S. 15.

[8]   Brown, L.R.: Die neue Weltordnung..., S. 17f.

[9]   Vgl. Bericht des Club of Rome 1991: Die globale Revolution. Spiegel Spezial, Hamburg 1991.

[10] Vgl. Steger, U.: Umweltmanagement. Frankfurt/Main 1993, S. 28.

[11] Spiegel Spezial (Sonderausgabe): Bericht des Club of Rome 1991 - Die globale Revolution. Hamburg 1991, S. 125.

1.2 Nachhaltigkeit als neues Entwicklungsparadigma

Die ab Mitte der achtziger Jahre aufkommende Diskussion über das Konzept der „Nachhaltigen Entwicklung" (Sustainable Development, SD) wurde 1987 durch den Brundtland-Report (Bericht der UN-World Commission on Environment and Development - WCED) verstärkt aufgenommen.[12]

„Nachhaltigkeit", vielfach als aktuelle Übersetzung des Begriffes „Sustainable Development" stammt originär aus der Forstwirtschaft des 18. Jahrhunderts und definiert einen jährlichen Holzeinschlag, der höchstens der nachwachsenden Holzmenge pro Jahr entspricht, sodaß der Bestand in seiner Substanz erhalten bleibt. Hiezu wäre das erbrechtliche Konzept des „Nießbrauches" ein adäquater ökonomischer Vergleich. Danach dürfen die Zinsen des angesammelten Kapitals aufgebraucht werden, nicht jedoch das Kapital selbst. Die bekannteste Definition für „Sustainable Development" stammt aus dem Brundtland-Report: „Meeting the needs of the present without compromising the ability of future generations to meet their own needs ... aprocess of change, in which the exploitation of resources, the direction of investments, the orientation of technological development and institutional change are all in harmony and enhance both current and future potential to meet human needs and aspirations".[13]

Nachhaltige Entwicklung wird als eine Entwicklung definiert, die die Bedürfnisse der gegenwärtigen Generation befriedigt, ohne die Bedürfnisbefriedigung zukünftiger Generationen zu gefährden. Neben der Gleichheit der Lebenschancen zwischen den heutigen und den künftigen Generationen werden umfassende technologische und institutionelle Wandlungsprozesse angesprochen. Unter Einbeziehung von verantwortungsethischen Prinzipien wird mit dem Ansatz der intergenerativen Gerechtigkeit ein theoretisch unendlicher Zeithorizont in das Konzept miteinbezogen. Bei der technologischen Fundierung des Ansatzes geht man vom Modell einer „Kreislaufwirtschaft" („Circular Economy") aus. Dabei wird die Erhaltung der Funktionen ökologischer Systeme (Versorgungs-, Aufnahme-, und Regenerationsfunktion) als Voraussetzung für die Funktionsfähigkeit ökonomischer Systeme angesehen. Unter Bezugnahme auf thermodynamische Gesetze ist das Modell der Kreislaufwirtschaft ein geschlossenes, aber kein abgeschlossenes System. So wird von der Erde nicht nur Energie in den Weltraum abgegeben, sondern in überwiegendem Ausmaß über die Sonneneinstrahlung empfangen. Die Nutzung dieser externen Energie(n) für entropisch-gegenläufige wirtschaftliche Prozesse begründet die *Möglichkeit* eines nachhaltigen ökonomischen und ökologischen Systems.

---

[12]   Ausführlicher zum Begriff „Sustainable Development (SD)" etwa bei Brugger, E.A., Clémencon, R.G.: Sustainable Development: A Challenge for the Business World. In: WICEM II Background papers. (Hrsg. von Willems, J.O., Golüke, U.), Rotterdam 1991; Harborth, H.-J.: Dauerhafte Entwicklung statt globaler Selbstzerstörung - Eine Einführung in das Konzept des Sustainable Development. Berlin 1991; Pearce, D., Tuner, R. K.: Economics of natural Resources and Environment. New York 1990; Narodoslawsky, M.: Die Vision der Nachhaltigkeit. Tagungsband zum Symposium „Forschungs- und Entwicklungsprobleme der Kreislaufwirtschaft" an der TU Graz. (Hrsg. von Moser, F.), Graz 1993, S. 37ff.
[13]   Brundtland, G.H. (Hrsg.): Our Common Future. Oxford Univ. Press 1987, S. 36.

Da es naturgesetzlich nicht möglich ist, Stoffkreisläufe verlustlos mit endlichem Energieaufwand zu schließen und die Feststellungen, „inwieweit ein spezieller Kreis geschlossen werden kann, nur sehr schwer, wenn überhaupt, möglich"[14] sind, stellt die Kreislaufwirtschaft zwar ein notwendiges aber kein hinreichendes Konzept zur Erzielung von Nachhaltigkeit dar. Ein nur kreislaufwirtschaftlich ausgerichtetes Wirtschaften ermöglicht willkürliche Definitionen von Wachstums- und Stoffflußbeschränkungen. Damit könnte die bisherige Politik mit anderen Namen und einer geringfügig anderen Ausrichtung fortgesetzt werden. Unter diesem Aspekt „kann das Konzept der Kreislaufwirtschaft daher als die letzte und ausgereifteste Entwicklung eines Wirtschaftssystems angesehen werden, das auf dem Weltbild fußt, das schon die industrielle Gesellschaft hervorgebracht hat."[15] Der Begriff der Nachhaltigkeit ist aber über die Kreislauforientierung hinaus als Ausdruck eines Weltbildes zu sehen, das die Stellung des Menschen in der Welt neu definiert. Damit ist ein Paradigmenwechsel vom mechanistisch-reduktionistischen Weltbild der industriellen Gesellschaft hin zu einem gesamtheitlichen, holistischem Weltbild mit einem tiefgreifenden Wertwandel in einer post-industriellen Gesellschaft angesprochen.[16] Ausgehend von der Tatsache, daß technologische Entwicklungen von der zugrundeliegenden wissenschaftlichen Entdeckung bis zur Marktdurchdringung ca. 50 Jahre[17] benötigen, kann - hier vor dem Hintergrund des technologischen Handlungsfeldes argumentierend - von einem Zeitraum von ca. zwei Generationen gesprochen werden, in dem Nachhaltigkeit implementiert werden kann. Daraus ergibt sich die Forderung, daß Technologien, die heute ihre ersten Entwicklungsstufen durchlaufen, an den sich herausbildenden Maßstäben der Nachhaltigkeit zu messen wären.

Eine nachhaltige Entwicklung der Gesellschaft erfordert eben nicht nur einen technologischen Fortschritt, der eine steigende ökologische Effizienz von Produktionsprozessen mit überwiegend regenerierbaren Ressourcen bewirkt („clean technologies") und damit die wirtschaftliche Entwicklung von Ressourcenverbrauch und Schadstoffemissionen entkoppelt, sondern strukturelle Anpassungen aller gesellschaftlichen Handlungsfelder. *Steger*[18] nennt

- den Wandel der Nachfragestruktur, sodaß die Nachfrage nach weniger ressourcenintensiven Dienstleistungen überproportional wächst und
- die vollständige Internalisierung externer Effekte, die über den Marktmechanismus zu ökologisch „realeren" Faktorpreisen für natürliche Ressourcen führt. Dadurch werden die Umweltwirkungen zwar nicht auf einen fiktiven Nullwert reduziert, aber es kann betriebswirtschaftlich zumindest das „optimale Maß" an Umweltverschmutzung bestimmt werden.

---

14   Narodoslawsky, M.: Die Vision der Nachhaltigkeit..., S. 44.
15   Ebd. S. 44.
16   Vgl. Moser, F.: Bewußtsein in Zeit und Raum. Graz 1988.
17   Vgl. Narodoslawsky, M.: Die Vision der Nachhaltigkeit..., S. 46.
18   Vgl. Steger, U.: Umweltmanagement...1993, S. 43.

Als umweltpolitische Ziele bzw. Verhaltensregeln für „Sustainable Development" wurden von *Daly* 1989 vorgeschlagen:[19]

1. Erneuerbare Ressourcen dürfen nur im Ausmaß ihrer Regenerationsrate genutzt werden.
2. Nicht erneuerbare Ressourcen dürfen nur in dem Ausmaß genutzt werden, in dem sie durch erneuerbare Ressourcen und/oder technologischen Fortschritt substituiert werden können.[20]
3. Anthropogene Stoffflüsse dürfen die regionalen und lokalen Assimilationskapazitäten nicht überschreiten.

Die erste und zweite Verhaltensregel beziehen sich auf die Quellenkapazität, die dritte auf die Senkenkapazität der Ökosysteme. *Narodoslawsky* fordert in bezug auf die anthropogenen Stoffflüsse eine weitere Einschränkung und fügt eine weitere Verhaltensregel hinzu:[21]

4. (Ergänzung) Anthropogene Stoffflüsse müssen kleiner sein als die natürlichen Schwankungen in den geogenen Flüssen und dürfen Menge und Qualität natürlicher Stoffkreisläufe nicht verändern.
5. Die natürliche Vielfalt der Arten und der Landschaften muß in einer nachhaltigen Wirtschaft erhalten oder ausgebaut werden.

Die wirtschaftspolitische und betriebswirtschaftliche Attraktivität des Nachhaltigkeits-konzepts liegt nun darin, daß es in der Lage ist, konkurrierende Vorstellungen über „Entwicklung" zwischen Industrie- und Entwicklungsländern - zumindest ideell - zusammen-zuführen. M.a.W. der Abbau des globalen Wohlstandsgefälles zwischen den Industrie- und Entwicklungsländern und die gesellschaftliche und wirtschaftliche Weiterentwicklung der Industrieländer sind - und das ist die Hoffnung - möglicherweise in diesem Konzept vereinbar.

Die zentralen Umsetzungsprobleme des SD-Konzeptes sehen *Meffert/Kirchgeorg*:

„• in erheblichen Informationsdefiziten über die vertretbaren Grenzen der Umwelteinwirkungen von Produktions- und Konsumprozessen,
• in der negativen Zeitpräferenz der Entscheidungsträger sowie
• im Marktversagen bei intergenerativen Allokationsproblemen begründet"[22].

Als Belege für die intensive Auseinandersetzung der Unternehmen mit den Fragen einer nachhaltigen Entwicklung seien die 1991 in Rotterdam stattgefundene 2. Weltindustriekon-ferenz für Umweltmanagement (WICEM II) sowie die Aktivitäten des „Business Council for Sustainable Development" angeführt: Die WICEM II wurde von der International Chamber

---

[19]   Vgl. Daly, H., u.a.: For the Common Good: Redirecting the Economy Towards Community, Environment and a Sustainable Future. Boston 1989, zitiert nach: Narodoslawsky, M.: Die Vision der Nachhaltigkeit..., S. 41.

[20]   Dies bedeutet, daß die Ressourcen der Erde nicht im Sinne einer „Konstanz der Bestände" sondern im Sinne einer „dauerhaften Funktionalität für künftige Generationen" zu erhalten ist.

[21]   Vgl. Narodoslawsky, M.: Die Vision der Nachhaltigkeit..., S. 47ff.

[22]   Meffert, H., Kirchgeorg, M.: Marktorientiertes Umweltmanagement. 2. Auflage, Stuttgart 1993, S. 29.

of Commerce (ICC) in Zusammenarbeit mit dem Umweltprogramm der Vereinten Nationen (UNEP), der UN-Konferenz für Umwelt und Entwicklung (UNCED) und anderen internationalen Organisationen veranstaltet. Auf dieser Konferenz wurde die „ICC-Business Charta for Sustainable Development" präsentiert, die von über 300 international tätigen Unternehmen unterfertigt wurde. Damit wurde die Notwendigkeit einer nachhaltigen Entwicklung auf der Ebene der Unternehmen breit verankert. Das „Business Council for Sustainable Development" koordinierte unter Vorsitz *Schmidheinys*[23] die Aktivitäten der Industrie für die UNCED-Konferenz „Environment and Development (Brasilien 1992)", wo das SD-Konzept als Orientierungsrahmen zur Verabschiedung weltweit akzeptierter Konventionen und Grundsätze diente.

1.3 Umweltschutz in der betriebswirtschaftlichen Diskussion

Die Theorie der Unternehmensführung (Managementlehre) war noch in den 50er Jahren durch das klassische Ideengut von *J. Frederick Taylor*[24] („Scientific Management")[25] und *Henry Fayol*[26] („14 Managementprinzipien") gekennzeichnet. Die 60er Jahre brachten die Umorientierung von der Produktions- zur Absatzorientierung. Damit in Verbindung stand die Entwicklung adäquater Marketingstrategien. Die 70er Jahre waren durch die Entwicklung bzw. Adaption differenzierter Instrumentarien der strategischen Unternehmensplanung gekennzeichnet. Neben den traditionellen Wettbewerbsstrategien zur Sicherung der Leistungsfähigkeit des Unternehmens traten dann in den 80er Jahren Evolutions-Strategien zur Sicherung der Anpassungsfähigkeit an eine vernetzte, komplexer werdende Umwelt hinzu.[27]

Die evolutionären Managementansätze gehen von der Idee aus, daß das Unternehmen nicht als zentral gesteuertes „Aktionszentrum" seine unternehmerische Umwelt im Sinne seiner Zielerreichung kontrolliert, sondern als offene „Interaktions-Einheit" auf der Suche nach einem „Fließgleichgewicht" *(H. Ulrich)* seine Ressourcen zur Funktionserfüllung und zur evolutionären Weiterentwicklung einsetzt. Der Grundgedanke der Evolution soll die Lern-, Handlungs-, und Rationalitätsfähigkeit der Organisation steigern und Innovationskräfte zur Entwicklung von neuen Führungsstrukturen freisetzen.

---

[23]   Stephan Schmidheiny ist einer der einflußreichsten Unternehmer der Schweiz. Im Auftrag der UNCED hat er 48 führende Unternehmer aus der ganzen Welt in ein „Business Council for Sustainable Development" zusammengeführt, um unternehmerische Perspektiven für eine zukünftige Wirtschaft zu entwickeln. Siehe dazu näher Schmidheiny, S.: Kurswechsel. Globale unternehmerische Perspektiven für Entwicklung und Umwelt. München 1992.

[24]   Siehe dazu näher die Taylor-Biographie von Copley, F.B.: Frederick W. Taylor: Father of scientific management, Vols. I and II, New York 1923.

[25]   Im deutschen Sprachraum wird - nicht ganz glücklich - mit „Wissenschaftliche Betriebsführung" übersetzt.

[26]   Siehe dazu näher Fayol, H.: Allgemeine und industrielle Verwaltung. Berlin 1929 (deutsche Übersetzung).

[27]   Vgl. Malik, F.: Kybernetische und methodische Grundlagen des strategischen Managements. Bern 1981.

Als Voraussetzung für *evolutionäres Management* wird die *systemorientierte Betrachtungsweise* angesehen, als deren bedeutender Vertreter Hans Ulrich gilt.[28] Mit dem systemtheoretischen Ansatz gelingt es erstmals in der Betriebswirtschaftslehre unter Anwendung der Kybernetik die Außenbezüge des Unternehmens ganzheitlich zu erfassen und zum Gegenstand der Theoriebildung zu machen. Ausgangspunkt der Überlegungen ist eine komplexe und veränderliche Umwelt, in der die Unternehmung als offenes, produktives soziales Systemelement aufgefaßt wird. Vom evolutionären Ansatz zu unterscheiden ist der *evolutionstheoretische* Ansatz, der an die Themen der Systemtheorie anschließt. Dieser stark an die Biologie orientierte Ansatz interessiert sich vor allem für den evolutionären Ausleseprozeß, der die Entwicklung und Zusammensetzung der System-Population nach seiner Dynamik formt.[29]

Die Theorie der Unternehmensführung hat oft mit Zeitverzögerung auf neue Herausforderung reagiert. Im Gegensatz zur volkswirtschaftlich orientierten Umweltökonomie finden sich erst ab Ende der 70er Jahre betriebswirtschaftliche Ansätze, die sich *betrieblichen Umweltwirkungen*[30] als Untersuchungsobjekt befassen.[31] Abb. 1-1 zeigt ausgewählte Ansätze zum Umweltmanagement in der betriebswirtschaftlichen Forschung. Die technokratischen Ansätze Mitte der 70er Jahre fassen den Umweltschutz noch überwiegend als Restriktion für das unternehmerische Handeln in einzelnen Funktionsbereichen auf. Die in den 80er Jahren entwickelten funktionsübergreifenden und integrierten Ansätze stellen den Umweltschutz als Marktchance heraus. So soll beispielsweise ein ökologieorientiertes Marketing die Chancenorientierung sicherstellen. In den evolutionären Ansätzen wird dem bloß opportunistischen Aufgreifen von Umweltschutzaspekten durch den Einbezug des Umweltschutzes als gesellschaftlicher und ethischer Anspruch begegnet. Die natürliche Umwelt wird in diesen Ansätzen als impliziter Bestandteil der Unternehmensumwelt gesehen.

---

[28] Siehe dazu näher Ulrich, H.: Die Unternehmung als produktives soziales System - Grundlagen der allgemeinen Unternehmungslehre. Bern, Stuttgart 1970.

[29] Siehe dazu näher Aldrich, H.E.: Organizations and environments, Englewood Cliffs, New York 1979; Winter, S.G.: Economic natural selection and the theory of the firm. In: Yale Economic Essays, Nr. 4/1964, S. 225ff. *Steinmann/Schreyögg* erkennen im evolutionstheoretischen Ansatz für die Anwendung in der Managementlehre ein Paradoxon: Da die Bedeutung der betrieblichen Steuerungsleistung und der antizipierenden Systemgestaltung zurücktritt zugunsten eines - an der Biologie orientierten - unbeherrschbaren Ausleseprozesses, der seine zukünftige Auslesogik nicht freigibt, treten in der Konsequenz „auf einzelwirtschaftlicher Ebene *Glück* und *Zufall* als zentrale Erklärungsfaktoren für den Erfolg in den Vordergrund" (Steinmann, H., Schreyögg, G.: Management. Wiesbaden 1993, S. 65; kursiv im Original fett).

[30] *Betriebliche* Umweltwirkungen sind alle durch *betriebliche Leistungsprozesse* direkt oder indirekt verursachten Einflüsse, die auf Umweltmedien und innerhalb dieser auf die belebte und unbelebte Natur wirken.

[31] Vgl. Wagner, G.R.: Unternehmung und ökologische Umwelt - Konflikt oder Konsens? In: Unternehmung und ökologische Umwelt. (Hrsg. von Wagner, G.R.), München 1990, S. 3 ff; Meffert, H., Kirchgeorg, M.: Marktorientiertes Umweltmanagement, Stuttgart 1992, S. 29 ff.

Primäre Ausrichtung		Problemstellung	Autoren	Stellenwert des Umweltschutzes (UWS)	Entwickelte Modelle/Instrumente
Evolutionäre Managementansätze		Koevolution mit der Umwelt respektive dem sozio-ökonomischen Feld	H. Ulrich (1985), Malik (1984), Sprüngli (1982), Dyllick (1982), P. Ulrich (1986), Dyllick (1988)	Ökologie als impliziter Bestandteil der Umwelt bzw. des sozio-ökonomischen Feldes	- Modelle lebens- und evolutionsfähiger Systeme - Selbstorganisation komplexer Systeme
Strategische Ansätze		Marktorientierung der UWS-Problematik	Steger (1988), Schutz (1989), Schreiner (1988), Pieroth/Wicke (1988), Winter (1987), Meffert u.a.(1986), Strebel (1980), Meffert/Ostmeier (1990), Ostmeier (1990), Kirchgeorg (1990), Kreikebaum (1992)	UWS als Erfolgspotential	- Öko-Marketing - ökologische Produkt-/Marktstrategien - ökologisches Riskmanagement
Sozio-kulturelle Ansätze		Soziokulturelle Aspekte von Unternehmensverfassungen und Unternehmensphilosophien	Seidel/Menn (1988), Pfriem (1995) Picot (1977), Dierkens (1974), Müller-Wenk (1978), Fleischmann/Paudtke (1977), Pfriem (1986), Fronek (1978)	UWS im Rahmen der sozialen Verantwortung der Unternehmen	- ökologische Buchhaltung - betriebliche Sozialbilanz - gesellschaftsbezogene Rechnungslegung
Technokratische Ansätze	Systemisch/geschlossen	Integrative Verankerung der Umweltrestriktionen unter Erfolgszielgesichtspunkten	Isfort (1977), Ospelt (1977), Lange (1978)	Umweltschutz als kostenintensive und vom Staat vorgegebene Restriktion	Systematische Modelle zur Anpassung an die Umwelt
	Teilproblembezogen	Optimale Steuerung betrieblicher Prozesse im Gewässerschutz	Ahrens (1974), Günther (1970), Kühner/Hahn (1970), Meier (1972), Hahn (1972), Abendt (1972), Orth (1974), Ruf (1975)		Mathematische Optimierungsmodelle
	Adaptiv	Insbesondere Auswirkungen staatlicher UWS-Maßnahmen in betrieblicher Sicht	Eichhorn (1972), v. Zwehl (1973), Schmidt (1974)		Anpassungsinstrumente an staatliche Maßnahmen

Quelle: Stähler, C., Strategisches Ökologiemanagement. München 1991, S. 28 (mit eigenen Ergänzungen)

1.4 Die Unternehmung im Spannungsfeld zwischen natürlicher Umwelt und gesellschaftlichen Handlungsfeldern

Managementhandeln wird innerhalb des Unternehmens und im Wechselspiel mit dem externen Umsystem vollzogen. Die Beschreibung bzw. Strukturierung dieses Umsystems wird in der Literatur vielfach mit den Begriffen „Umwelten" oder „Umfelder" vorgenommen.[32]

Abb. 1-2: Die Unternehmung im Spannungsfeld zwischen natürlicher Umwelt und gesellschaftlichen Handlungsfeldern

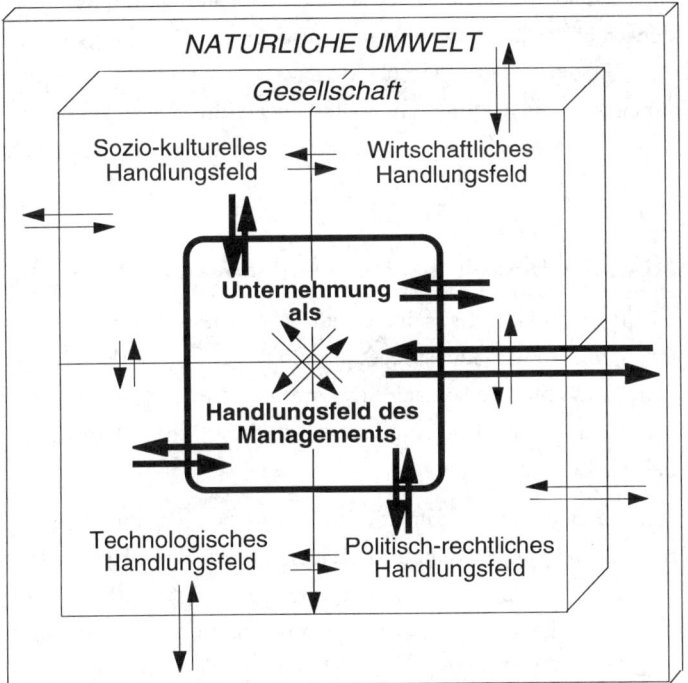

Legende: → Beziehungen zwischen Unternehmen und gesellschaftlichen Handlungsfeldern sowie zwischen Unternehmen und natürlicher Umwelt,

‒> Beziehungen zwischen Handlungsfeldern sowie zwischen Handlungsfeldern und natürlicher Umwelt

Quelle: eigene

Es wird als evident betrachtet, daß die „natürliche Umwelt" Grundlage jedes menschlichen Handelns, jeder Gesellschaft ist. Strukturen und Prozesse in der Gesellschaft werden vorrangig durch das sozio-kulturelle, das wirtschaftliche, das technologische und das politisch-rechtliche Handlungsfeld bestimmt.

---

[32] Zur Klassifikation der Umwelten vgl. etwa Wagner, G.R.: Unternehmung und ökologische Umwelt - Konflikt oder Konsens? In: Unternehmung und ökologische Umwelt. (Hrsg. von Wagner, G.R.), München 1990, S. 1.

In Abb. 1-2 wird das Beziehungsgeflecht zwischen Unternehmen, den gesellschaftlichen Handlungsfeldern und der natürlichen Umwelt dargestellt. Die Unternehmung steht mit allen gesellschaftlichen Handlungsfeldern und mit der natürlichen Umwelt in Beziehung (dicke Pfeile). Die alles umschließende natürliche Umwelt kennzeichnet deren Basisfunktionen für jedes menschliche Handeln.

Zur Charakterisierung der Einflußfaktoren auf die Unternehmung und damit auf das Handlungsfeld des Umweltmanagements wird zunächst die natürliche Umwelt mit ihren Basisfunktionen als Haupteinflußfaktor dargestellt. In den nächsten Kapiteln werden einzelne aktuelle Entwicklungen im technologischen, im politisch-rechtlichen, im gesellschaftlichen und im wirtschaftlichen Handlungsfeld unter ökologischer Perspektive angerissen. Die in den letzten Jahren erkennbaren Entwicklungen der natürlichen Umwelt wurden bereits im Rahmen des Kapitel 1 kurz dargelegt und sollen nun nur mehr in einigen grundsätzlichen Belangen ergänzt werden.

1.4.1 Die natürliche Umwelt als Haupteinflußfaktor

Unternehmen sind auf vielfältige Weise mit der natürlichen Umwelt verbunden. Betrachtet man den Wertschöpfungsprozeß eines Industriebetriebes, so werden für den Produktionsprozeß der Natur auf der Inputseite Ressourcen in Form von Stoffen oder Energie entzogen (Versorgungsfunktion) und auf der Outputseite stoffliche und energetische Rückstände abgegeben (Trägerfunktion).

Dabei verfügen Techno-Ökosysteme[33] „im streng ökologischen Sinne über keine Produzenten. Alles was in der Ökonomie als Produktion bezeichnet wird, ist lediglich Stoffumwandlung unter Zufuhr der von Primärproduzenten erzeugten und gespeicherten Energie" [34]. Die Gruppe der Primärproduzenten gehören zu den autrophen Systemen, d.h. sie wird von der „Gesamtheit der grünen Pflanzen gestellt, die als einzige Organismengruppe die Fähigkeit besitzt, aus anorganischen Stoffen unter Zuhilfenahme von Sonnenenergie eine energiereiche Lebenssubstanz (Biomasse) zu erzeugen"[35]. Ohne diese „Primärproduktion" könnten fast alle übrigen Lebewesen (heterotrophe Organismen) nicht existieren. In natürlichen bzw. naturnahen Ökosystemen gleichen sich heterotrophe und autrophe Prozesse weitgehend aus.[36]

---

[33] Zur Klassifizierung von natürlichen, naturnahen, halbnatürlichen Agrar- und Forst- sowie Techno-Öko-systeme siehe etwa Haber, W.: Über den Beitrag der Ökosystemforschung zur Entwicklung der menschlichen Umwelt. In: Systemforschung und Neuerungsmanagement. (hrsg. von Bierfelder, W., Höcker, K.H.), München, Wien 1980, S. 144.

[34] Vgl. Malinsky, A.H., Seidel, E.: Betriebswirtschaftslehre und Ökologie - Ansätze zu einer interdisziplinären Kooperation am Beispiel des betrieblichen Rechnungswesens. In: Unternehmenserfolg durch Umweltschutz (Hrsg. von Kreikebaum, H., Seidel, E., Zabel, H.-U.), Wiesbaden 1992, S. 35.

[35] Vgl. ebd. 33f. Konsumenten und Destruenten (z.B. Bakterien und Pilze, die für die Zerlegung der organischen Masse in einfache chemische Verbindungen sorgen = „Abfallverwerter") werden deshalb auch zu den „Fremdernährten" gezählt.

[36] Vgl. Odum, E.P., Reichholf, J.: Ökologie - Grundbegriffe, Verknüpfungen, Perspektiven. München 1980, S. 30.

10

Betrachtet man jedoch Techno-Ökosysteme, die vom Menschen zusätzlich mit Energie versorgt werden, so ist dies nicht mehr der Fall. Outputseitig zeigen sich die begrenzten Assimilationskapazitäten der natürlichen Umwelt im zunehmenden Auftreten von Umweltschäden und Gesundheitsschäden der Menschen. Inputseitig treten mittel- bis langfristig Verknappungen bei Rohstoffen auf, wobei die Inanspruchnahme bzw. Überbeanspruchung der Trägerfunktion der natürlichen Umwelt - aufgrund der Vernetzungen in der Biosphäre - auch eine Qualitätsverschlechterung der „Produkte" der Primärproduzenten bedingt, wie sie etwa in Form zunehmender Belastung von Nahrungsmittel durch Schwermetalle auftritt.

Bis vor einigen Menschengenerationen (vor Beginn der Industrialisierung) bestand - global gesehen - ein ökologisches Fließgleichgewicht. Die Notwendigkeit der Wiederherstellung dieses Gleichgewichtes bedeutet für das Aufgabenfeld des betrieblichen Umweltmanagement nicht nur Stoff- und Energieströme in und aus dem Unternehmen zu erfassen, sondern sich auch mit den daraus resultierenden und miteinander vernetzten Auswirkungen auf die natürliche Umwelt sowie mit deren Bewertung auseinanderzusetzen.

1.4.2 Entwicklungen im technologischen Handlungsfeld

Ausgehend von der jeweiligen Wirkung der Umweltschutztechnologie lassen sich Technologien mit direkten und indirekten Umweltschutzwirkungen unterscheiden.[37] Zu den lezteren zählen Umweltinformationssysteme und Einrichtungen für Meß- und Regeltechnik. Mittels betrieblicher Umweltinformationssysteme werden betriebliche Umweltwirkungen (= ökologische Informationen) erfaßt und in entscheidungsrelevante Informationen (= ökologieorientierte Informationen) transformiert. Detaillierte Informationen über Stoff- und Energieflüsse lassen etwa ökologisch bedenkliche Tatbestände im Produktionsablauf erkennen. Der Einsatz indirekter Umweltschutztechnologien führt allerdings nicht unmittelbar zu einer Reduktion der Umweltbelastungen, sondern bildet nur eine Voraussetzung für den Einsatz von Umwelttechnologien, die dem Umweltschutz unmittelbar dienen. Dazu gehören Entsorgungs-, Recycling- und integrierten Umweltschutztechnologien.

Im Rahmen der technologischen Entwicklung im Umweltschutzbereich kann zwischen End-of-pipe Technologien, Recycling- und integrierten Umweltschutztechnologien unterschieden werden. End-of-pipe Technologien werden dem Produktions- oder Konsumationsprozeß nachgeschaltet, ohne ihn technologisch zu verändern. Deren Zweck besteht in der nachträglichen Minderung bereits entstandener Stoff- und Energieflüsse bzw. Umweltwirkungen.[38]

---

37   Zur Klassifikation von Umweltschutztechnologien vgl. etwa Antes, R.: Umweltschutzinnovationen als Chance des aktiven Umweltschutzes für Unternehmen im sozialen Wandel. (Arbeitspapier Nr. 16 der Schriftenreihe des Instituts für ökologische Wirtschaftsforschung Berlin), Berlin 1988; Steger, U.: Umweltmanagement. Wiesbaden 1988, S. 108ff.

38   Vgl. Müllendorf, R.: Umweltbezogene Unternehmungsentscheidungen unter besonderer Berücksichtigung der Energiewirtschaft. Frankfurt a.M. 1981, S. 256.

Abb. 1-3:   Klassifikation von Umweltschutztechnologien

	Formen der Technologie	Grundkonzept	Einsatzort
Innovation zur Verringerung des Schadstoffanfalls	Meß- und Regeltechnik: • Messung, Analyse und Überwachung von Emissionen und Immissionen in Trägermedien aller Art („unproduktives Kapital"), • Ablaufsteuerung zur Optimierung von Verfahren und Reaktionsvorgängen (Material- und Energieeinsparungen)		☺
	Integrierte Technologien	Input- und ouputseitige Verbesserung der Produktionsverfahren führt zur Vermeidung von Umweltbelastungen	Schadstoffärmere sowie rohstoff- und/oder energiesparende Produktionsverfahren
	Recyclingtechnologien	Wiederholte Nutzung bislang nicht verwerteter Rückstände aus Produktion und Konsum	Integraler Bestandteil von Prozessen (z.B. Stoffkreisläufen) Vom Produktions-/Konsumationsprozeß getrennte additive Rückgewinnung
Innovation zur Beseitigung und Entsorgung von Schadstoffen	Entsorgungstechnologien/additive Technologien	Nachträgliche Minderung bereits entstandener Schäden/Belastungen	Zusatz zu bestehenden Produktions- und Konsumationsprozessen („unproduktives Kapital") Umweltreparatur
			☹

Ökonomische und ökologische Vorteilhaftigkeit

Quelle: in Anlehnung an Antes, R.: Umweltschutzinnovationen als Chancen des aktiven Umweltschutzes für Unternehmen im sozialen Wandel. (Schriftenreihe des Institutes für ökologische Wirtschaftsforschung), Berlin 1988, S. 69.

Zu den integrierten Umweltschutztechnologien zählen Problemlösungen, die Umweltwirkungen erst gar nicht entstehen lassen oder nur in erheblich geringeren Ausmaß gegenüber traditionellen Produktionstechnologien verursachen. Sie setzen an der Quelle an und wird deshalb oft als Vermeidungstechnologie oder „clean technology" bezeichnet. Recyclingtechnologien nehmen in dem Kontinuum zwischen nachgeschalteten bzw. additiven Technologien und den integrierten Umweltschutztechnologien eine Mittelstellung ein. Zielsetzung von Recyclingtechnologien ist die wiederholte Nutzung bislang nicht verwerteter Rückstände aus Produktions- und Konsumprozessen und ihre Rückführung in einem Produktionskreislauf

gleicher oder anderer Verwendung. Abb. 1-3 zeigt den Zusammenhang zwischen der technologischen Entwicklung und der ökonomischen und ökologischen Vorteilhaftigkeit.

In Anlehnung an das Technologie-Lebenszyklus-Konzept kann für die Umweltschutztechnologien die in Abb. 1-4 dargestellte Entwicklung prognostiziert werden. Für reife Technologien
gilt, daß ab einem bestimmten Zeitpunkt trotz weiterer Forschungs- und Entwicklungs-
anstrengungen das Kosten-Nutzen-Verhältnis gegenüber neuen und anspruchsvolleren Technologien sinkt.

Abb. 1-4:   Leistungsfähigkeit von Umweltschutztechnologien im Zeitablauf

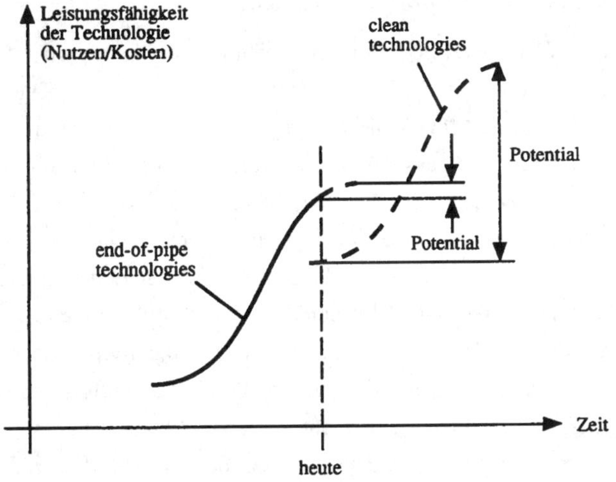

Quelle: Pölzl, U.: Umwelt-Controlling für Industriebetriebe, Graz 1992, S. 26.

Die Ermittlung des optimalen Übergangszeitpunktes und die Einführung entsprechender
integrierter Technologien stellt für das Umweltmanagement eine große Herausforderung dar.
Die Einführung integrierter Konzepte ist praktisch immer mit großen organisatorischen
Veränderungen verbunden.

1.4.3 Entwicklungen im politisch-rechtlichen Handlungsfeld

Das Entscheidungsfeld der Unternehmen wird hinsichtlich der politisch-rechtlichen
Rahmenbedingungen weitgehend von staatlichen und halbstaatlichen Institutionen beeinflußt.
Zum umweltpolitischen Instrumentarium des Staates zählen neben politischen Appellen
ordnungsrechtliche Instrumente wie Gebote und Verbote, die den Unternehmen umweltschutzbezogene Verhaltensweisen zwingend vorschreiben sowie Anreizinstrumente wie Lenkungs-
abgaben und Umweltzertifikate, die an die marktwirtschaftliche Orientierung der Unternehmen

anknüpfen. Die Umweltpolitik orientiert sich dabei an den folgenden drei Grundprinzipien:[39]

- *Vorsorgeprinzip*, d.h. umweltpolitische Maßnahmen orientieren sich daran, daß Umweltschäden von vornherein vermieden und damit die Naturgrundlagen geschützt und schonend in Anspruch genommen werden,[40]

- *Verursacherprinzip*, d.h. umweltpolitische Maßnahmen orientieren sich daran, Umweltschäden als „externe Kosten" von Produktion und Konsum in das Nutzen-Kosten-Kalkül des Umweltschädigers einzubeziehen und damit das Interesse an der Schonung der Umwelt zu erhöhen (Internalisierung externer Kosten),

- *Kooperationsprinzip*, d.h. eine weitgehende Beteiligung aller gesellschaftlichen Gruppen soll eine Durchsetzung umweltpolitischer Maßnahmen sicherstellen.

Neben nationalen Normen und Gesetzen gewinnen zunehmend Richtlinien der Europäischen Union bzw. multinationale Abkommen für die Mitgliedsländer an Bedeutung. Die „Verordnung (EWG) Nr. 1836/93 des Rates vom 29. Juni 1993 über die freiwillige Beteiligung gewerblicher Unternehmen an einem Gemeinschaftssystem für das Umweltmanagement und die Umweltbetriebsprüfung" sowie die „Verordnung (EWG) Nr. 880/92 des Rates vom 23. März 1992 betreffend ein gemeinschaftliches System zur Vergabe eines Umweltzeichens" sind Beispiele für eine neue Generation umweltpolitischer Regelungen, die sich unter den Begriff „indirekte Regelungen" zusammenfassen lassen. Diese Regelungen sind nicht der ersten Generation von umweltpolitischen Instrumenten, den Geboten und Verboten zuzuordnen, es wird hier auch nicht mit Grenz- und Richtwerten operiert, die sich oft als überwachungsintensiv[41] erwiesen haben. Indirekte Regelungen gehören auch nicht zu den klassischen marktorientierten Instrumenten der zweiten Generation, dennoch nutzen sie Marktkräfte, indem sie neue Informationen und neue Informationsflüsse erzeugen. Insofern können sie auch als Informationsregelungen bezeichnet werden.

1.4.4 Entwicklungen im sozio-kulturellen Handlungsfeld

Mit der Zunahme des Umweltbewußtseins - nicht zuletzt aufgrund der erstmals in der menschlichen Geschichte erkennbaren globalen Umweltschäden - erweitert sich das Spektrum umweltrelevanter Anspruchsgruppen. Mit dieser Zunahme vollzieht sich der Prozeß „einer stark pluralistisch ausgerichteten Institutionalisierung gesellschaftlicher Kontroll- und Kritikfunktionen"[42]. Durch die Identifikation umweltrelevanter Anspruchsgruppen ist es dem

---

[39]   Zu den Prinzipien der Umweltpolitik vgl. etwa Wicke, L.: Umweltökonomie. 3. Auflage, München 1991, S. 128ff.

[40]   Zum Vorsorgeprinzip vgl. Malinsky, A.H.: Umweltvorsorge - Politik für die Zukunft. In: Österreichische Zeitschrift für Vermessungswesen und Photogrammetrie, 76. Jg. (1988), Heft 3, S. 314ff.

[41]   Zum Vollzugsdefizit sog. direkter Regelungen siehe näher Kraemer, R.A.: Die Europäische Verordnung zum Umweltaudit. In: VT-Newsletter, Heft 2 (1995), S. 6.

[42]   Wiedmann, K.-P.: Gesellschaft und Marketing - Neuorientierung der Marketingkonzeption im Zeichen des gesellschaftlichen Wandels. In: Marketing-Schnittstellen. (Hrsg. von Specht, G., Silberer, G., Engelhardt, H.), Stuttgart 1989, S 231 (Der Begriff „Gesellschaft" wird hier i.e.S. verstanden).

14

Unternehmen möglich, frühzeitig schwache Signale in der Umweltschutzdiskussion zu erkennen und zu antizipieren. Als Anspruchsgruppen werden dabei Individuen, Gruppen oder Institutionen im Sinne von Interessensvertretern angesehen, die aktiv Einfluß auf Entscheidungen des Unternehmens nehmen können oder passiv durch dessen Entscheidungen betroffen sind (Abb. 1-5)[43].

Abb. 1-5:   Anspruchsgruppen der Unternehmung im Stakeholder-Ansatz

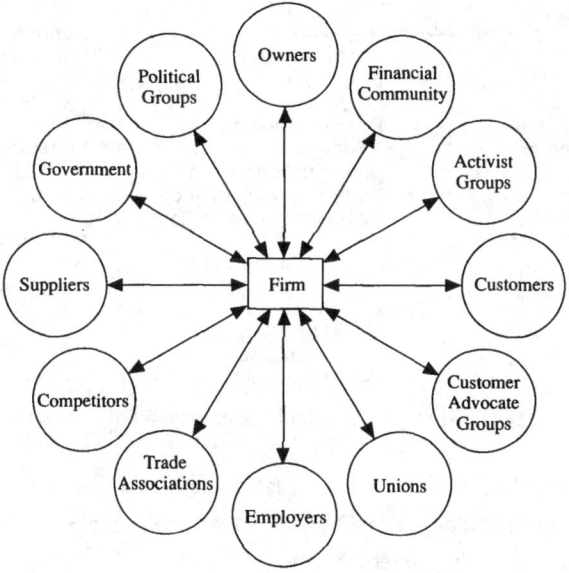

Quelle: Freeman, R.E.: Strategic Management. Boston 1984, S. 55

Stähler klassifiziert umweltrelevante Anspruchsgruppen in unternehmensinterne und in unternehmensexterne (marktbezogene und nichtmarktbezogene) Anspruchsgruppen (Abb. 1-6).

Unternehmungen werden nach dem Stakeholder-Konzept als gesellschaftliche Institutionen betrachtet, die zu ihrer kollektiven, arbeitsteiligen Leistungserbringung Ressourcen verwenden, welche ihnen im Austausch von Ressourcenlieferanten zur Verfügung gestellt werden, deren Ansprüche sie primär durch ihre Leistung und sekundär durch die Art der Gestaltung des Leistungsprozesses befriedigen[44].

---

43   Vgl. Freeman, R.E.: Strategic Management: A Stakeholder Approach. Boston 1984, S. 41. Das Stakeholder-Konzept fußt auf der Idee, den Gruppenbezug des Managements in das Zentrum der strategischen Managementlehre zu rücken. Der englische Ausdruck „stakeholder" (stake: Anteil, Einlage, Interesse) drückt die Beziehung zum Unternehmen präziser aus als der im Deutschen geläufige Begriff „Anspruchsgruppe". Zum Stakeholder-Konzept vgl. z.B. Ackoff, R.L.: Creating the Corporate Future: Plan or Be Planned for. New York 1981; Ders.: A Guide to Controlling your Corporations Future. New York 1984; Mintzberg, H.: Power In and Around Organizations. Englewood Cliffs 1983.

44   Vgl. Hill, W.: Betriebswirtschaftslehre als Managementlehre. In: Betriebswirtschaftslehre als Management- und Führungslehre. (Hrsg. von Wunderer, R.), Stuttgart 1985, S. 111 ff.

15

Abb. 1-6:   Klassifikation ökologischer Anspruchsgruppen[45]

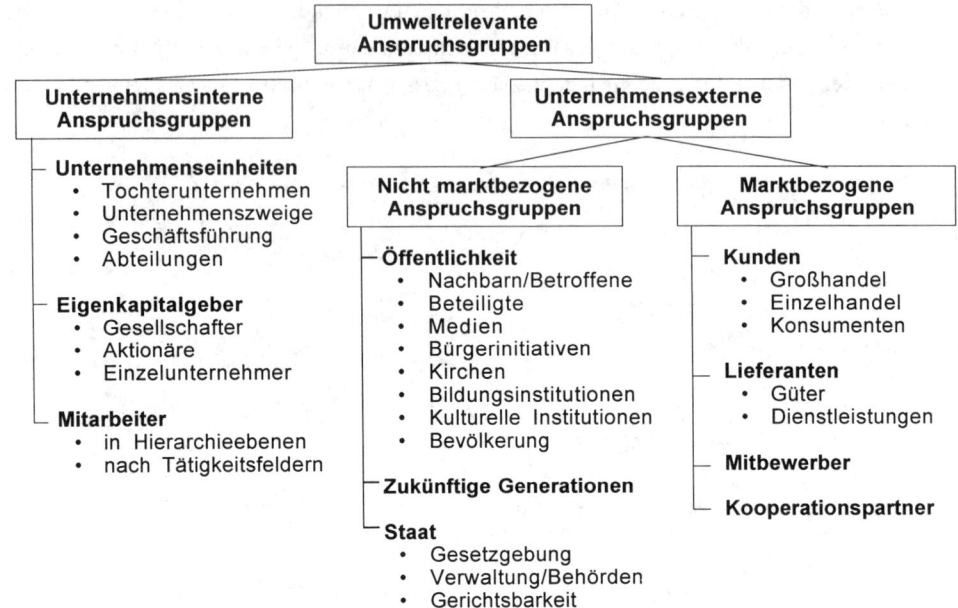

Quelle: in Anlehnung an Stähler, C.: Strategisches Ökologiemanagement, München 1991, S. 116.

Eine Unternehmung kann also ihre eigenen Zwecke setzen, Ziele formulieren und zielgerichtet handeln, sie ist aber in ihren Handlungen nur beschränkt autonom. Ihr Verhalten muß von dieser akzeptiert werden,[46] d.h. die Unternehmensexistenz kann langfristig nur gesichert werden, wenn die Unternehmenslegitimität, d.h. das Ausmaß der Übereinstimmung der Unternehmensaktivitäten mit den Werten des (übergeordneten) gesellschaftlich-soziokulturellen Systems erhalten bleibt[47]. Die Managementaufgabe besteht nun im systematischen Aufbau und der permanenten Pflege von unternehmenspolitischen Verständigungspotentialen zwischen dem Management und allen internen und externen Anspruchsgruppen. Aus der Sicht der Anspruchsgruppen ist die Existenzsicherung aber nicht der eigentliche Zweck der Unternehmung, „sondern der gemeinsame Nenner, auf den sich die Beteiligten in der Verfolgung ihrer partiellen Interessen einigen, solange sie die erhaltenen Leistungen höher bewerten, als die von ihnen eingebrachten Ressourcen"[48]. Bei unternehmenspolitischen Konflikten oder Krisen wird die Bewährung oder Überforderung der aufgebauten Verständigungspotentiale besonders offenbar.

---

[45]   Die Nennung der Anspruchsgruppenarten ist beispielhaft und erhebt daher keinen Anspruch auf Vollständigkeit.

[46]   Vgl. Ulrich, H., Probst, G.: Anleitung zum ganzheitlichen Denken und Handeln. Ein Brevier für Führungskräfte. Bern, Stuttgart 1988. S. 53.

[47]   Miles, R.E., Snow, C.C.: Organizational strategy, structure and process. New York u.a. 1978, S. 22.

[48]   Hill, W.: Basisperspektiven der Managementforschung. In: Die Unternehmung Nr. 1 (1991), S. 10.

Der Einfluß von Anspruchsgruppen ist aber auch auf Informationsasymmetrien zurückzuführen[49]. So besitzt die Öffentlichkeit etwa hinsichtlich der von den Unternehmungen direkt oder indirekt verursachten Umweltwirkungen wenig Kenntnisse und kann Beschaffung Produktion und Distribution von Produkten nicht unmittelbar kontrollieren. Auf der anderen Seite stehen den betrieblichen Entscheidungsträgern oft keine verläßlichen Informationen und Kenntnisse zur Verfügung, welche Handlungen für verschiedene gesellschaftliche Gruppen oder für zukünftige Generationen im Sinne einer nachhaltigen Entwicklung zufriedenstellend wären bzw. zu setzen sind.

Weil nur der Dialog aller Beteiligten und Betroffenen eine aus gesellschaftlicher, ökonomischer und ökologischer Sicht vernünftige Präferenzordnung konkurrierender Ansprüche sichern hilft, verknüpft *Ulrich* seine Forderung nach Verantwortung der Unternehmen eng mit dem zu führenden Dialog.[50]

Wenn auch aus den bisherigen Ausführungen über das Stakeholder-Konzept und der Informationsasymmetrie keine konkreten Handlungsempfehlungen für das Umweltmanagement abzuleiten sind, so ist zumindest der besondere Stellenwert des Dialogs für den betrieblichen Umweltschutz erkennbar.

1.4.5 Entwicklungen im wirtschaftlichen Handlungsfeld

Die in der Gesellschaft artikulierten Umweltschutzanforderungen führen zu einer Veränderung des Wettbewerbsumfeldes.[51] So können beispielsweise Wettbewerbsvorteile für jene Hersteller wegfallen, die bisher Kostenvorteile aufgrund des Verzichts kostenintensiver Umweltschutzmaßnahmen realisieren konnten. Aber auch Versäumnisse bei der rechtzeitigen Entwicklung ökologieorientierter Produktinnovationen führen bei Fortsetzen der bestehenden staatlichen Umweltpolitik zum Abbau bestehender Wettbewerbsvorteile. Die zunehmende Verknappung natürlicher Ressourcen löst insbesondere bei aktuell defizitären Ersatzstoffen und -technologien einen Substitutionswettbewerb aus. Ein umweltbewußtes Konsumentenverhalten und ein wachsender Bedarf an Umweltschutztechnologien in den Investitionsgütermärkten bieten auch Ansatzpunkte dafür, das ökologieorientierte Bedürfnispotential als wettbewerbsstrategische Chance zu begreifen. Dieser von den Märkten her bestimmte Nachfragesog wird als Ökologie-Pull-Wirkung bezeichnet[52]. Staatliche Regelungen wiederum

---

[49] Vgl. etwa Lenz: Moralische Normen und Opportunismus in der neueren Theorie der Unternehmung. In: Wirtschaftsethik. (Hrsg. von Schauenberg, B.), Wiesbaden 1991, S. 15 ff.

[50] Ulrich prägt in diesem Zusammenhang die Begriffe „dialogische Verantwortung" und „kommunikativen Ethik" der Unternehmungen. Dazu näher Ulrich, H.: Management-Philosophie in einer sich wandelnden Gesellschaft. In: Strategische Unternehmensplanung. (Hrsg. von Hahn, D., Taylor, B.), Heidelberg, Wien 1986, S. 798ff.

[51] Vgl. Lichtwer, L.: Differenzierte Wirkung des Umweltschutzes auf die Wettbewerbsstellung kleiner und mittlerer Unternehmen und auf Konzentrationstendenzen. In: Umwelt und Wettbewerb. (Hrsg. von Gutzler, H.), Baden-Baden 1981, S. 213.

[52] Vgl. ebd., S. 13.

üben einen Internalisierungsdruck von Umweltschutzkosten bzw. einen Innovationszwang zur Einführung umweltfreundlicherer Produkte und Prozesse aus. Dies wird als Ökologie-Push-Wirkung bezeichnet[53]. Abb. 1-7 zeigt zusammenfassend die Beeinflussung des wettbewerbsstrategischen Handlungsspielraums des Managements durch ökologische, sozio-kulturelle, rechtlich-politische und wirtschaftliche Einflußfaktoren.

Abb. 1-7:   Chancen und Risken durch Ökologie-Pull und Ökologie-Push

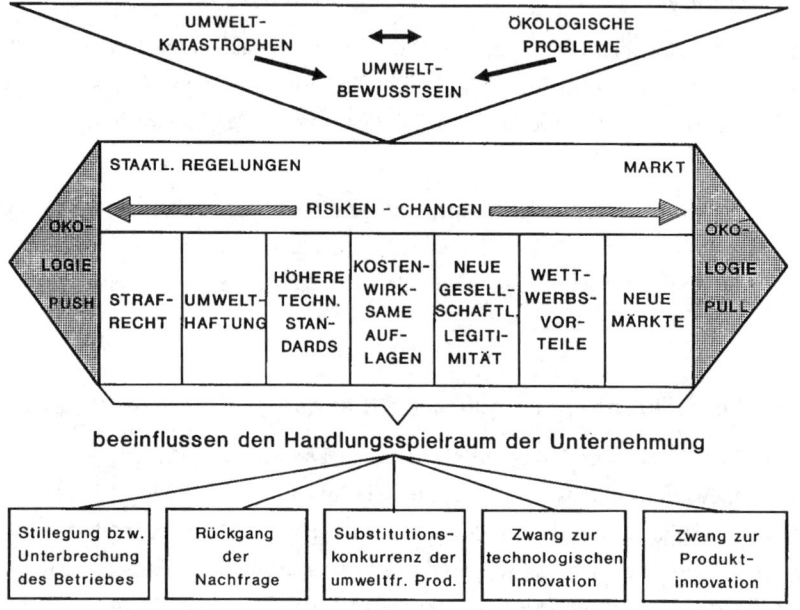

Quelle: Meffert, H.; Kirchgeorg, M.: Marktorientiertes Umweltmanagement. Stuttgart 1993, S.107.

Das ökonomische Handlungsfeld einer Unternehmung ist aber nicht nur durch die Wettbewerbssituation in den einzelnen Geschäftsfeldern bestimmt.

Kreikebaum nennt weitere wirtschaftliche Einflußfaktoren:[54]

- Gesamtwirtschaftliche Aspekte wie Wirtschaftswachstum, Konjunkturlage, Zahl der Abnehmer, Arbeitslosigkeit, Wechselkurse, Lebenshaltungskosten u.ä.
- Auf die gesamte Branche bezogene Faktoren wie Gesamtumsatz der Branche, Entwicklung einzelner Produktgruppen, Entwicklung der Arbeitsproduktivität u.ä.
- Auf das Unternehmen bezogene Faktoren wie Marktvolumen, Marktwachstum, Marktanteil, Konkurrenz, Preisniveau, Kostenentwicklung, Kaufkraft oder Abnehmerverhalten.

---

[53]   Vgl. ebd., S. 105.
[54]   Vgl. Kreikebaum, H.: Strategische Unternehmensplanung, Stuttgart 1981, S. 30 ff.

18

Es würde die Themenstellung dieser Arbeit sprengen, die oben angeführten Bestimmungs-faktoren unter ökologischen Gesichtspunkten detailliert zu erläutern.

Hingegen soll der Blick auf eine der zentralen Funktionsbedingungen des ökonomischen Handlungsfeldes gerichtet werden: Es handelt sich um die Internalisierung aller Kosten und Nutzen bei den Entscheidungsträgern zur Wahrung der korrekten Informationsfunktion des marktwirtschaftlichen Preissystems (Abwesenheit externe Effekte).

Längst *theoretisch* unbestritten ist, daß die Existenz externer Effekte die Erreichung der gesamtwirtschaftlichen Wohlfahrt zur Fiktion werden läßt.[55] Die wirtschaftliche Praxis zeigt uns weiters, daß externe Effekte in Form betrieblicher Umweltwirkungen inzwischen wegen ihres Umfangs zu wesentlichen Bestimmungsfaktoren in den verschiedenen gesellschaftlichen Handlungsfeldern geworden sind.

Das marktwirtschaftliche Preissystems als ein zentrales Element des marktwirtschaftlichen Koordinationsmechanismus führt uns zur Frage, wie wirtschaftliche Handlungen überhaupt koordiniert und legitimiert werden. Eventuell können entsprechende Lösungen auch für das betriebliche Umweltmanagement nutzbar gemacht werden. Dies soll nun im nächsten Kapitel untersucht werden.

---

[55] Dazu näher Frey, B.S.: Theorie demokratischer Wirtschaftspolitik, München 1981, S. 75 ff.

2 Umweltschutz als Auslöser für die Frage nach einer „neuen" Rationalität des Managementhandelns

Im Mittelpunkt dieser Arbeit steht das Unternehmen als Teil des wirtschaftlichen Handlungsfeldes. Das Handeln des Managements findet vor einer Vielzahl von mehr oder weniger spezifischen Gruppierungen um das Unternehmen statt.

Durch das Umlegen des Anspruchsgruppen-Konzepts auf die gesellschaftlichen Handlungsfelder (nach Abb. 1-2) ergeben sich neben den unternehmensinternen Anspruchsgruppen drei Arten von Anspruchsgruppen, die - in den jeweiligen Handlungsfeldern gelegen - mit der natürlichen Umwelt in Beziehung stehen:

1. Unternehmensinterne Anspruchsgruppen
2. Unternehmensexterne Anspruchsgruppen im wirtschaftlichen Handlungsfeld
3. Unternehmensexterne Anspruchsgruppen im sozio-kulturellen Handlungsfeld
4. Unternehmensexterne Anspruchsgruppen im rechtlich-politischen Handlungsfeld

Abb. 2-1: Das innere und äußere Beziehungsgefüge des Unternehmens als Beobachtungsgegenstand für die Frage einer „neuen" Rationalität des Managementhandelns

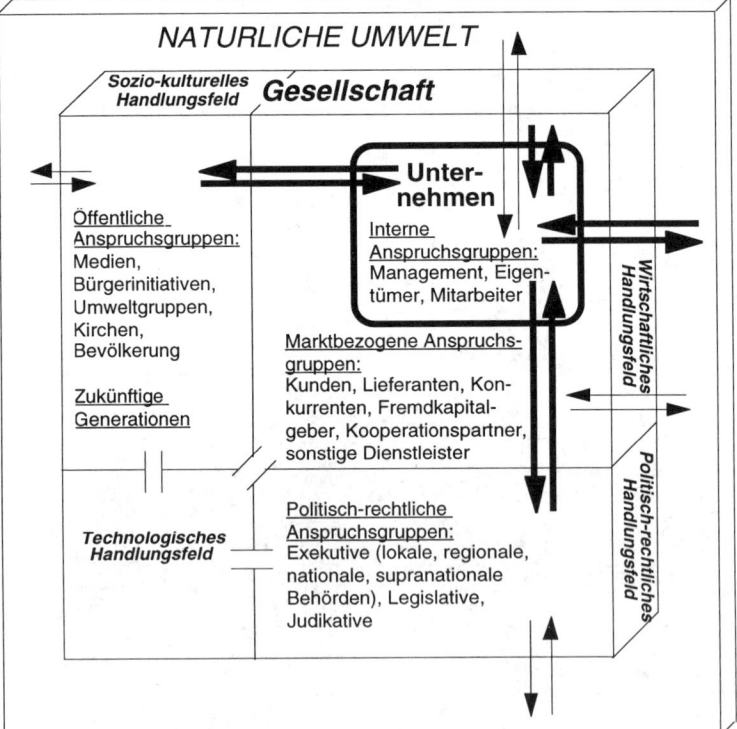

Legende: ➔ innere und äußere Beziehungen des Unternehmens
→ Beziehungen der Anspruchsgruppen zur natürlichen Umwelt
Quelle: eigene

Für diese Arbeit bedeutet dies, das innere Beziehungsgefüge des Systems Unternehmen (Anforderungen unternehmensinterner Anspruchsgruppen) ebenso als Beobachtungsgegenstand zu wählen, wie das äußere Beziehungsgefüge des Unternehmen (Anforderungen politisch-rechtlicher, marktbezogener und öffentlicher Anspruchsgruppen). Impulse und Anforderungen der Anspruchsgruppen verändern das technologische Handlungsfeld. Der technologische Wandel wiederum verändert die umliegenden Handlungsfelder (Abb. 2-1).

Für die späteren Ausführungen zum rationalen Handeln des Umweltmanagements erweist es sich als notwendig, im Kap. 2.1 die zentrale Frage der Handlungskoordination im *wirtschaftlichen Handlungsfeld* offenzulegen. Dazu wird in den Kap. 2.1.1 und 2.1.2 Managementhandeln nach zwei zentralen Handlungstypen differenziert. In Kap. 2.1.3 werden die Bestimmungsmerkmale zweckorientierten Handelns unter systemtheoretischer Perspektive erörtert. Handeln des Umweltmanagements ist Managementhandeln, das auf ökologieorientierten Zwecken basiert und auf ökologieorientierte Ziele[56] ausgerichtet ist. In Kap. 2.1.4 wird untersucht, inwieweit sich ökologieorientiertes Handeln des Managements unter den oben dargestellten zentralen Handlungstypen rekonstruieren läßt und inwieweit es nicht nur sozioökonomisch rational, sondern vor allem auch ökologisch rational begründet sein muß. Damit wird die normative Dimension ökologisch rationaler Entscheidungen betont und ein Vorverständnis für die folgend dargestellte Verankerung des Umweltschutzes in das normative Management geschaffen.

2.1 Verständigungsorientiertes und erfolgsorientiertes Handeln in einer hochkomplexen Wirtschaft und Gesellschaft

In jedem wirtschaftlichen Handlungsfeld besteht für ein Unternehmen das grundlegende Problem der *Handlungskoordination* innerhalb des wirtschaftlichen Handlungsfeldes mit den anderen Unternehmen. Darüberhinaus muß das Unternehmen im wirtschaftlichen Handlungsfeld seine Aktivitäten mit den Akteuren in den anderen gesellschaftlichen Handlungsfeldern koordinieren. Die Beziehungen des Managements zu den internen und externen Anpruchsgruppen sind Ausdruck der Art und Weise, wie die Handlungen der Akteure aufeinander bezogen, wie sie koordiniert werden. *Steinmann/Schreyögg* erfassen das Problem der Handlungskoordination mit folgender Frage:[57]

- „Wie sollen die Interessen und Absichten sowie die daraus fließenden Handlungen aller Individuen und Gruppierungen so aufeinander bezogen werden, daß ihre erfolgreiche dauerhafte Koordination gelingt und auch in Zukunft immer wieder möglich ist."

---

[56] Dyllick nennt drei Gruppen ökologieorientierter Unternehmensziele (vgl. dazu Dyllick, Th.: Ökologisch bewußtes Management. In: Die Orientierung (Schriftenreihe der Schweizerischen Volksbank, Nr. 96.), Bern 1990, S. 25): (a) Knappe Ressourcen erhalten oder schonen (Ressourcenschutz), (b) Emissionen und Abfälle vermeiden oder vermindern (Emissionsbegrenzung), (c) Potentielle Gefahren verhindern oder vermindern (Risikobegrenzung).

[57] Steinmann, H., Schreyögg, G.: Management..., S. 76f.

Mitte der 50-er Jahre haben *Dahl/Lindblom* dieses zentrale Koordinationsproblem für das wirtschaftliche Handlungsfeld in ein „Kalkulations- und Kontrollproblem" gesplittet:[58]

- *Kalkulationsproblem*: Wie sollen Ressourcen eingesetzt werden, sodaß sich eine maximale gesamtwirtschaftliche Wohlfahrt herausbildet?

- *Kontrollproblem*: Wie läßt sich erreichen, daß alle Menschen im erforderlichen Umfang an der Erreichung der kalkulierten Ziele mitwirken?

Für die Lösung des oben angesprochenen Koordinationsproblems stehen in jeder Wirtschaft und Gesellschaft im Prinzip zwei Handlungstypen zur Verfügung, nämlich das „verständigungsorientierte Handeln" und das „erfolgsorientierte Handeln"[59]. Zum Vorverständnis über das erfolgsorientierte Handeln sei bemerkt, daß es der Konstruktionslogik des wettbewerbsorientierten marktwirtschaftlichen Systems zugrunde liegt und daher zur Zeit der dominierende Handlungskoordinationstyp in unserer Marktwirtschaft ist.

Die unterschiedliche Kritik über die Entsprechung des Vertragsmodells der Unternehmen im Zusammenhang mit seinen empirischen Voraussetzungen hat in den letzten Jahren zu verschiedenen theoretischen Anstrengungen zur Neuverfassung des Vertragsmodells der gesellschaftlichen Institution Unternehmung geführt. Ziel dieser Bemühungen war und ist die Effizienzsteigerung des Koordinationsmechanismus im wirtschaftlichen Handlungsfeld. Die eine Strömung setzt - wie schon die Neoklassik - an den *Handlungsfolgen* des Güteraustausches an. Während sich aber die Neoklassik auf den Austausch der Güter per se bezog, setzen diese jüngeren Bemühungen auf den Austausch der Verfügungsrechte über die Güter an (Theorie der Verfügungsrechte, Agency-Theorie).[60]

Eine zweite Richtung setzt an den Handlungsmotiven an und betont, daß erfolgsorientiertes Handeln allein nicht mehr den inneren gesellschaftlichen Frieden sichern kann. Nach diesen Vorstellungen bedeutet dies für das ökonomische Handlungsfeld, daß die Koordinationsfunktion des Preissystems durch verständigungsorientiertes Handeln zu ergänzen ist. Im Mittelpunkt dieser Überlegungen steht der Gedanke einer „Einbettung des erfolgsstrategischen Handelns in institutionelle Zusammenhänge des verständigungsorientierten Handelns, ... nicht der Gegensatz beider Handlungsmodi."[61]

Anliegen des Verfassers ist es, die an den Handlungsmotiven orientierte Reformdiskussion innerhalb der Managementlehre über das Verhältnis von verständigungs- und erfolgsorientiertem Handeln für die Fragestellungen des Umweltmanagements nutzbar zu machen.

---

[58] Vgl. ausführlich Dahl, R.A., Lindblom, Ch.E.: Politics, economics and welfare, New York 1953.

[59] Vgl. Habermas, J.: Theorie des kommunikativen Handelns. Bd. 1, Frankfurt a.M. 1981.

[60] Dazu näher etwa in Budäus, D., Gerum, E., Zimmermann, G. (Hrsg.): Betriebswirtschaftslehre und Theorie der Verfügungsrechte. Wiesbaden 1988.

[61] Steinmann, H., Schreyögg, G.: Management..., S. 95.

2.1.1 Kommunikative Rationalität als Träger des verständigungs-orientierten Handelns

Die im folgenden vor allem an *Steinmann* und *Schreyögg* angelehnten Darstellungen zur kommunikativen Rationalität beruhen auf der sogenannten Diskursethik.[62]

Verständigung erfordert, daß alle Betroffenen ihre subjektiven Zielvorstellungen und ihr Wissen über geeignete Handlungen zur Zielerreichung in Argumentationsprozesse einbringen und aufgrund der Einsicht in die Richtigkeit einer gefundenen Begründungsbasis (Zweck) zu einer Einigung darüber kommen, welche Handlungen in der Folge ergriffen werden sollen. Verständigungsorientiertes Handeln beruht also - im Gegensatz zu Überredungs-, Beloh-nungs- oder Bestrafungstrategien (Machtgebrauch) - auf der zweckgestützten gemeinsamen Einsicht über die Richtigkeit der beabsichtigten Handlungen und ruft dadurch die für die gemeinsamen Handlungen notwendige Bindungswirkung (Verpflichtung) hervor. Nur diese gemeinsam gefundenen und begründeten Handlungen sind vernüftig im Sinne einer „kommuni-kativen Rationalität".

Verständigungsorientiertes Handeln unterscheidet sich im wesentlichen durch zwei Merkmale vom erfolgsorientierten Handeln:[63]

1. Verständigungsorientiertes Handeln ist originär auf *Sprache* angewiesen. Dies stellt einen Ausgangspunkt für alle weiteren Überlegungen zur rationalen Koordination menschlichen Handelns dar, hinter dem - bis auf weiteres - nicht weiter zurückgegangen werden kann. Mit anderen Worten: Verständigungsorientiertes Handeln ist die originäre Quelle von Vernunft. Es geht methodisch dem erfolgsorientierten Handeln voraus, indem einsichtig gemacht werden muß, warum es sinnvoll ist, z.B. in der wettbewerbsorientierten Marktwirtschaft das Handeln der einzelnen Akteure im Interesse aller freizustellen, d.h. erfolgsorientiert zu handeln.

2. Verständigungsorientiertes Handeln stellt auf den *Konsens im Sinne der freien Zustimmung aller Beteiligten* ab (stabiler Friede). Dies bedeutet, im Argumentationsprozeß eigene Zwecke und Zielvorstellungen und eigenes verfügbares Wissen über geeignete Mittel zur Zielerreichung (Handlungen) gegebenenfalls zu revidieren.

Verständigungsorientiertes Handeln impliziert einen Minimalkonsens über ein rechtswirk-sames System von Grundnormen und unentziehbaren Grundrechten aller Beteiligten, wenn sie als mündige Gesprächspartner zur Wahrung ihrer legitimen Interessen im unternehmens-politischen Willensbildungsprozeß anerkannt werden sollen. Diesem Gedanken entspricht die

---

[62] Die *Diskursethik* wird hier neben den sechs Formen der *normativen Ethik* (empiristische Ethik, Prinzipienethik, kasuistische Ethik, Situationsethik, Gesinnungsethik, Verantwortungsethik) nach Rich als *siebte Form* der *normativen Ethik* eingeordnet (dazu Rich, A.: Wirtschaftsethik. 4. Auf-lage. 1984), Gütersloh 1991, S. 24ff.). Auf die Diskursethik wird in Kapitel 2.1.5 wegen ihrer besonderen Bedeutung für den Zusammenhang „Umweltschutz und Unternehmensethik" noch näher eingegangen.

[63] Vgl. Steinmann, H., Schreyögg, G.: Management..., S. 78f.

Leitidee einer „offenen Unternehmensverfassung"[64], die auf die strukturelle und institutionelle Ausweitung um interne und externe Anspruchsgruppen zielt.

2.1.2 Subjektive Rationalität als Träger des erfolgsorientierten Handelns

Bei erfolgsorientiertem Handeln bilden nicht Sprache und Argumentation die zentralen Elemente zur Handlungskoordination, sondern es werden andere Koordinationsmittel einge-setzt (z.B. Geld oder Macht). Die Verwendung von Sprache dient hier nicht der allgemeinen argumentativen Verständigung zur Gewinnung gemeinsam begründeter Handlungsorientierung, sondern nur zur wechselseitigen Beeinflussung der Partner, soweit dies für die eigenen Zwecke und Ziele subjektiv förderlich ist. Der einzelne Handelnde maximiert bei gegebenen Zwecken seinen Nutzen je nach seinen subjektiven Präferenzen durch Auswahl der „optimalen" Mittel. Die Handlungen der Partner sind getragen von einer *subjektiven Rationalität*. Hinsichtlich der vorzunehmenden Mittelwahl für gegebene Zwecke kann auch von *Zweckrationalität (M. Weber)* gesprochen werden[65].

Ergibt sich bei Marktpartnern keine Interessenskomplementarität, so werden die Partner sich gegenseitig durch Machtgebrauch (Überredung, Belohnung, oder Bestrafung) zu beeinflussen versuchen, um einen Kompromiß - und nicht einen Konsens wie beim verständigungs-orientierten Handeln - zu erzielen. Kompromisse werden nur solange akzeptiert wie etwa Machtpositionen erhalten bleiben (labiler Friede). Bei Machtverschiebungen oder Mißlingen der erfolgsorientierten Handlungkoordination werden im Zeitablauf Anpassungshandlungen in Richtung eines angestrebten „Gleichgewichts" gesetzt. Dieses Grundmuster vieler Koordi-nationshandlungen als Ausdruck eines Anpassungsprozesses über den Zeitablauf liegt auch den Handlungen in der wettbewerbsorientierten Marktwirtschaft mit dem (sprachfreien) Preissystem als Koordinationsmechanismus zugrunde.

Da erfolgsorientiertes Handeln auf den dialogischen Konsens im Sinne des Austausches und des gemeinsamen Prüfens von Gründen für Zweck- und Mitteleinsatz verzichtet, kann dieser Handlungstypus nicht originäre Quelle von Vernunft sein. M.a.W.: Vernunft ist auf eine im Dialog konstituierbare Begründungsleistung angewiesen.[66] Wenn eine - so verstandene - Vernunft und nicht etwa Willkür die gesellschaftlichen Institutionen tragen soll, so muß auch

---

[64] Vgl. Kappler, E.: Zur praktischen Berücksichtigung pluralistischer Interessen in betriebswirtschaftlichen Entscheidungen. In: Betriebswirtschaftliche Forschung und Praxis 29 (1977), S. 70ff.; Ulrich, P.: Moral in der Marktwirtschaft. In: Evangelische Kommentare, Heft 2 (1992), S. 86ff.

[65] Vgl. Steinmann, H., Schreyögg, G.: Management..., S. 79ff.

[66] Mit diesem Ansatz von Vernunft (Rationalität) soll auf die neueren Entwicklungen in Philosophie, Wissenschaftstheorie und Ethik Bezug genommen werden, wonach Fragen der Wahrheit (für Tatsachen) und Gerechtigkeit (für Normen) nicht „monologisch-solipsistisch" entschieden, sondern nur „dialogisch-diskursiv" bis auf weiteres geklärt werden können. Über die „dialogische Transformation" der Vernunft vgl. z.B. Apel, K.-O. (Hrsg.): Transformation der Philosophie, Bd. 1, Frankfurt a. M. 1973; Ulrich, P.: Transformation der ökonomischen Vernunft, Fortschrittsperspektiven der modernen Industriegesellschaft. Bern, Stuttgart 1986, S. 274ff.

erfolgsorientiertes Handeln vernünftig begründet werden (Legitimationsdruck).

Es ist eine altliberale Position, daß die Freistellung wirtschaftlicher Akteure als Voraussetzung für rationales Produzieren und Konsumieren gilt. In Bezugnahme auf die obigen Ausführungen muß dann im Dialog ein Konsens darüber bestehen, wieweit Handlungsakteure in der Wirtschaft einen Beitrag zur Erreichung der gesamtgesellschaftlichen Wohlfahrt leisten können. Ein Konsens über Handlungen, der auf der subjektiven Rationalität der Akteure in Form der ökonomischen Rationalität beruhen. Ökonomische Rationalität ist als subjektive Handlungs-rationalität somit „immer eine *abgeleitete* Rationalität und bleibt als solche kritikzugänglich und legitimationsbedürftig und darf nicht dogmatisiert werden (kursiv im Original fett)".[67]

Die Legitimation der über Preise gesteuerten marktwirtschaftlichen Koordination kann durch den Verweis auf die Komplexität des ökonomischen Kalkulations- und Kontrollproblems geführt werden. Die Anzahl der ökonomischen Akteure in der heutigen Situation hoch-entwickelter Volkswirtschaften läßt vermutlich Versuche scheitern, die Handlungskoordination aller Einzelpläne hinsichtlich Ziel- und Mittelwahl überwiegend am verständigungsorientierten Handeln auszurichten. Durch die (sprachfreie) Preisbildung am Markt erfolgt die Abstimmung der Teilpläne „effizienter" als bei verständigungsorientierter Vorgangsweise.[68] Diese Fähigkeit zur Komplexitätsreduktion mag auch eines der entscheidenden Argumente für die Legitimation des marktwirtschaftlichen Systems darstellen, nicht die altliberale, dogmatische Berufung auf die individuelle Freiheit der Wirtschaftakteure an sich.

Gerade die vorhin angesprochene Komplexitätsreduktionsfunktion wirft Fragen über Manage-menthandeln unter systemtheoretischen Aspekten auf, die nun beleuchtet werden, bevor die Bedeutung des verständigungsorientierten und erfolgsorientierten Handelns für das Umwelt-management erarbeitet wird.

2.1.3 Die System/Umwelt-Differenz als Bezugspunkt für den Managementprozeß

Die Überlegungen in diesem Kapitel setzen voraus, daß man von der Orientierung an das klassische Schema des Managementprozesses und seiner (plandeterminierten) linearen Funktionsabfolge abgeht. Die Vorstellung einer Unternehmensführung, die die Umweltkom-plexität und -unsicherheit planerisch restlos abarbeitet und problemlos in Handlungen umsetzen kann, wird zugunsten eines offenen Bezugsrahmens für Management thematisiert, das sich in einem umfassenden Sinne als Steuerungsprozeß in und von Handlungssystemen in Interaktion auf das jederzeit problematische Verhältnis von Umwelt und System versteht.

---

67   Vgl. Steinmann, H., Schreyögg, G.: Management..., S. 81ff.
68   Dazu näher Steinmann, H., Löhr, A.: Grundlagen der Unternehmensethik. Stuttgart 1992, S. 93ff und Gröschner, R.: Zur rechtsphilosophischen Fundierung einer Unternehmensethik. In: Unternehmensethik. (Hrsg. von Steinmann, H., Löhr, A.), 1. Auflage 1989, Stuttgart 1991, S. 103ff.

Unter einem System soll eine geordnete Gesamtheit von Elementen verstanden werden, zwischen denen Beziehungen verschiedener Art bestehen oder hergestellt werden können.[69] Auch für ein Unternehmen gilt, daß es eine geordnete Gesamtheit von Elementen darstellt, die in verschiedener Beziehung zueinander stehen. Weiters läßt diese Definition zu, daß von der Ebene des Systems Unternehmen aus übergeordnete Systeme und Teilsysteme gebildet werden können.

Wenn also verschiedene Elemente zu einem System zusammengefügt werden sollen, so stellt sich die Frage, wo die Systemgrenzen liegen. Die freie Zusammenfügbarkeit der Elemente zu einem System läßt eine unendliche Zahl von Systemen zu. Systeme sind nur aus ihrer Relation zur Umwelt heraus verstehbar und konstituieren sich, indem sie sich abgrenzen. Letztlich ist das einzig entscheidende Kriterium der Abgrenzung das Ziel der Beobachtung.[70]

Im Sinne dieser Abgrenzung gehen wir nun von der Überlegung aus, daß eine Unternehmung ein *Handlungssystem* ist, das in seiner komplexen Umwelt aufrecht erhalten werden soll. Von einem Handlungssystem wird deshalb gesprochen, da sich das System aus Handlungen - oder genauer - aus „kommunikativen Akten"[71] konstituiert. Als Handlungssysteme haben Unternehmen keine natürlichen Grenzen, sondern schaffen sich diese selbstreferenziell durch eigene Handlungen, durch Sinnverarbeitung und Kommunikation.[72]

Grenzen schaffen heißt nun eine Differenz zur Umwelt herstellen, indem das Innenverhältnis ein anderes, weniger komplexes wird als das Außenverhältnis. Der Bestand eines Unternehmens ist dann gesichert, wenn es in der Lage ist, eine System/Umwelt-Differenz herzustellen und zu bewahren, die das zwischen ihm und der Umwelt bestehende Komplexitätsgefälle signifikant reduziert.

Die Leistung des Systems, der Nutzen der Systembildung, ist nun nicht die Abbildung von Umweltkomplexität, sondern das Herstellen eines Komplexitätsgefälles, d.h. die Reduktion von Komplexität zwischen System und Umwelt. Dadurch wird Orientierung innerhalb des Systems in einer komplexen Umwelt möglich.

Wirtschaftliche Handlungssysteme, insbesondere Unternehmungen, sind Systeme, die für die Absorption der Komplexität „Zwecksetzung" verwenden. Das Erhaltungsproblem wird durch die Festlegung erstrebenswerter Wirkungen in eine bearbeitbare Form transformiert. Zur Systemerhaltung reicht es aber nicht aus, Zwecke zu setzen, Ziele zu formulieren und anzustreben. Schon allein die Ungewißheit über die Wahl eines tragfähigen Zwecks erfordert Schritte, die nicht aus dem Zweck selbst heraus definierbar sind.[73]

---

[69]   Dazu ausführlich: Ulrich, H.: Die Unternehmung als produktives soziales System..., S. 105.
[70]   Vgl. Horváth, P.: Controlling. München 1994, S. 92.
[71]   Vgl. Luhmann, N.: Soziale Systeme. Frankfurt a.M. 1984, S. 34f.
[72]   Vgl. Steinmann, H., Schreyögg, G.: Management..., S. 125.
[73]   Parson spricht in diesem Zusammenhang von vier gleichzeitig zu erfüllenden Funktionserfordernissen, die in einem konkurrierenden Verhältnis zueinander stehen: Anpassung (adaption), Integration (integration),

Die unten erläuterten vier Bestimmungsmerkmale „Selektion", „Risiko-Kompensation", „Ent-wicklung" und „Eigenkomplexität" nach Luhmann kennzeichnen jeden Managementprozeß als Prozeß der Komplexitätsbewältigung. Gerade für das Umweltmanagement mit seinen vieldimensionalen Aufgabenstellungen erscheint dies ein adäquater Bezugsrahmen zu sein:[74]

- *Systemprozeß „Selektion"*
  Systeme müssen sich bestimmte Sicherheiten schaffen, um handeln zu können. Dazu werden nur bestimmte Aspekte der Umwelt wahrgenommen, d.h. eine Differenzbildung vorgenommen. Das Paradoxon ist nun, daß gerade die Schaffung von (künstlichen) Sicherheiten ihrerseits Unsicherheiten schafft. Der Faktor „Zeit" wird über den „Komplexitätsdruck" und den daraus resultierenden „Selektionszwang" miteinbezogen.[75] Durch das Komplexitätsgefälle zwischen System und Umwelt entsteht im System Unsicherheit über die gewählten Selektionsmuster, da die Umwelt über die Zeit auf die Grenzziehung und die sie begründenden Lösungsmuster reagiert und sie daher funktionsuntüchtig werden könnten. Selektivität kann es daher nicht ohne Risiko geben.

- *Systemprozeß „Risiko-Kompensation"*
  Das Risiko der Unsicherheit kann nicht allein durch Planung bewältigt werden. Es müssen quasi parallel zur notwendigen Selektivität des Prozesses kompensierende Maßnahmen ergriffen werden. Dies können sowohl Maßnahmen zur Überwachung der Entwicklung sowie zur Gegensteuerung sein.

- *Systemprozeß „Entwicklung" bzw. „Suche nach neuer Grenzbestimmung"*
  Das System hat immer die Möglichkeit, die Grenzen bzw. die problematisch gewordene System/Umweltdifferenz zu modifizieren oder auch ganz neu zu bestimmen. Die Kon-struktion von stabilisierungsfähigen Grenzen ist damit eine wiederholbare und steigerbare Systemleistung. Systeme sind auch lernfähig, d.h. sie können durch Erfahrung, Analogien usw. ihr Problemlösungspotential steigern und ihre Position zur Umwelt verbessern.[76]

- *Systemeigenschaft „Eigenkomplexität"*
  Wird die Komplexität zu stark reduziert, so besteht die Gefahr, daß das System seine Grenzerhaltungsfähigkeit verliert und nicht mehr adäquat mit der Umwelt in Interaktion treten kann. Die Differenz zwischen System und Umwelt ist eine Differenz von Komplexitäten, nicht eine Differenz zwischen Komplexität und Eindeutigkeit. Weil Systeme, die Komplexität reduzieren können, auch selbst komplex sein müssen, sind sie

---

     Zweckerfüllung (goal attainment) und Erhaltung der Basisorientierungsmuster (latent pattern maintenance). Siehe hierzu ausführlich Parson, T.: Einige Grundzüge der allgemeinen Theorie des Handelns. In: Moderne amerikanische Soziologie. (Hrsg. von Hartmann, H.), Stuttgart 1973, S. 231 ff. Siehe hierzu auch Luhmann, N.: Zweckbegriff und Systemrationalität, Tübingen 1968, S.179 ff.

[74] Vgl. Steinmann, H., Schreyögg, G.: Management..., S. 127 ff. Das Konzept der vier Bestim-mungsmerkmale beruht im wesentlichen auf Luhmann.

[75] Vgl. Luhmann, N.: Soziale Systeme..., S. 70.

[76] Vgl. Steinmann, H., Schreyögg, G.: Management..., S ebd. S.442.

auch selbst-selektive Handlungssysteme, die sich selbst also nicht vollständig erfassen, planen und organisieren können. Sie sind eigenkomplex. Damit werden die Schranken der Steuerbarkeit von Systemen offenbar, d.h. Eingriffe in ein komplexes Handlungssystem sind nicht voll beherrschbar. Die Reduktion von Komplexität wird von Systemen vorrangig durch die Ausbildung von Strukturen erreicht. Die zentralste Strukturierungsform ist die Bildung von Subsystemen.

Der Managementprozeß kann nun als Abfolge der drei Systemprozesse „Selektion", „Risiko-Kompensation" und „Entwicklung/Suche nach neuer Grenzbestimmung" interpretiert werden, wobei die klassischen Managementfunktionen (Planung, Organisation, Kontrolle, Personal-einsatz, Führung) zur formalen Bestimmung der Aufgaben weiterhin Verwendung finden.

Der Zusammenhang der Managementfunktionen und ihre Steuerungslogik wird durch die „Eigenkomplexität" des Handlungssystems Unternehmung bestimmt. Im Unterschied zum plandeterminierten Steuerungsmodell, das bei gegebenen Zielen seinen Fixpunkt findet, treten unter der oben dargelegten systemtheoretischen Betrachtungsweise Managementfunktionen nun nicht mehr in linearer Abfolge, sondern nebeneinander als Steuerungspotentiale mit eigener Logik auf. In diesem Zusammenhang sind die Funktionen Organisation, Personaleinsatz, Führung und Kontrolle nicht mehr ausschließlich durch die Funktion Planen determiniert, wie dies ja im klassischen Managementprozeßansatz geschieht,[77] vielmehr treten die Funktionen zueinander in Konkurrenz auf. So kann z.B. der Einsatz von Planung mit der Einrichtung flexibler Organisationsstrukturen konkurrieren, vor allem dort, wo die Planung durch die Kontingenzerfahrung einer laufenden Entwicklungsnotwendigkeit gegenübersteht. Die An-schlußmöglichkeiten unter den Funktionen sind jetzt unbegrenzt und in immer wieder neuen Varianten vorstellbar. Funktionsabfolgen können nach Art und Umfang mit dem aktuellen Steuerungsproblem variiert werden.

Auch die Frage nach der Rationalität des Systems muß eine diesem Systemdenken angepaßte Bestimmung erfahren. Systemrationalität entsteht zwar aus individuellen Handlungen, die aber für sich im Rahmen einer Systemsteuerungstheorie keine Rationalität beanspruchen können, „jedenfalls solange nicht, wie sie nicht auch rational in bezug auf und nach Maßgabe von Systemreferenzen sind".[78] Systemhandlungen sind demnach auf ihrer Bezugsebene rational, wie es gelingt, die Systemleistung zu erbringen, d.h. das System/Umwelt-Komplexitätsgefälle zu reduzieren und damit einhergehende interne Probleme zu lösen.

An dieser Stelle sei die Perspektivenverengung, die die systemtheoretische Schauweise (in dieser Form) mit sich bringt, angerissen.[79] Die Systemtheorie mißt Erkenntnisfortschritte und

---

77   Dazu bereits Koontz, H., O´Donnell, C.: Principles of management. An analysis of managerial functions. New York 1955 (in 9. Auflage 1988, von Koontz, H. und Weihrich H. unter dem Titel „Management" erschienen), zitiert nach Steinmann, H., Schreyögg, G.: Management..., S. 8.

78   Steinmann, H., Schreyögg, G.: Management..., S. 131.

79   Dazu näher Habermas, J.: Der philosophische Diskurs der Moderne. Frankfurt a.M. 1985, S. 426ff.

Kritik nur an den Beiträgen für die aufrechtzuerhaltende System/Umwelt-Differenz. Problematisch dabei ist, daß sie die in ihrem Gegenstandsbereich (Handlungssysteme) liegenden Aktoren nur versteht und beschreiben kann, wenn sie an ein vorgefundenes Verständigungssystem anschließt: die Sprache.[80] Dies gilt auch für die Kommunikation über die Richtigkeit und Zweckmäßigkeit der Systemperspektive selbst. Eine transsubjekte Verständigung, wie sie gerade in ökologischen Zusammenhängen immer wieder gefordert wird, ist durch die Systemtheorie letztlich nicht beschreibbar.

2.1.4 Die Bedeutung des verständigungsorientierten und des erfolgsorientierten Handelns für das Umweltmanagement

Daß Ansätze einer kommunikativen Rationalisierung des Managements gerade in den letzten Jahren aktuell werden, dürfte kein Zufall sein. Erfolgreiches Management wird mit der Zunahme der direkt oder indirekt von Unternehmen verursachten Umwelteinflüsse bzw. der zunehmenden Sensibilisierung weiter Bevölkerungskreise dafür immer mehr eine Frage des ethisch-rationalen Umgangs mit Wertaspekten und Interessenskonflikten. Und wenn interne und externe Anspruchsgruppen im Rahmen der unternehmenspolitischen Willensbildung nichts zu sagen haben, sehen sie sich oft gezwungen, zur Wahrung ihrer Interessen und Ansprüche den interventionsstaatlichen „Umweg" zu gehen, sodaß externe Effekte regelmäßig erst ex post vom reagierenden Staat in die Rechnung des verursachenden Unternehmens internalisiert werden. Dieser Weg führt aber auch „zu einer fortlaufenden bürokratisch-zentralistischen Aushöhlung der Grundlagen einer freiheitlich-dezentral organisierten Gesellschaft"[81]. Eine Entwicklung, die übrigens im politischen Alltag von vielen Unternehmern bzw. deren Interessensvertretungen immer wieder heftig beklagt wird.

Ökonomisch operativ erfahrbar werden Defizite durch fehlende Verständigungsorientierung erst, wenn die normative Leistung des Unternehmens (Sinnorientierung und Legitimität) nach innen und außen zunehmend mißlingt, d. h. bestimmte Systemfähigkeiten, wie Handlungs-fähigkeit, Lernfähigkeit und Responsivness[82] zur knappen Ressource und damit zum „kritischen strategischen Erfolgsfaktor" werden. Gerade für das aktuelle Umweltmanagement

---

80   Dazu Steinmann/Schreyögg: „Diese *unausgesprochene Voraussetzung* ist nur von einer die System-prozesse transzendierenden Ebene her begreifbar, die in einer verständigungsorientierten Kommuni-kationstheorie ihren Ursprung hat. Dies verweist uns auf den *methodischen Primat* der verständigungs-orientierten Handlungstheorie im Sinne der prinzipiellen Vorordnung. Erst wenn letzteres gedacht ist, kann ersteres sinnvoll werden. Diese methodische Vorordnung sichert uns einen Zugang zur Systemkritik und normativen Bewertung von Systemzuständen und -handlungen, wie es z.B. die Unternehmensethik zu ihrem Gegenstand gemacht hat. Die Managementlehre tut also gut daran, die Verwendung der Systemtheorie im Sinne der verständigungsorientierten Basis zu relativieren und von dort aus gewisser-maßen die Entscheidung zu treffen, welche Prozesse „systemisch" und welche Prozesse verständigungs-orientiert anzulegen sind (kursiv im Original fett)." (dies.: Management..., S. 132).

81   Vgl. Ulrich, P.: Zur Grundlegung einer Vernunftsethik des Wirtschaftens. In: IWE-Beiträge und Berichte. (Schriftenreihe des Instituts für Wirtschaftsethik, Hochschule St. Gallen, Nr. 19), St. Gallen 1987, S. 38.

82   Dazu näher im Kapitel 2.2.3.1.

kann sich in diesem Zusammenhang eine vermeintlich „idealistische" Verständigungsorientierung als „realistische" Grundlage für eine „Ökonomie des Dialogs"[83] erweisen.

Die oben diskutierten Fragen zum Koordinationsproblem im wirtschaftlichen Handlungsfeld von *Dahl/Lindblom* sollen an dieser Stelle unter ökologischer Perspektive wieder aufgeworfen werden und weiter unten auf jene Aspekte fokusiert werden, die zu Fragen der Vertiefung und Erweiterung des ökologieorientierten Rechnungswesens von Bedeutung sind:

a) *Ökologieorientiertes „Kalkulationsproblem":*
   Auf welche Weise sollen Stoff- und Energieeinsatz, Emissionen und Risken eines Unternehmens minimiert werden?

b) *Ökologieorientiertes „Kontrollproblem":*
   Wie läßt es sich erreichen, daß alle Betroffenen und Interessierten im erforderlichen Umfang an der Erreichung dieser Zielkategorien einer nachhaltigen Entwicklung von Wirtschaft und Gesellschaft mitwirken?

Wie können nun Handlungen des Management ökologisch rational koordiniert werden? Es ist nun die These dieser Arbeit, daß für die Lösung dieses Problemkreises die oben erörterten Handlungstypen „erfolgsorientiertes Handeln" und „verständigungsorientiertes Handeln" zur Verfügung stehen und - in Anwendung des Anspruchsgruppenkonzeptes - das Verhältnis des Umweltmanagements zu inner- und außerbetrieblichen Anspruchsgruppen sich nach diesen Handlungstypen rekonstruieren läßt.

Eine Differenzierung und Präzisierung des Zusammenhangs zwischen diesen Handlungstypen und dem unternehmerischen Zielbündel, bestehend aus der „Wirtschaftlichen Zieldimension", der „Ökologischen Zieldimension" und der „Sozialen Zieldimension" zeigt Tab. 2-1: Auf die Verknüpfung zwischen wirtschaftlich-erfolgsorientierten und wirtschaftlich-verständigungsorientierten Handlungen wurde bereits in Kap.2.1.1 und Kap. 2.1.2 eingegangen (Pfeil A in Tab. 2-1). Die Notwendigkeit der Einbettung des umwelterfolgsorientierten in das umweltverständigungsorientierte Handeln wird in Kap. 2.1.4.1 und Kap. 2.1.4.2 angerissen (Pfeil B in Tab. 2-1). Diese Zusammenhänge werden zudem unter unternehmensethischer Perspektive im Kapitel 2.1.5 weiter aufgearbeitet.

Es ist evident, daß im gegenwärtigen Wirtschaftssystem nur eine enge Verknüpfung wirtschaftlich-erfolgsorientierter und umwelterfolgsorientierter Handlungen des Management einen Entwicklungsschub in Richtung „Nachhaltigkeit von Wirtschaft und Gesellschaft" bewirken kann (Pfeil C in Tab. 2-1). So würde etwa ein stärkerer Einsatz „marktorientierter Instrumente"[84] im Rahmen der staatlichen Umweltpolitik wirtschaftliche und ökologische Erfolge der Unternehmen dynamisch miteinander koppeln. Dazu gehört aber auch, daß

---

[83] Vgl. Ulrich, P.: Transformation der ökonomischen Vernunft..., S. 438.
[84] Dazu ausführlich Wicke, L.: Umweltökonomie..., S. 382ff.

Unternehmen die veränderten umweltpolitischen Rahmenbedingungen als Betroffene proaktiv nutzen und im Vorfeld diese ihre Rahmenbedingungen als Akteur verständnisorientiert mitgestalten (Pfeil D in Tab. 2-1).

Tab. 2-1: Zuordnung von Handlungstypen des Managements zu unternehmerischen Zieldimensionen

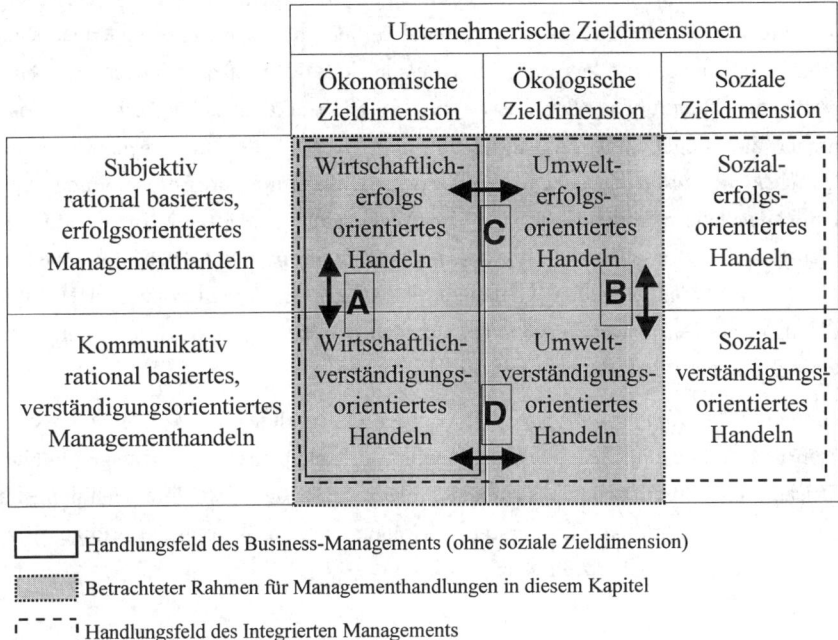

Quelle: eigene

2.1.4.1 Ökologischer Erfolg des Unternehmens - Nutzenstiftung durch umwelterfolgsorientiertes Managementhandeln

Erfolgsorientiertes Handeln des Managements unter ökologischer Perspektive (kurz: umwelterfolgsorientiertes Handeln) ist Handeln zur Erreichung ökologieorientierter Unternehmensziele basierend auf subjektiver Handlungsrationalität. Jene Instrumente, die umwelterfolgsorientiertes Handeln unterstützen, werden als umwelterfolgsorientierte Instrumente bezeichnet. Unter Einbezug der systemtheoretischen Schauweise (Kaptitel 2.1.3) kann der Bezugsrahmen für umwelterfolgsorientierte Handlungen folgendermaßen zusammengefaßt werden:

Umwelterfolgsorientierte Handlungen bedingen ein „Handlungssystem Unternehmen", das eine Differenz zur natürlichen Umwelt erzeugt und bewahrt (Systemerhalt durch Differenzbildung). Dies gelingt durch die *Selektion relevanter Umweltaspekte des Unternehmens* und in der Folge durch *aktive Einwirkung* auf diese. Die Relationen der natürlichen Umwelt sind durch das System zwar mit weniger Relationen vereinfachend rekonstruierbar, aber mit einem hinreichendem Maß an Differenziertheit ausgestattet. Zwischen Handlungssystem und Umwelt wird eine Differenz von ökologischen Komplexitäten hergestellt, die Identität für das Handlungssystem stiftet und zugleich deren Grenze definiert. Die Selektion bestimmter Umweltaspekte schafft zwar Orientierung in einer ökologisch-komplexen Umwelt sowie Klarheit und Transparenz für mögliche Lösungen, zugleich entstehen aber Unsicherheiten, da Wirkungen des nicht Selektierten durch das Sytem nicht mehr erkannt werden. Wird die Komplexität jedoch zu stark reduziert, verliert das Umweltmanagement seine Grenzerhaltungsfähigkeit und kann mit der Umwelt nicht mehr adäquat interagieren. Um die Autonomie des Handlungssystems bzw. dessen Grenzerhaltungsfähigkeit sicherzustellen, muß immer die Möglichkeit zur Anpassung der Grenze oder Grenzneubildung gegeben sein (*Entwicklung durch Anpassung der Grenzen*). Das mit der Beschränkung auf bestimmte Umweltaspekte verbundene Risiko der Ausblendung kann - mit Bezug auf den Managementprozeß - vor allem durch *Kontroll- und Steuerungsmaßnahmen* kompensiert werden. *Feed-back-Maßnahmen* dienen dabei zur Anpassung der Durchführung der Handlungen an die Planung und *feed-forward-Maßnahmen* dienen der Systementwicklung durch Anpassung der Grenzen in einer sich ständig veränderten Umwelt.

Globalität und Komplexität der heute von den Unternehmen direkt oder indirekt verursachten Umwelteinflüsse und deren rasche Zunahme erfordern rasche Handlungen.[85] Nur durch den Einsatz umweltpolitischer Instrumente, die in der Lage sind, ihre Handlungsträger (auch) subjektiv zweckrational zu unterstützen, können betriebsökologische Erfolge effizient und im notwendigem Ausmaß erzielt werden.

2.1.4.2 Ökologische Legitimität des Unternehmens - Sinnstiftung durch umweltverständigungsorientiertes Managementhandeln

Verständigungsorientiertes Handeln im Umweltmanagement (kurz umweltverständigungsorientiertes Handeln) ist Handeln zur Begründung ökologieorientierter Unternehmenszwecke und -ziele. Jene Instrumente oder Verfahren, die umweltverständigungsorientiertes Handeln unterstützen, können als umweltverständigungsorientierte Instrumente bezeichnet werden. Der Bezugsrahmen für umweltverständigungsorientierte Handlungen kann so zusammengefaßt werden: Umwelterfolgsorientiertes Handeln fußt auf subjektiver Rationalität unter ökologischer Perspektive. Wie bereits dargelegt, ist subjektive Rationalität nie originäre Quelle der Vernunft. Somit ist auch ökologieorientierte subjektive Rationalität immer abgeleitete Vernunft, die zum Zweck der Erreichung einer gesamtgesellschaftlichen nachhaltigen Entwicklung kritikzugänglich und (gesellschaftlich) legitimationsbedürftig bleibt. Umwelterfolgsorientiertes Handeln ist deshalb in umweltverständigungsorientiertes Handeln einzubetten.

---

[85] These des Verfassers ist, daß subjektiv-rational-ökologieorientiert basierte Handlungen überhaupt einen Beitrag zu einer globalen nachhaltigen wirtschaftlichen und gesellschaftlichen Entwicklung leisten können.

Tab. 2-2: Rationalitäts- und Handlungstypen im Umweltmanagement

	Umweltverständigungs-orientiertes Handeln	Umwelterfolgs-orientiertes Handeln
Tragendes Prinzip	kommunikative Rationalität	subjektive Rationalität (Zweckrationalität)
Kommunikationsform	argumentativer Dialog, Diskurs unter als mündig erkannter Partner	Beinflussung der Partner auch unter Einsatz von Macht
Verwendung der Sprache	Spracheinsatz	tendenziell sprachfrei
Kommunizierter Inhalt	Legitimation der Neu-bestimmung oder Anpassung der Komplexitätsdifferenz zwischen Unternehmung und natürlicher Umwelt	Signifikant komplexitäts-reduzierte Elemente (Inhalte, Strukturen, Abläufe etc.) in bezug zur natürlichen Umwelt
Handlungsergebnis	Sinnstiftung, ökologische Legitimität	Nutzenstiftung, ökologischen Erfolg
Verhaltensergebnis	Konsens (stabiler Friede)	Kompromiß (labiler Friede)
Vernunftsbezug	originäre Quelle von Vernunft	abgeleitete Vernunft (Legitimationserfordernis)

Quelle: eigene

Orientiert sich das Unternehmen bei der Konsensfindung mit den relevanten Anspruchs-gruppen an der Sinnfrage, ist zu erwarten, daß sich dadurch neue ganzheitliche Sichtweisen auf eine ganze Reihe ökologischer Phänomene und Probleme entwickeln läßt, die bisher unverbunden nebeneinander standen. „Wird nämlich die Sinnfrage gestellt und zu beantworten versucht, rücken der ganze Mensch, das gesamte Unternehmen und die ganze Umwelt ... ins Blickfeld".[86] Kann ein Konsens mit den relevanten Anspruchsgruppen zu betriebs-ökologischen Problemen hergestellt werden, d.h. wird ökologische Legitimität im Innen- und Außenverhältnis gefunden, so geht dies Hand in Hand mit einer Sinnstiftung und -vermittlung für und durch alle Beteiligten. Tab. 2-2 zeigt, wie unter den bisher erörterten Bedingungen und Zusammenhängen die Handlungstypen im Umweltmanagement charakterisiert werden können.

Alle biologischen, chemischen und physikalischen Umweltwirkungen in der Ökosphäre, die durch Unternehmen direkt oder indirekt verursacht werden, sind in bezug auf Ausmaß, Ort und Zeit (bis auf wenige Ausnahmen) zur Zeit wissenschaftlich exakt nicht vorhersehbar[87].

---

[86] Hartfelder, D.: Unternehmen und Management vor der Sinnfrage - Ursachen, Probleme und Gestaltungs-hinweise zu ihrer Bewältigung. Diss. St. Gallen 1989, S. 280.

[87] Vgl.Schmidt-Bleek, F.: Ökologie der Stoffströme, Enquete-Kommission Umwelt des Deutschen Bundes-tages. Wuppertal 1993, S. 3.

Um (trotzdem) ökologische Erfolge zu erzielen, müssen Managementinstrumente zum Einsatz gelangen, die die Akteure in die Lage versetzen, aus einer Vielzahl der Umweltwirkungen die relevanten auszuwählen, zu erfassen, aufzubereiten und zu bewerten.

Eine solche Selektionsleistung kann etwa im Rahmen der Ökobilanzierung erbracht werden. Im Zuge der Zieldefinition müssen bestimmte Stoff- und Energieflüsse bzw. strukturelle Umwelteinwirkungen herausgegriffen werden. Diese Auswahl - im Sinne umwelterfolgsorientierter Handlungen - erfordert aber auch einen Dialog über die ökologische Wirklichkeit im Sinne umweltverständigungsorientierter Handlungen. Die nächsten Schritte der Ökobilanzierung sind die Erfassung und Aufbereitung der ausgewählten Daten (umwelterfolgsorientiertes Handeln). Die ermittelten Ergebnisse bilden dann die Grundlage für den abschließenden Schritt einer ökologischen Bewertung der durch das Untersuchungsobjekt verursachten Umweltwirkungen. Hier hat das Umweltmanagement wieder verstärkt in einen Dialog mit seinen inner- und außerbetrieblichen Anspruchsgruppen zu treten. Ein Dialog, der die Verständigung über die ökologische Bedeutung der untersuchten Umweltwirkungen zum Gegenstand hat.

2.1.4.3 Die Verknüpfung von Unternehmenserfolg und -legitimität im umweltwirtschaftlichen Handlungsfeld

Das Einbringen ökologischer Aspekte durch die Anspruchsgruppen in die gesellschaftlichen Handlungsfelder führt zu neuen Anforderungen in den jeweiligen Handlungsfeldern. Ausgehend von der Darstellung in Abb. 2-1 ergeben sich durch die *Ökologisierung* der *gesellschaftlichen Handlungsfelder* vier Anspruchsgruppenarten:

- Unternehmensinterne ökologieorientierte Anspruchsgruppen,
3. Unternehmensexterne ökologieorientierte Anspruchsgruppen im wirtschaftlichen Handlungsfeld,
4. Unternehmensexterne ökologieorientierte Anspruchsgruppen im sozio-kulturellen Handlungsfeld,
5. Unternehmensexterne ökologieorientierte Anspruchsgruppen im rechtlich-politischen Handlungsfeld.

Die Ausführungen dieser Arbeit konzentrieren sich nun auf die Unternehmen im ökologisch orientierten wirtschaftlichen Handlungsfeld (= umweltwirtschaftlichen Handlungsfeld) mit seinen Beziehungen nach innen und außen (dicke Pfeile in Abb. 2-2).

Eine stärkere Ausrichtung der Umweltpolitik auf (subjektiv rational basierte) marktorientierte Instrumente würde die Unternehmen anhalten, jene Maßnahmen zu ergreifen, die zu einem effizienteren Umgang mit Stoffen und Energie führen. Demnach wären ökonomisch erfolgreiche Handlungsergebnisse zugleich ökologisch erfolgreich. Entsprechend veränderte Rahmenbedingungen würden eine kombinierte oder integrierte Anwendung von Ökobilanzen und ökonomisch ausgerichteten Managementinstrumenten fördern. Und da die Abbildung und ganzheitliche Bewertung betrieblicher Stoff- und Energieflüsse immer auch mit verständigungsorientierten Handlungen verbunden ist, bliebe Dialog, mit der Absicht einen Konsens zu finden, nicht länger „Legitimationsanhängsel" in einer vornehmlich von subjektiver Rationalität beherrschten ökonomischen Unternehmenswirklichkeit.

Abb. 2-2: Die Unternehmung im umweltwirtschaftlichen Handlungsfeld mit ihrem Beziehungsgefüge nach innen und außen

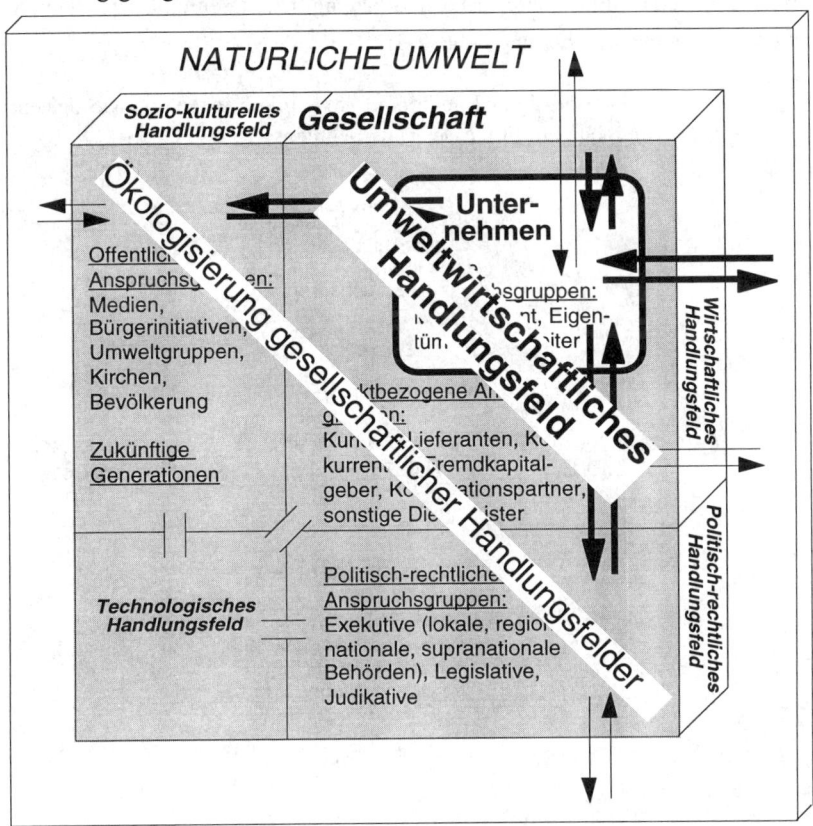

Legende: →   innere und äußere Beziehungen des Unternehmens
          —>   Beziehungen der Anspruchsgruppen zur natürlichen Umwelt

Es wurde bereits darauf hingewiesen, daß als oberstes Unternehmensziel der „Erhalt des Unternehmens" bzw. die „Sicherung"[88] der „Lebens- und Entwicklungsfähigkeit"[89] gelten kann. Unter ökonomischen Aspekten ist der operative wirtschaftliche Erfolg bzw. Gewinn eine wichtige Steuerungsgröße, hinzu kommt, daß der Faktor Zeit die Vorschaltung weiterer Steuerungsgrößen erfordert, nämlich der „strategischen Erfolgspotentiale"[90], um dem Ziel der

---

[88]   Dazu näher Dlugos, G.: Unternehmensplanung und Unternehmenspolitik unter pluralistischem Aspekt. In: Organisation. Evolutionäre Interdependenzen von Kultur und Struktur der Unternehmung. (Hrsg. von Seidel, E., Wagner, D.), Wiesbaden 1989, S. 46.

[89]   Dazu näher Bleicher, K.: Das Konzept integriertes Management. Frankfurt a.M., New York 1992, S. 69.

[90]   Vgl. Gälweiler, A.: Strategische Unternehmensführung. Frankfurt a.M., New York 1987, S. 6ff.

wirtschaftlichen Lebensfähigkeit des Unternehmens nachzukommen. Unter Einbezug öko-nomischer und ökologischer Aspekte sollte der Erhalt des Unternehmens idealerweise mittels zweier Bemühungen erreicht werden:[91] Einerseits ist dies der ökonomische und ökologische Unternehmenserfolg als Ausdruck der Lebensfähigkeit, andererseits ist dies - wie oben mehrfach erläutert - die ökonomische und ökologische Legitimität des Unternehmens als Ausdruck der Lebensberechtigung (Abb. 2-3).

Abb. 2-3:   Unternehmenserfolg und -legitimität im ökonomischen und ökologischen Kontext als Bedingung zum Erhalt des Unternehmens

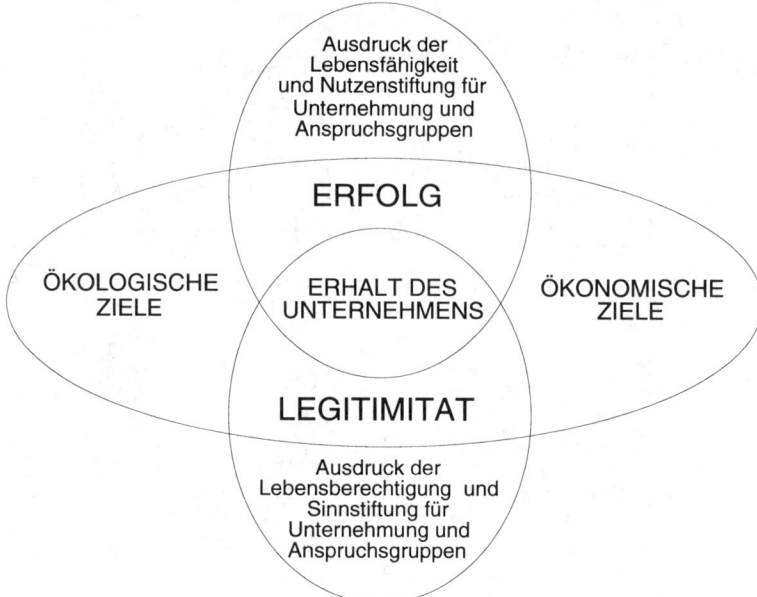

Quelle: eigene

Auf welcher gesellschaftlichen Ebene (Unternehmen, Staat) die Legitimität für ökonomisch und ökologisch erfolgsorientiertes Handeln des Managements erlangt werden kann bzw. soll, wurde bisher nicht diskutiert. Sollte dies etwa nur auf ordnungspolitischer Ebene erfolgen? Oder ist hier ein diesbezüglicher Beitrag der Unternehmen einzufordern? Diese Fragen können allerdings nur unter Berücksichtigung der unternehmensethischen Dimension diskutiert werden, schließlich kommt das Ökologische „ ... ohne Ethik nicht auf den Weg - auch nicht in die Unternehmung, ... es sei denn, man hofft auf die metaphysische Kraft eines Systemgeistes, der die betriebswirtschaftlichen „Sachzwänge" schon ökologisch richtig anordnen wird"[92].

---

[91]   Dazu auch Ulrich, P.: Integrative Wirtschafts- und Unternehmensethik - ein Rahmenkonzept. In: IWE-Beiträge und Berichte. (Schriftenreihe des Institutes für Wirtschaftsethik an der Hochschule St. Gallen, Nr. 55), St. Gallen 1993, S. 15ff.

[92]   Vgl. Thielemann, U.: Die Unternehmung als ökologischer Akteur? In: Ökologische Herausforderungen der Betriebswirtschaftslehre. (Hrsg. von Freimann, J.), Wiesbaden 1990, S. 59.

2.1.5 Die Unternehmensethik als treibende Kraft für das Umweltmanagement

Das erfolgsorientierte Handeln des Umweltmanagements ist dort mit dem verständigungsorientierten Handeln verknüpft, wo es um

- die Schaffung geeigneter ordnungspolitischer Rahmenbedingungen für die Unternehmungen geht, wie dies in den letzten Jahren durch eine Vielzahl von rechtlichen Regelungen gerade im Umweltbereich zum Ausdruck gekommen ist. Insoweit, wie das Management derartige Gesetze tatsächlich beachtet, wird die Erweiterung der Rolle des Umweltmanagements in Richtung auf das verständigungsorientierte Handeln offenbar. Es ordnet letztlich sein erfolgsorientiertes Handeln in den größeren rechtlich-politischen Zusammenhang des verständigungsorientierten Handelns ein.[93]

- Darüberhinaus wird die Verknüpfung mit dem erfolgsorientierten Handeln des Umweltmanagements über eine stärkere ethische Orientierung unternehmerischen Handelns zu finden sein.

Aus der Sicht der Unternehmensethik[94] kann die Idee des konsensorientierten Managements als die dialogische Wendung einer Vorläuferidee gelten, die unter der Bezeichnung „Gesellschaftliche Verantwortung der Unternehmensführung"[95] insbesondere im Kreise von Unternehmern und Managern entwickelt und diskutiert wurde[96]. Implizit verabschiedete man sich damit vom rein erfolgsorientierten Handeln.

Eine Gegenüberstellung von Merkmalen für die monologische und die dialogische Verantwortung als ethische Grundkonzepte im Kontext zur Unternehmensführung zeigt Tab. 2-3.

Die Schwäche der gesellschaftlich verantwortlichen Unternehmensführung liegt ohne Zweifel in ihrer rein monologischen Orientierung, also in der Vorstellung, Entscheidungsträger könnten von sich aus - ohne sich mit den Betroffenen auseinanderzusetzen - wissen, was für die Betroffenen „gut" ist. Überwindet man diese elitäre Grundorientierung in Richtung einer dialogischen, erhält die sozial verantwortliche Unternehmensführung eine ethische Dimension, wird zur Unternehmensethik im Sinne einer selbstentwickelten und selbstbindenden Kraft.

---

93   Dazu näher Steinmann, H., Schreyögg, G.: Management..., S. 96.
94   Die Begriffe Ethik und Moral sollen kurz voneinander abgegrenzt werden: Der Begriff „Ethik" stammt vom altgriechischen „ethos" („Gewohnter Sitz"), (a) einerseits im Sinne von „Gewohnheit", „Brauchtum", „Sitte" in Verwendung (vgl. Rich, A: Wirtschaftsethik..., S. 19), ebenso „Lebensformen, die die Wert- und Sinnvorstellungen einer Handlungsgemeinschaft widerspiegeln" (Pieper, A.: Ethik und Moral. Eine Einführung in die praktische Philosophie. München 1985, S. 19), (b) andererseits im Sinne der „*Frage*, was gut und recht ist" (Rich, A: Wirtschaftsethik..., S. 15). Entsprechend den zwei Bedeutungen für „ethos" unterscheidet man *Moral* (= das, was „man" tut, hier und jetzt geltende Sitte) und *Ethik*, die über die Moral im Sinne kritischer Fragen, inwieweit die bestehenden Sitten auch „wirklich gut und richtig" sind, reflektiert (vgl. ebd., S. 15ff).
95   Vgl. dazu etwa Picot, A.: Betriebswirtschaftliche Umweltbeziehungen und Umweltinformationen. Berlin 1977, S. 25ff.
96   Vgl. dazu beispielhaft das sog. „Davoser Manifest", das auf dem 3. Europäischen Management Symposium in Davos 1973 vorgestellt wurde.

Tab. 2-3: Monologische und dialogische Verantwortung als ethische Grundkonzepte

Monologische Verantwortungskonzeption	Dialogische Verantwortungskonzeption[97]
methodischer Solipsismus	Apriori der Kommunikationsgemeinschaft
Utilitaristische Ethik: Sozialnutzenmaximierung	Kommunikative Ethik: Wille zum machtfreien Konsens
Derivate Wurzel der Ethik: Ethos der Fürsorge	Originäre Wurzel der Ethik: Ethos der Gegenseitigkeit zwischen mündigen Personen
Entscheiden FÜR die Betroffenen (Output-Verantwortung)	Entscheiden MIT den Betroffenen (Input-Verantwortung)
Paternalistische Interessenberücksichtigung	Dialogischer Interessenausgleich (Partizipation)
Strukturkonservativ: Unkritisch bezüglich asymmetrischer Kommunikationssituation (Symptombeseitigung)	Strukturkritisch: Kritisch bezüglich asymmetrischer Kommunikationssituationen (Ursachenbeseitigung)
Abhängigkeit und „Verantwortungslosigkeit" der Betroffenen	Mündigkeit und Verantwortungsfähigkeit aller Beteiligten
Technokratischer Horizont (Manager- und Expertenherrschaft)	Demokratischer Horizont (gesellschaftlich rationale Unternehmensverfassung)

Quelle: nach Fluri, E., Ulrich, P.: Management - Eine konzentrierte Einführung. Bern,
            Stuttgart 1984, S. 59 und Ulrich, P.: Transformation der ökonomischen Vernunft.
            Bern, Stuttgart 1986, S. 321f.

Wie schwierig diese Diskussion über die ethische Fundierung von Managementhandeln im allgemeinen und in bezug auf ökologisch orientiertem Handeln im speziellen ist, läßt sich durch Stichworte wie, „gewisse Sympathie" oder „mögliche Kombination von Diskurs- und Verantwortungsethik"[98] erkennen.

Ohne Anspruch auf Vollständigkeit sollen in der Folge einige aktuelle Positionen zur Umweltethik aufgegriffen werden, um deren mögliches Fundament für umwelterfolgs- und umweltverständigungsorientiertes Managementhandeln zu analysieren.[99]

---

[97] Der kommunikative Kern steckt ja noch im Begriff der Ver"antwort"ung, also Rede und Antwort stehen im Dialog mit den Betroffenen.

[98] Vgl. Kirsch, W.: Kommunikatives Handeln, Autopoiese, Rationalität. (Unveröffentlichtes Arbeitspapier), München 1990, S. 234f.

[99] Wie unterschiedlich umfassend die Verantwortung von Entscheidungsträgern im Umweltmanagement gesehen werden kann, kommt in den verschiedenen umweltethischen Ansätzen zum Ausdruck. Es wird etwa zwischen anthropozentrischen, pathozentrischen, biozentrischen und holistischen Umweltethiken unterschieden. Siehe dazu die Klassifizierung von Stitzel, M.: Ökologische Ethik und wirtschaftliches Handeln. In: Wirtschaftsethik, Schnittstellen zwischen Ökonomie und Wissenschaftstheorie. (Hrsg. von Schauenberg, B.), Wiesbaden 1991, S. 101ff.

Der biokybernetische Ansatz von *Vester* erscheint für eine ethische Fundierung als nicht tragfähig, da das dort angewandte „Bio-Analogie-Prinzip"[100] eine empirische Ethik impliziert. Für Gorsler ergibt sich zwar aus der biokybernetischen Sichtweise eine eigenständige Wertebasis, die ein Unternehmen zu entwickeln habe, also ein „biokybernetisches Ethos",[101] jedoch beruht nach *Rich* die empirische Ethik auf dem Irrtum, daß aus dem Faktischen, dem Seienden keine ethische Norm, kein Sollen abgeleitet werden kann.[102] Wie bereits *Meyer-Abichs* Ansatz („Jeder nimmt auf alles Rücksicht"[103]) fußt auch Vesters Ansatz auf einem „naturalistischen Fehlschluß", einem Spezialfall des „Sein-Sollens-Fehlschlusses"[104].

Zwar lassen sich nach *Stitzel* gute Gründe für eine die Anthropozentrik überschreitende ökologische Ethik anführen, wie etwa die Aufhebung der Trennung der Realität von Mensch und Umwelt. Dennoch bedarf „auch eine holistische Umweltethik angesichts der unvermeidbaren Güterabwegung bei Konkurrenzsituationen zwischen Elementen von Ökosystemen einer Wertung durch den Menschen - und die ist notwendigerweise anthropozentrisch beinflußt".[105]

Deshalb soll nun die Analyse für ein mögliches ökologisch-ethisches Fundament umweltorientierten Handelns anhand einiger für den deutschen Sprachraum aktueller anthropozentrischer Ansätze[106] erfolgen: Der korrektive Ansatz von *Steinmann* und *Löhr* und der integrative Ansatz von *Ulrich* stützen sich zwar beide auf die Diskursethik[107], weisen aber „im

---

100   Vgl. Vester, F.: Unsere Welt - ein vernetztes System. München 1980; Ders.: Neuland des Denkens. Vom technokratischen zum kybernetischen Zeitalter. München 1980.

101   Vgl. Gorsler, B.: Umsetzung ökologisch bewußten Denkens. Eine Studie zur Unternehmenskultur. Dissertation. Bern, Stuttgart 1991, S. 31.

102   Vgl. Rich, A.: Wirtschaftsethik..., S. 26f.

103   Meyer-Abich, M.: Im sozialen Frieden zum Frieden mit der Natur. In: Wissen für die Umwelt, 17 Wissenschafter bilanzieren. (Hrsg. von Jänicke, M., Simonis, U., Weigmann, G.), New York 1985, S. 295f. Meyer-Abichs Ansatz zählt zu den holistischen Umweltethiken, die die Vernunft so tief ansetzt, „daß sie mit der Naturbasis des Menschen, ja allen Lebens, zusammenfällt" (Thielemann, U.: Ökologische Ethik. An den Grenzen der praktischen Vernunft. In: IWE-Beiträge und Berichte. (Schriftenreihe des Institutes für Wirtschaftsethik an der Hochschule St. Gallen, Nr. 24), St. Gallen 1988, S. 17f.).

104   Dazu näher Nussbaum, R.: Umweltbewußtes Management und Unternehmensethik. Dissertation, Bern, Stuttgart 1994, S. 54f.

105   Stitzel, M.: Ökologische Ethik und wirtschaftliches Handeln..., S. 106.

106   Zu den folgenden Ansätzen vgl. auch Prammer, H.K.: Unternehmensethische Grundkonzepte als Bezugsrahmen für die Bewältigung der ökologischen Krise. In: Umweltwirtschaftsforum, 5. Jg. (1997), Heft 2, S. 78ff. Zu Ansätzen im anglo-amerikanischen Sprachraum siehe etwa Nussbaum R.: Umweltbewußtes Management und Unternehmensethik..., S. 32.

107   Nachdem alle metaphysischen Autoritäten - Gott als Person, Natur als Gottes Schöpfung, (Natur)-Geschichte als ein von Gott in Gang gesetzter Prozeß - vom Positivismus und vom Kritischen Rationalismus (Popper) zurückgewiesen worden sind, kann die Diskursethik als eine metaphysikfreie, humanistische Antwort auf den dadurch hervorgerufenen Sinn- und Orientierungsverlust angesehen werden (hierzu ausführlicher Ulrich, P.: Transformation der ökonomischen Vernunft, Fortschrittsperspektiven der modernen Industriegesellschaft. Bern, Stuttgart 1986, S. 274). Die Diskursethik, die treffender als „Diskurstheorie der Moral" (Habermas, J.: Erläuterungen zur Diskursethik. Frankfurt a.M. 1991, S. 7) zu bezeichnen wäre, wird im deutschen Sprachraum insbesondere von Habermas und Apel (Frankfurter Schule) repräsentiert. Die Diskursethik lehnt jegliche Vorschreibung inhaltlicher Normen ab, „ ... insofern läßt sich die Diskursethik mit Recht als formal kennzeichnen. Sie gibt keine inhaltlichen Orientierungen ab, sondern ein Verfahren: den praktischen Diskurs. Dieser ist freilich ein Verfahren nicht zur Erzeugung von gerechtfertigten Normen, sondern zur Prüfung der Gültigkeit vorgeschlagener und hypothetisch erwogener Normen" (Habermas, J.: Moralbewußtsein und kommunikatives Handeln. Frankfurt a. M. 1983, S. 113).

Ergebnis" fundamentale Unterschiede auf. Während im korrektiven Ansatz *Steinmann/Löhrs* „Gewinnstreben" und „Ethik" als Gegensatz auftreten, werden „Erfolgsstreben" und „Ethik" im integrativen Ansatz *Ulrichs* miteinander vereinbar. Der sozialökologische Ansatz *Pfriems* interessiert hier deshalb, da er methodisch nicht nur auf Sprache basiert und daher geeignet ist, auf den methodischen Primat einer verständigungsorientierten Handlungstheorie im Sinne einer Vorordnung hinzuweisen.

2.1.5.1 Der korrektive Ansatz von Steinmann und Löhr

Für *Steinmann* und *Löhr* sind umweltethische Fragen unausweichlich mit einer anthropo-zentrischen Sichtweise verbunden: „Jeder Versuch, eine Umweltethik überhaupt zu formu-lieren, ist schon vom ersten Ansatz her ... eine menschliche Konstruktionsleistung".[108] Sie definieren Unternehmensethik folgendermaßen: „Unternehmensethik umfaßt alle durch dialogische Verständigung mit den Betroffenen begründete bzw. begründbare materielle und prozessuale Normen, die von einer Unternehmung zum Zwecke der Selbstbindung verbindlich in Kraft gesetzt werden, um die konfliktrelevanten Auswirkungen des Gewinnprinzips bei der Steuerung der konkreten Unternehmensaktivität zu begrenzen."[109] Ihr unternehmensethischer Ansatz ist an sechs zentrale Merkmale gebunden:[110]

- *Kriterien der gelungenen Lebensführung (Normen);* Diese umfassen materielle Normen (z.B. Verhaltenskodexe für bestimmte Stellen) und prozessuale Normen (z.B. Einrichtung einer betrieblichen Ethikkommission).

3. *Begründungspflicht (Vernunftsethik)*; Gilt als Ausdruck einer Vernunftsethik, die im Gegensatz zur bloßen Willkür oder faktisch fortgeführter Traditionen den Menschen dazu auffordert, die Zwecke seines Handelns reflexiv begründet selbst zu bestimmen.

4. *Begründung durch argumentative Verständigung im Dialog (kommunikative Ethik);* Gilt als Gegensatz zu einer dogmatischen Ethik mit deren immer gültigen, situationsunab-hängigen Normen für das betriebliche Handeln. Aber sie steht auch im Gegensatz zu einer monologischen Ethik, die auf Wertentscheidungen (nur) einzelner Mitarbeiter fußt.

5. *Situative Beschränkung des Gewinnziels (Konfliktethik);* Die Konfliktethik gilt als Aus-druck für die Legitimation unternehmerischen Handelns über zwei Stufen. Auf der *ersten Stufe der Wirtschaftsethik* werden wirtschafts- und sozialpolitische Rahmenbedingungen des wirtschaftlichen Handelns (im speziellen die Marktwirtschaft) kritisch reflektiert und damit das Formalziel der Gewinnerzielung unter Hinweis auf die Komplexitäts-reduktionsfunktion der marktwirtschaftlichen Koordination legitimiert. Auf der *zweiten Stufe der Unternehmensethik* werden jene offenen Legitimationsprobleme angeprochen, wo

---

[108]   Steinmann, H., Löhr, A.: Grundlagen der Unternehmensethik..., S. 187f.
[109]   Dies.: Unternehmensethik. (1. Auflage 1989), Stuttgart 1991, S. 10.
[110]   Dazu näher ebd., S. 10ff. und Steinmann, H., Löhr, A.: Grundlagen der Unternehmensethik..., S. 89ff.

im Einzelfall das marktwirtschaftliche Wettbewerbsprinzip (Gewinnerzielung) zu ethisch bedenklichen Auswirkungen führt. Unternehmensethik wird dadurch zu einem „situativen Korrektiv"[111].

Dabei entspricht eine ökonomisch-strategisch motivierte Unternehmensführung unter dem Grundsatz „Umweltschutz zahlt sich aus" - nach *Steinmann/Löhr* - nicht der Grundintention einer ökologischen Ethik. Ebensowenig wird unternehmensethisches Handeln ausgeschlossen, wenn Konsumenten durch ihr Nachfrageverhalten ökologisch-ethische Normen selbst zur Geltung bringen: „Wie man weiß, ist dies heute insbesondere in einigen Bereichen des Umweltschutzes (Waschmittel, Verpackungen) der Fall. In solchen Fällen hat die Ethik ihren *Sitz* nicht im Unternehmen selbst, sondern *im Markt* (kursiv im Original unter Anführungszeichen) ... denn ethische Absichten kommen von Unternehmensseite hier überhaupt nicht zum Zuge"[112]. In diesem Zusammenhang kann der Ansatz von *Steinmann/Löhr* als Gesinnungsethik klassifiziert werden. Unternehmensethisches Handeln findet nur bei „eigenständigen ethischen Bemühungen des Unternehmens"[113] bzw. bei „ethischen Absichten ... von Unternehmensseite"[114] statt.

5. *Verhältnis zum Recht (Ethik als Selbstverpflichtung);* Unternehmensethik wird als Ergänzung zum geltenden Recht angesehen, das das Gewinnstreben bereits auf der ersten Ebene der Wirtschaftsordnung legitimiert, aber auch beschränkt. Zur Überwindung der Schwachstellen des Rechts (Time-lag-Probleme, Abstraktionsprobleme, Vollzugsdefizite und Adressatenunklarheit) wird Unternehmensethik als Akt der Selbstverpflichtung verstanden.

6. *Sachzielorientierung der Unternehmensethik;* Überall dort, wo die unternehmerische Strategieumsetzung zu Konflikten führt, bildet die Unternehmensethik ein kritisches Regulativ.

Ein wesentlicher Ansatzpunkt zur Kritik dieses Ansatzes ist, daß der Unternehmens*erfolg* bereits auf der ersten Stufe der Wirtschaftethik grundsätzlich gerechtfertigt wird. Die Konsequenz ist, daß die Unternehmensethik erst dann einsetzt, wenn konfliktrelevante Auswirkungen von Aktivitäten zur Erfolgserzielung gegeben sind. *Ulrich* spricht in diesem Zusammenhang von einer „Zwei-Welten-Konzeption der betriebswirtschaftlichen Rationalität"[115]. Es lassen sich erst auf der Ebene der Strategien (Sachziele) und der Maßnahmen zu

---

[111] Dies.: Unternehmensethik..., S. 13.

[112] Steinmann, H., Löhr, A.: Grundlagen der Unternehmensethik..., S. 99.

[113] Löhr, A.: Unternehmensethik und Betriebswirtschaftslehre. Dissertation, Stuttgart 1991, S. 289.

[114] Ebd., S. 289.

[115] Nach *Ulrich* (Ulrich, P.: Wirtschaftsethik und ökonomische Rationalität..., S. 24 ff.) basiert die „Zwei-Welten-Konzeption der betriebswirtschaftlichen Rationalität" im wesentlichen auf (1) einer rein betriebswirtschaftlichen, wertfreien Perspektive, empirisch in Gestalt des unhinterfragten Sach- und Denkzwangs „erwerbswirtschaftliches Prinzip", das für den Normalfall schon gerechtfertigt sein wird bzw. muß und (2) der Perspektive einer Unternehmensethik als (bloß) situatives Korrektiv, die sich implizit an einer harmonistischen Idealwelt völlig fehlender Externalität anlehnt.

ihrer Realisierung die Interessen der Betroffenen so hinreichend konkretisieren, daß sich feststellen läßt, wann tatsächlich im Einzelfall ein Konflikt vorliegt.[116]

Analysiert man die verantwortungsethischen Folgen, so läßt sich feststellen, daß das korrektive unternehmensethische Prinzip auftretende Konflikte erst im nachhinein korrigiert. Dem „nachsorgenden Charakter" dieses Ethik-Ansatzes kann auch durch die Einbeziehung der unternehmensinterner Anspruchsgruppen - mit der Absicht, daß Konfliktsituationen schon zur Sprache kommen, bevor sie überhaupt zu unternehmerischem Handeln mit Außenwirkung werden - nicht tatsächlich wirkungsvoll begegnet werden.

Abb. 2-4:   Spaltung unternehmerischer und ethischer Rationalität im „Zwei-Welten-Modell" von *Steinmann* und *Löhr*

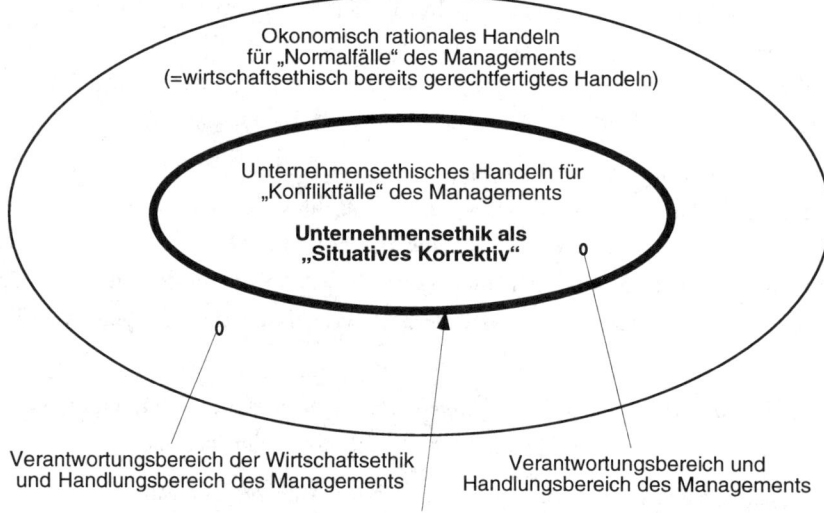

Quelle: eigene

Wie aus Abb. 2-4 hervorgeht, verantwortet das Management nur einen Teil seiner Handlungen selbst. Gerade die für jedes Unternehmen zentralen wirtschaftlich erfolgsorientierten Handlungen („Normalfälle") werden *nicht* vom Management verantwortet.

Generell kann also gesagt werden, daß ein erst an den Auswirkungen von Unternehmensstrategien festgesetztes unternehmensethisches Korrektiv zu spät greift. Im Sinne des Vorsorgeprinzips sollte unternehmensethisches Handeln allerdings darin bestehen, die Interessen der externen Anspruchsgruppen bereits im Rahmen des unternehmenspolitischen Willensbildungsprozesses einzubinden.

---

[116]   Dazu näher Ulrich, P.: Betriebswirtschaftliche Rationalisierungskonzepte im Umbruch - neue Chancen ethikbewußter Organisationsgestaltung. In: Die Unternehmung, Heft 3 (1991), S. 147.

Steht das Unternehmen nun in einem (umwelt)-ethischen Konflikt oder nimmt es keinen wahr, wird das Ethik-Konzept *Steinmann/Löhrs* zur reinen Erfolgsethik, da das unternehmerische Erfolgsstreben wirtschaftsethisch - also auf übergeordneter Ebene - als bereits gerechtfertigt gilt. Im Falle (umwelt)-ethischer Konfliktfällen wird diese Ethik dann zur reinen Gesinnungsethik, die dem Erfolgsstreben zwar übergeordnet ist, verantwortungsethisch jedoch zu spät kommt.

2.1.5.2 Der integrative Ansatz von Ulrich

Bei *Steinmann* und *Löhr* steht die Unternehmensethik zwar über dem Erfolgsstreben, kommt aber situativ zu spät. Ulrich sieht die unternehmensethische Herausforderung darin, ethisches und erfolgsorientiertes Handeln „innovativ" zu vereinigen. Grundlage für seinen Ansatz der integrativen Unternehmensethik ist, daß „Ethik weder prinzipiell in Harmonie noch unvermeidbar im Konflikt zum unternehmerischen Gewinnstreben steht"[117] bzw. daß es „keine realistische Unternehmensethik jenseits der betriebswirtschaftlichen Rationalität - und keine wohlverstandene betriebswirtschaftliche Rationalität diesseits ganzheitlicher sozialökonomischer Vernunft (gibt)"[118].

Während bei *Steinmann* und *Löhr* Wirtschaftsethik und Unternehmensethik getrennt „agieren" und die Unternehmensethik (nur) als situatives Korrektiv auftritt, konstatiert *Ulrich* elementare ethische Defizite in unserer Wirtschaftsordnung und versucht Wege zur systematischen Überwindung dieser Defizite auf Unternehmensebene zu gehen. *Ulrich* spricht in diesem Zusammenhang von der „Überwindung der Zwei-Welten-Konzeption der betriebswirtschaftlichen Rationalität".[119] Unternehmensethik in diesem umfassenderen Sinne schließt auch eine ordnungspolitische Mitverantwortung des Managements ein: Er propagiert „unternehmerische Kompetenz und organisierte Macht von Wirtschaftsverbänden zur gezielten ... Reform der Rahmenordnungen der Marktwirtschaft und damit zur Erweiterung der Handlungsfreiräume für verantwortbares Wirtschaften einzusetzen"[120]. In einer entsprechend veränderten Wirtschaft gibt es keine ethik*freien* Managementhandlungen. Vielmehr seien diese nach der „Transformation der ökonomischen Vernunft"[121] ethisch aufgeklärte Handlungen (Abb. 2-5). Damit diffundieren auch verständigungsorientierte und erfolgsorientierte Managementhandlungen.

---

[117]   Ulrich, P.: Moral in der Marktwirtschaft..., S. 66.

[118]   Ulrich, P.: Die Weiterentwicklung der ökonomischen Rationalität - Zur Grundlegung der Ethik der Unternehmung. In: Ökonomische Theorie und Ethik. (Hrsg. von Biervert, B., Held, M.), Frankfurt a.M., New York 1987, S. 135. Im Sinne der Einbeziehung des betrieblichen Umweltschutzes müßte an dieser Stelle von „ ... ganzheitlicher, d.h. ökonomischer, sozialer und ökologischer Vernunft" die Rede sein.

[119]   Dazu Ulrich, P.: Wirtschaftsethik und ökonomische Rationalität..., S. 24 ff.

[120]   Ulrich, P: Ökologische Unternehmenspolitik im Spannungsfeld von Ethik und Erfolg. In: IWE-Beiträge und Berichte. (Schriftenreihe des Institutes für Wirtschaftsethik an der Hochschule St. Gallen, Nr. 47), St. Gallen 1991, S. 10.

[121]   Dazu näher Ulrich, P.: Transformation der ökonomischen Vernunft: Fortschrittsperspektiven der modernen Industriegesellschaft. Bern, Stuttgart 1996.

Abb. 2-5: Die Vereinigung betriebswirtschaftlicher und ethischer Rationalität im „Integrierten Modell" nach *Ulrich*

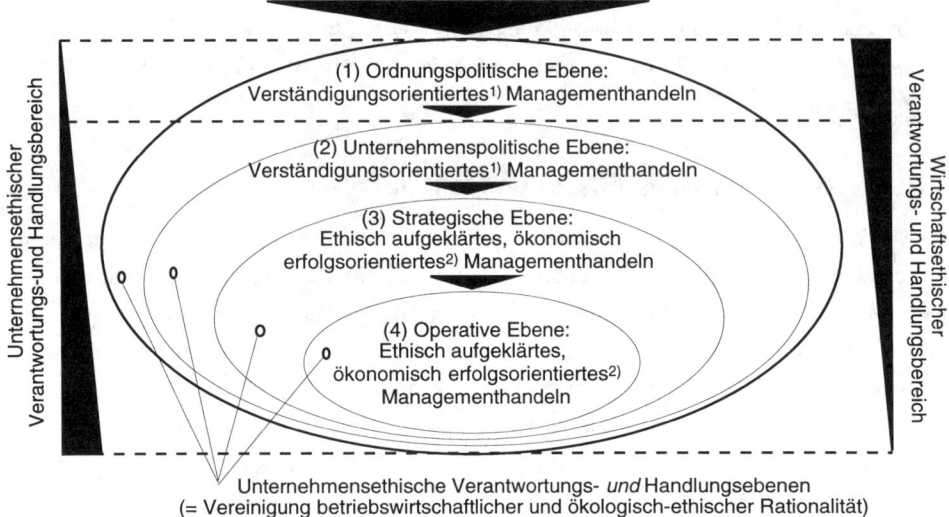

Transformation der ökonomischen Vernunft

(1) Ordnungspolitische Ebene:
Verständigungsorientiertes[1)] Managementhandeln

(2) Unternehmenspolitische Ebene:
Verständigungsorientiertes[1)] Managementhandeln

(3) Strategische Ebene:
Ethisch aufgeklärtes, ökonomisch
erfolgsorientiertes[2)] Managementhandeln

(4) Operative Ebene:
Ethisch aufgeklärtes,
ökonomisch erfolgsorientiertes[2)]
Managementhandeln

Unternehmensethischer Verantwortungs-und Handlungsbereich

Wirtschaftsethischer Verantwortungs- und Handlungsbereich

Unternehmensethische Verantwortungs- *und* Handlungsebenen
(= Vereinigung betriebswirtschaftlicher und ökologisch-ethischer Rationalität)

1) Verständigungsorientiertes Handeln ist originäre Quelle von Vernunft. Durch einen Diskurs gleichwertiger Partner (Spracheinsatz) soll ein Konsens erzielt werden.

2) Erfolgsorientiertes Handeln ist abgeleitete Vernunft. Gesellschaftliche Legitimation ist erforderlich. Durch (tendenziell sprachfreien) Einsatz von Geld/Macht soll ein Kompromiß erzielt werden.

Quelle: eigene

Auf der ordnungs- und unternehmenspolitischen Ebene des Managementhandelns kommt dem Aufbau von Verständigungspotentialen zu den relevanten Anspruchsgruppen durch ein „Normatives Management" besondere Bedeutung zu. Die Betroffenen von unternehmerischen Entscheidungen und Handlungen werden im Sinne einer Minimalethik des Dialogs als mündige Personen anerkannt. *Ulrich* betrachtet diese kommunikative Ethik allerdings (nur) als kritisches Regulativ, das ethische Rationalitäts- und Verbindlichkeitsansprüche nur unablässig kritisch hinterfragen, nie jedoch im konkreten Fall positiv begründen kann[122].

Gestützt auf praktische Erfahrungen wendet *Meffert* gegen die (reine) Diskursethik ein:[123]

• Keine unmittelbar abzuleitenden Handlungsempfehlungen,

• keine solidarische und faire Willensbildung in der Praxis sowie

• Aufwand bzw. Unmöglichkeit eines ständigen Dialogs mit allen Betroffenen (z.B. mit den zukünftigen Generationen).

---

122   Vgl. Ulrich, P.: Unternehmensethik - Führungsinstrument oder Grundlagenreflexion. In: Unternehmens-ethik. (Hrsg. von Steinmann, H., Löhr, A.), Stuttgart 1991, S. 203.

123   Vgl. Meffert, H., Kirchgeorg, M.: Marktorientiertes Umweltmanagement...1993, S. 41.

Aufgrund dieser und anderer Einwände[124] ergänzt *Ulrich* die Diskursethik durch eine „kritische Verantwortungsethik"[125]. Aus ökologischer Sicht ist die Konstituierung einer solchen Ethik deshalb von zentraler Bedeutung, da - wie bereits erwähnt - eine reine Dialog-Ethik für ökologisches Handeln keine Rationalitäts- und Verbindlichkeitsansprüche positiv begründen kann. Darüberhinaus kann die Verantwortungsethik etwa dann wirksam werden, wenn kein Dialog mit den Anspruchsgruppen möglich ist. Insbesondere trifft dies bei der Verantwortung zur Erhaltung der Lebensgrundlagen für die zukünftigen Generationen zu.

Abb. 2-6: Synthese einer kritischen Verantwortungsethik und einer Diskursethik

Quelle: eigene

Die unterschiedliche Positionierung der Unternehmensethik wird auch in den Auffassungs-unterschieden über „Unternehmensverfassung" erkennbar: Während die Unternehmens-verfassung bei *Steinmann/Löhr* zur rechtlich-politischen Internalisierung strukturell bedingter wirtschaftsethischer Dauerkonflikte dient,[126] findet die Unternehmensethik (nur) zur Lösung von ad-hoc-Konflikten Anwendung.

---

[124] Apel kritisiert z.B., daß Ulrichs Unternehmensethik auf utopischen Prämissen basiert, indem die von der Diskursethik regulativ geforderten Ordnung fiktiv schon als gegeben unterstellt wird (vgl. Apel, K-O.: Diskurs und Verantwortung. Das Problem des Übergangs zur postkonventionellen Moral. Frankfurt a.M. 1988, S. 297).

[125] Vgl. Ulrich, P.: Die Weiterentwicklung der ökonomischen Rationalität..., S. 142.

[126] Die Unternehmensverfassung besteht hier im wesentlichen aus den einschlägigen gesetzlichen, kollektiv- und betriebsvereinbarungsvertraglichen Regelungen, sowie den anderen privatrechtlichen Rechtsetzungen.

Bei *Ulrich* ist die „regulative Idee einer offenen Unternehmensverfassung"[127] Teil der unternehmensethischen Anstrengungen und als betriebswirtschaftliche Konsequenz der von ihm vollführten „Transformation der ökonomischen Vernunft" von der utilitaristischen zur kommunikativen Ethik zu betrachten. Durch die Öffnung der Unternehmensverfassung gegenüber allen relevanten Anspruchsgruppen[128] sollen externe Effekte durch diese selbst ex ante internalisiert werden (Anwendung des Vorsorgeprinzips) und das Management aus dem moralischen Dilemma befreit werden, entweder ethisch *oder* betriebswirtschaftlich rational zu handeln. Ulrich fordert in diesem Zusammenhang auch, daß die Rechte der Anspruchsgruppen in der Unternehmensverfassung gesetzlich oder vertraglich festgelegt und einklagbar sein sollen, da eine rationale Gesellschafts- und Wirtschaftsordnung persönliches Moralbewußtsein nicht ersetzen kann, zugleich aber letztere sich nicht auf erstere verlassen kann.[129]

Die bisherigen Ausführungen zusammenfassend kann gesagt werden, daß *Ulrichs* „Integrative Unternehmensethik" auf zwei wesentlichen Voraussetzungen basiert:[130]

- Auf der *Idee, einer konsensorientierten Unternehmenspolitik* als betriebswirtschaftliche Konsequenz gesellschaftlicher Verantwortung im Wege einer kommunikativen Ethik (im Gegensatz zur monologischen Verantwortung) und

- auf der *Idee einer offenen Unternehmensverfassung*, die allen internen und externen Anspruchsgruppen der Unternehmung einen (rechts)verbindlichen Zugang zum unternehmenspolitischen Willensbildungsprozeß zum Zwecke des Aufbaus von kommunikativen Verständigungspotentialen verschafft.

Die ökologisch-ethische Perspektive ist für *Ulrich* ohne die sozial- und wirtschaftsethischen Fragen nicht diskutierbar: „Wenn wir klären wollen, wie wir mit der Natur umgehen sollen, müssen wir vorab die ethisch-politischen Regeln des Zusammenlebens unter den Menschen klären ... Ökologische Ethik ist - so gesehen - wesentlich Sozial- und Wirtschaftsethik."[131]

Konkret nennt *Ulrich* drei Ethiken für einen verantwortbaren Umgang mit der Natur:[132]

- *Kollektive Klugheitsethik:* Da individualethisches Verantwortungsbewußtsein jedes Unternehmers und Konsumentens zwar notwendig, aber nicht hinreichend ist, hat sich das Management bei den kollektiven Anstrengungen auf ordnungspolitischer Ebene zu beteiligen.

---

[127]   Vgl. Ulrich, P.: Transformation der ökonomischen Vernunft..., S. 420.

[128]   „Unter einer Unternehmensverfassung ist ein demokratisch zustande gekommener Basiskonsens über die institutionelle Ordnung der Unternehmung und die unentziehbaren Persönlichkeits-, Teilnahme-, und Oppositionsrechte aller Betroffenen im unternehmerischen Willensbildungsprozeß zu verstehen." (Ulrich P.: Moral in der Marktwirtschaft..., S. 74).

[129]   Dazu ausführlich Ulrich, P.: Moral in der Marktwirtschaft..., S. 75.

[130]   Vgl. Ulrich, P.: Moral in der Marktwirtschaft..., S. 71ff; Ulrich, P.: Betriebswirtschaftslehre als praktische Sozialökonomie- Programmatische Überlegungen. In: Betriebswirtschaftslehre als Management und Führungslehre. (Hrsg. von Wunderer, R.), 2. Aufl., Stuttgart 1988, S. 191ff.

[131]   Ulrich, P.: Ökologische Unternehmenspolitik im Spannungsfeld von Ethik und Erfolg..., S. 2.

[132]   Dazu ausführlich ebd., S. 3ff.

- *Gerechtigkeitsethik:* Umweltverträglicheres Handeln soll zur allgemeinen Pflicht erhoben werden und vom Rechtsstaat gegenüber allen durchgesetzt werden. Es stellen sich auch „neue soziale und globale *Verteilungsfragen,* einerseits in bezug auf die Verteilung der *ökologischen Kosten* ..., andererseits in bezug auf die Verteilung der *Nutzungsrechte* an unvermehrbaren ökologischen Ressourcen"[133].

- *Zukunftsethik:* Gegenüber den nachkommenden Menschengenerationen und nicht-menschlichen Lebewesen gibt es eine Verantwortung unsererseits, „als die einzigen möglichen Subjekte der Verantwortungsübernahme auf diesem Planeten"[134]

Zur Integration dieser Ethiken in die Unternehmensethik verweist Ulrich auf seinen - oben dargestellten - Ansatz der „Integrativen Unternehmensethik".

Fazit: Als ethischer Bezugsrahmen für Umweltmanagement erscheint dem Verfasser *Ulrichs* Ansatz gut geeignet, da hier das - für ein Umweltmanagement unverzichtbare Vorsorgeprinzip - besonders zum Tragen kommt. Freilich um den „Preis" eines anderen Rationalitäts-verständnisses, das es im Kap. 2.2.3 unter ökologischer Perspektive weiter aufzuarbeiten gilt.

2.1.5.3 Zum Verantwortungsbezug im sozialökologischen Ansatz von Pfriem

Ulrich überwindet das Dilemma eines fehlenden ökologisch-ethischen Fundaments einer reinen Diskursethik durch den systematischen Einbezug einer „kritischen Verantwortungsethik" in deren ökologieorientierten Ausprägungen „kollektive Klugheitsethik", „Zukunftsethik" und „Gerechtigkeitsethik".

Auch *Pfriem* kann umweltfreundlicheres Verhalten des Menschen, basierend auf der Theorie autopoietischer Systeme,[135] letztlich nur mit dessen *Verantwortung gegenüber der Natur* begründen. Danach leben wir mit unserem Verhalten und unseren Wissenskonstruktionen nicht *in* der Welt, sondern *mit* der Welt, zu der unser Körper und unser Selbst gehört.[136]

Der nicht grundsätzlich auf Sprache aufbauender Verantwortungsbezug im Ansatz *Pfriems* interessiert als Basis einer (umwelt)verständigungsorientierten Handlungstheorie, die damit nicht auf der Ebene der Sprache stehenbliebe, sondern hinter diese zurückführen würde. *Pfriem* unterstellt, „daß der Denkprozeß als neurophysiologischer Prozeß in dem Sinne, daß das

---

[133] Ebd., S. 5.

[134] Ebd., S. 7.

[135] Autopoietische Systeme sind - vereinfacht erläutert - lebende Systeme, die selbsterzeugend, selbstorganisierend, selbstreferenziell und selbsterhaltend sind. Vgl. dazu Pfriem, R.: Können wir von der Natur lernen? Ein Begründungsversuch aus der Sicht des ökologischen Diskurses. In: IWE-Beiträge und Berichte. (Schriftenreihe des Institutes für Wirtschaftsethik an der Hochschule St. Gallen, Nr. 34), St. Gallen 1990, S. 29ff.

[136] Vgl. Pfriem, R.: Können wir von der Natur lernen? Ein Begründungsversuch aus der Sicht des ökologischen Diskurses..., S. 24ff.

System mit einiger seiner inneren Zustände agiert, unabhängig von der Sprache definiert ist"[137]: Verantwortliches Handeln entsteht demnach aus einer Synthese aus sprachlichem Verhalten und aus Liebe, Vertrauen und Zuneigung, die als elementare Bindemittel nicht nur beim Menschen zur Überbrückung der Verschiedenheit gleichberechtigter Wirklichkeitsmodelle dienen, sondern auch für das Verhältnis von Mensch und Natur von grundsätzlicher Bedeutung sind.[138]

Abb. 2-7: Unternehmenserfolg und -legitimität im ökonomischen, sozialen und ökologischen Kontext als Bedingung zum Erhalt des Unternehmens

Quelle: eigene (Abb. 2-3 um soziale Ziele ergänzt)

Für das unternehmensethische Verständnis dieser Arbeit soll der Ansatz *Pfriems* den betonten Anthropozentrismus *Ulrichs*[139] „entschärfen". In diesem Zusammenhang bildet der „episte-

---

[137] Pfriem, R.: Können wir von der Natur lernen? Ein Begründungsversuch aus der Sicht des ökologischen Diskurses..., S. 30.

[138] „(Wenn) wir die Welt, in der wir leben buchstäblich dadurch erzeugen, daß wir sie leben, dann besteht kulturelle Verschiedenheit ... im Aufbau gleichberechtigter Wirklichkeitsmodelle" (Schmidt zitiert in: Pfriem, R.: Können wir von der Natur lernen? Ein Begründungsversuch aus der Sicht des ökologischen Diskurses..., S. 31).

[139] *Ulrich* zitiert zur Anwendung der anthropozentrischen Sichtweise auf ökologische Fragen *Priddat*: „Es geht in der ökologischen Notstandsdebatte ganz anthropozentrisch um uns, nicht um die Natur" (Ulrich, P.: Betriebswirtschaftslehre als praktische Sozialökonomie..., S. 4). An anderer Stelle mißt *Ulrich* der Natur nur instrumentellen Wert bei wenn er eine „ökologisch-ethische Erweiterung der Menschenrechte um eine lebenswerte, nicht gesundheitsschädliche Umwelt als das *Allernächste* ... des Menschen und seiner Existenzbedingungen (kursiv im Original unter Anführungszeichen)" fordert (Ulrich, P.: Lassen sich Ökonomie und Ökologie wirtschaftsethisch versöhnen? In: Wirtschaftsethik und ökologische Wirtschaftsforschung. (Hrsg. von Seifert, K., Pfriem, R.), Bern, Stuttgart 1989, S. 130).

mologische Anthropozentrismus"[140], einen Lösungsansatz, in dem der Mensch als Subjekt der ethischen Reflektionen und des Verantwortens zwar unhintergehbar anerkannt wird, nicht aber zum alleinigen Referenzpunkt des Handelns wird. Die Liebe zur Natur bzw. zu deren Geschöpfen wird damit Bestandteil einer ökologisch-ethischen Grundhaltung.

Mit der Preferierung der Ansätze von *Ulrich* („Ökologische Ethik ist wesentlich Sozial- und Wirtschaftsethik") und *Pfriem* sind Unternehmenserfolg und -legitimität nur im Gesamtkontext des Ökonomischen, des Sozialen und des Ökologischen zu sehen (Abb. 2-7). Daraus kann auch die Forderung nach einem „Gleichgewicht" ökonomischer, sozialer und ökologischer Unternehmensziele abgeleitet werden.

2.2 Zur ökonomischen, sozialen und ökologischen Interpretation der Rationalität

Bevor Ansatzpunkte für einen „neuen" Rationalitätsbegriff diskutiert werden, soll zunächst kurz auf das Rationalitätsverständnis der neoklassischen Wirtschaftstheorie des späten 19. und des 20. Jahrhunderts eingegangen werden. Danach folgt die Darstellung des Konzepts der sozio-ökonomischen Rationalität und seine managementspezifische Ausformung in Form des St. Galler Management-Konzepts[141]. Während *P. Ulrich* rationales Handeln über vier Managementebenen ausdifferenziert (Kapitel 2.2.1), verbreitet *Hill* rationales Handeln nach gesellschaftlichen Handlungsfeldern nach einer vierdimensionalen Heuristik (Kapitel 2.2.2).

Die Ökonomik in der Zeit um die letzte Jahrhundertwende ist die theoretische Spiegelung eines durch weitgehende Liberalität und Autonomie gekennzeichneten Wirtschaftssystems, das entsprechend entlastet von „altmodischen" moralphilosophischen Fragen der klassisch-liberalen Ökonomie[142] eine entfesselte Blütezeit[143] erlebte. Die wissenschaftssystematische Folge war eine „Zwei-Welten-Konzeption"[144] bestehend aus einer außerökonomischen Wirtschaftsethik und einer von normativen Ansprüchen emanzipierten, „wertfreien" Wirtschaftstheorie, die ausschließlich auf einem rein „kalkulatorischen" Rationalitätskonzeption basierte und sich

---

[140] Dazu näher Peter, H.-B., Roulin, A., Schmid, D., Villet, M.: Wirtschaftsethische Leitlinien zur Überprüfung von Entschuldungsmaßnahmen. In: Kreative Entschuldung. (Hrsg. von Peter, H.-B.), Bern, Fribourg 1990, S. 19f.

[141] Das St. Galler Management-Konzept geht zurück auf das Lebenswerk *Hans Ulrichs*, der *systemorientierten Managementlehre.* Dazu näher Ulrich, H.: Die Unternehmung als produktives soziales System...; Ulrich, H., Krieg, W.: St. Galler Management-Modell. Bern, Stuttgart 1974; Ulrich, H.: Management. Bern, Stuttgart 1984; Ulrich, H., Probst, G.: Anleitung zum ganzheitlichen Denken und Handeln... und Bleicher, K.: Das Konzept Integriertes Management...

[142] Zur klassischen Synthese von Moralität und ökonomischer Rationalität vgl. Smith, A.: Der Wohlstand der Nationen. (Hrsg. und mit einer Würdigung des Gesamtwerks von Recktenwald, H.G.). München 1974 (London 1776).

[143] Vgl. z.B. Hobsbawn, E.J.: Die Blütezeit des Kapitals. Eine Kulturgeschichte der Jahre 1848-1875. München 1977.

[144] Dazu näher Albert, H.: Traktat über rationale Praxis, Tübingen 1978, S. 125 und Ulrich, P.: Wirtschaftsethik und ökonomische Rationalität..., S. 24 ff.

damit in einem „sozialen Vakuum"[145] bewegte.

Buchanan formt die „ökonomische Rationalität" neoklassischer Prägung um, indem er offenlegt, daß das Problem der ökonomischen Rationalität (Effizienz, utilitaristisches Handeln) vom Problem der rationalen Gestaltung der institutionellen Rahmenbedingungen nicht abgelöst werden kann.[146] Damit gelangen die institutionellen Voraussetzungen, in deren Rahmen ökonomisches Handeln stattfindet, wieder in das Blickfeld. Diese zu Beginn der 70er Jahre von der Wirtschaftsethik aufgegriffene und in Gang gesetzte Transformation der Rationalität neoklassischer Prägung in gesellschaftliche Verständigungsprozesse über Wert- und Sinnzusammenhänge der (Gesamt)Wirtschaft hat *Albert* prägnant mit „institutionalistische Revolution in der Wirtschaftstheorie"[147] bezeichnet. Die institutionalistisch gewendete Ökonomie gewinnt dadurch den Anschluß an die kommunikative Ethik (Diskursethik) und an deren Umgang mit dem Spannungsfeld zwischen der „regulativen Idee der rationalen Konsensfindung ... und pragmatisch möglichen Organisationsformen der ... realen politisch-ökonomischen Verständigung"[148].

2.2.1 Die Ebenen sozioökonomischer Rationalität nach Ulrich

Eine mögliche Konsequenz aus dem „Zusammenbruch" der neoklassischen Zwei-Welten-Konzeption wäre die Rückkehr in die traditionale Einheitskonzeption von Ökonomie und Ethik. Dies würde die vollständige *autoritative* Moralisierung allen betriebswirtschaftlichen Handelns bedeuten (Unterdrückungsmodell). Alternativ schlägt *Ulrich* eine Drei-Ebenen-Konzeption vor, die (1) einer praktischen Sozialökonomie ebenso *relative* Autonomie gibt, wie (2) einer personalen Verantwortungsethik, die beide (3) von einer institutionalisierten Wirtschaftsethik getragen werden. Damit wird Rationalität nach den in der Tab. 2-4 angeführten institutionellen Ebenen ausdifferenziert.

Die *managementspezifische* Ausformung ergibt eine Systematik von vier Handlungsebenen des Managements („betriebswirtschaftlichen Rationalisierungsebenen" [149]), die sich zwar institutionell überlagern, von denen jedoch keine auf eine andere funktional reduziert werden kann:

---

[145]   Dazu näher Albert, H.: Politische Ökonomie und rationale Politik. In: Aufklärung und Steuerung. (Hrsg. von Albert, H.), Hamburg 1976, S. 120.

[146]   Buchanan legte in seinen Ausführungen zum „Tauschvertrag" die Grundlage für eine mehrstufige sozioökonomische Rationalitätskonzeption durch die Offenlegung des Zusammenhanges zwischen Effizienz auf der Stufe des „personalen Handelns" und freier Konsensfindung auf der Stufe des „übergeordneten Gesellschaftsvertrages". Vgl. Buchanan, J.M.: Freedom in Constitutional Contract. Perspectives of a Political Economist. London 1977.

[147]   Vgl. Albert, H.: Individuelles Handeln und soziale Steuerung. Die ökonomische Tradition und ihr Erkenntnisprogramm. In: Handlungstheorien - interdisziplinär. (Bd. IV, hrsg. von Lenk, H.), München 1977, S. 203.

[148]   Ulrich, P.: Wirtschaftsethik und ökonomische Rationalität..., S. 18.

[149]   Vgl. Ulrich, P: Ökologische Unternehmenspolitik im Spannungsfeld von Ethik und Erfolg..., S. 13f; Ders.: Integrative Wirtschafts- und Unternehmensethik..., S. 15ff; Ders.: Betriebswirtschaftslehre als praktische Sozialökonomie..., S. 203;

1. *Ordnungspolitische Handlungsebene:* Sinnvolle Reformen der Rahmenbedingungen der Marktwirtschaft in Richtung einer höheren Sozial- und Umweltverträglichkeit sollen vom Management auf ordnungspolitischer Ebene unterstützt werden.

2. *Unternehmenspolitische Handlungsebene:* Sicherung der Lebens- und Entwicklungsfähigkeit des Unternehmens durch Aufbau von unternehmenspolitischen Glaubwürdigkeits- und Verständigungspotentialen (Nutzen und Sinnstiftung für Anspruchsgruppen).

3. *Strategische Handlungsebene:* Aufbau, Pflege und Ausbeutung von Erfolgspotentialen im Hinblick auf die übergeordnete unternehmenspolitische Präferenzordnung. Das strategische Management ist durch den vorgelagerten unternehmenspolitischen Dialog von den unternehmenspolitischen Wert- und Interessenskonflikten tendeziell entlastet.

4. *Operative Handlungsebene:* Praktische Umsetzung normativer und strategischer Vorgaben als effiziente Kombination von Ressourcen, die im *Ökonomischen* auf leistungs-, finanz-, und informationswirtschaftliche Prozesse ausgerichtet ist, im *Sozialen* auf den Umgang mit den Mitarbeitern und im *Ökologischen* auf den Umgang mit der Natur.

Tab. 2-5 gibt einen Überblick über diese Voraussetzungen, unter denen eine rationale Gestaltung unternehmenspolitischen Handelns ebenso möglich ist wie die effektive („to do the right things") und die effiziente („to do the things right") Umsetzung einer Unternehmenspolitik.[150]

Analog zu einem *ethisch aufgeklärten* Wirtschaftssystem auf gesamtgesellschaftlicher Ebene, das von permanenten politisch-ökonomischen Wertkonflikten durch Anwendung einer kommunikativ-ethischen Rationalität auf der Ebene einer gesellschaftlichen Verständigungsordnung *partiell* entlastet sein soll, benötigen auch Unternehmen ein *ethisch aufgeklärtes* Managementsystem, das angesichts komplexer strategischer und operativer Führungsaufgaben von Wert- und Interessenskonflikten um das unternehmerische Handeln *partiell* entlastet sein soll. Gerade um dies zu ermöglichen müssen Verständigungspotentiale auf der normativen Ebene systematisch aufgebaut werden. Da es ein Unternehmensinteresse „an sich" nicht gibt, da aber andererseits eine klare normative Handlungsorientierung für ein strategisch- und instrumentell-rationales Management unverzichtbar ist, muß ein praktisches Verfahren des Interessensausgleichs am und im Unternehmen bestimmt werden, daß nicht a priori bestimmte personengebundene Interessen unterstützt,[151] d.h. es darf selbst noch keine substanziellen Wertprämissen voraussetzen. Die diesem Problemtyp angemessene Rationalitätsidee ist die Idee der kommunikativ-ethischen Rationalität.

---

[150] Siehe hierzu auch die „3 horizontalen Dimensionen des Managements" bei Bleicher, K.: Das Konzept Integriertes Management..., S. 55ff.

[151] Vgl. Laske, S.: Unternehmensinteresse und Mitbestimmung. In: Zeitschrift für Unternehmens- und Gesellschaftsrecht, Heft 8 (1979), S. 173ff.; Steinmann, H., Gerum, E.: Reform der Unternehmensverfassung. Köln 1978, S. 71.

Tab. 2-4:   Ebenenspezifische Rationalitätsaspekte sozialökonomischen Handelns

Institutionelle Ebenen	Sozial-ökonomische Grundaufgaben	Sozial-ökonomischer Zweck	Sozial-ökonomischer Rationalitäts-typus	Wirtschafts-ethische Spiegelung
Gesellschafts-vertragsebene: Politisch-ökonomische Verständigungs-ordnung	normative Sozialintegration , Legitimation und Kontrolle des Wirtschafts-systems	Bewältigung politisch-ökonomischer Wertkonflikte beim Aufbau einer kollektiven Präferenz-ordnung	kommunikativ-ethische Rationalität	Institutionelle Wirtschaftsethik
System-steuerungsebene: Relativ autonomes Wirtschafts-system	funktionale System- und Verhaltens-steuerung	Komplexitäts- und Unsicherheits-bewältigung	sozial-technologische Rationalität	Praktische Sozialökonomie
Handlungsebene: Personales Handeln	effizienter Ressourcen-einsatz	Knappheits-bewältigung	kalkulatorische Rationalität *)	Verantwortungs-ethik

*)   läßt auch Spielraum für eine effiziente Verfolgung altruistischer Zwecke

Quelle: nach Ulrich, P.: Wirtschaftethik und ökonomische Rationalität. Zur Grundlegung einer Vernunftsethik des Wirtschaftens. St. Gallen 1987, S. 22.

Das Praktische an einer kommunikativen Wirtschafts- und Unternehmensethik ist, daß sie über ihre sozioökonomische Rationalitätsidee mit ihren ethischen Ansprüchen nicht mehr „ohnmächtig" gegen eine wirkungsmächtigere, als Sachzwang hingenommene ökonomische Rationalität antreten muß, sondern diese selbst auf die Seite der ethisch-praktischen Vernunft zurückholt.[152] Dieser Ansatz bedeutet ein Denken, das keine anderen normativen Prämissen kennt, als die eines sozialethischen Minimums der gegenseitigen Anerkennung der Menschen als mündige Bürger („Minimalethik"[153]). Mit der dialogischen Orientierung erhält die Vorstellung von der gesellschaftlichen Verantwortung der Unternehmungsführung eine ethische Dimension, wird zur „Unternehmensethik" im Sinne von Normen (Handlungsregelungen), die von Unternehmungen zur Selbstbindung entwickelt und als organisatorisch verbindlich in Kraft gesetzt werden, wie sie bereits oben dargestellt wurden.[154]

---

[152]   Vgl. Ulrich, P.: Wirtschaftsethik und ökonomische Rationalität..., S. 30f.
[153]   Vgl. Apel, K.-O.: Die Kommunikationsgemeinschaft als transzendente Voraussetzung der Sozialwissen-schaften. In: Transformation der Philosophie. (Bd. 2, hrsg. von Apel, K.-O.), Frankfurt 1973, S. 230.
[154]   Siehe dazu die Ausführungen in Kapitel 2.1.5 dieser Arbeit.

Tab. 2-5:   Unternehmerische Rationalisierungsebenen

	NORMATIVES MANAGEMENT	STRATEGISCHES MANAGEMENT	OPERATIVES MANAGEMENT
Rationalisierungs-gegenstand	Zwecke, Ziele, generelle Normen, Präferenz-ordnung der Unterneh-mung zur Entwicklung und Pflege der *Lebensberechtigung* (Unternehmespolitik)	Funktionsprinzipien der Unternehmung zur Entwicklung und Pflege der *Lebensfähigkeit* (Strategien, Strukturen, Führungssysteme)	Einsatz der Produktionsfaktoren zum *Lebensvollzug* (Ressourcen, Produktionsmittel, Methoden, Verfahren)
Perspektive der Unternehmung	Unternehmung als quasi-öffentliche Institution	Unternehmung als soziotechnisches System	Unternehmung als Kombination von Produktionsfaktoren
Erfahrungs-hintergrund	Legitimationsdruck (Wertewandel)	Innovationsdruck (Strukturwandel)	Kostendruck (technischer Fortschritt)
Erhaltungs-kriterien[155]	LEGITIMITÄT[156]	EFFEKTIVITÄT	EFFIZIENZ
grundlegende Management-aufgabe	Aufbau und Pflege unternehmungs-politischer Verständigungs-potentiale	Aufbau und Pflege strategischer Erfolgspotentiale (strategische System-steuerung)	Aufbau und Pflege operativer Produktivitäts-potentiale (operativer Ressourceneinsatz)
Rationalisierungs-typ[157]	kommunikative Rationalisierung	strategische (System-) Rationalisierung	instrumentelle (Faktor-) Rationalisierung
sozial-ökonomischer Problemtyp	Konsensproblem (Konfliktbewältigung)	Steuerungsproblem (Komplexitäts- und Ungewißheits-bewältigung)	Produktivitätsproblem (Knappheits-bewältigung)
Basismethode	Dialog („Besprechung")	Sozialtechnologie („Beherrschung")	Kalkül („Berechnung")
Praxisbezug der BWL	kritisch-normativ („Verständigungs-wissenschaft")	empirisch-analytisch („Verfügungs-wissenschaft")	normativ-analytisch („Optimierungs-wissenschaft")

Quelle: nach Ulrich, P.: Wirtschaftethik und ökonomische Rationalität. Zur Grundlegung einer Vernunftsethik des Wirtschaftens. St. Gallen 1987, S. 28.

---

[155]   Abweichend von *Ulrich*, der den Begriff „Erfolgskriterien" gebraucht, verwendet der Verfasser den Begriff „Erhaltungskriterien" und schließt damit den „operativen Erfolg" (Effizienz), den „strategischen Erfolg" (Effektivität) des Unternehmens ebenso ein, wie die „Legitimität" des Unternehmens.

[156]   Abweichend von *Ulrich*, der den Begriff „Responsiveness" (= unternehmerische *Potential* Werte und Ansprüche von Anspruchsgruppen zu berücksichtigen) gebraucht, verwendet der Verfasser den Begriff „*Legitimität*" als Ausdruck des Ergebnisses unternehmenspolitischen Handelns und Verhaltens.

[157]   Zu den Rationalisierungstypen vgl. auch Habermas, J.: Theorie des kommunikativen Handelns. Bd. 1..., S. 384ff.

2.2.2 Die Interpretation der sozioökonomischen Rationalität nach Hill

Hill interpretiert die sozio-ökonomische Rationalität im Wege einer „vierdimensionalen Heuristik"[158], indem er unmittelbar von den Handlungsfeldern der Gesellschaft ausgeht.

Dieser Ansatz wird deshalb kurz skizziert und auf die Brauchbarkeit für diese Arbeit analysiert, da es sich um eine in der letzten Zeit in der Literatur diskutierte und praktisch angewendete Interpretation der sozio-ökonomischen Rationalität handelt.[159]

Tab. 2-6: Interpretation der sozioökonomischen Rationalität nach *Hill*

	Gesellschaftliche Handlungsfelder				
	Sozio-kulturelles Handlungs-feld	Rechtlich-politisches Handlungsfeld		techno-logisches Handlungs-feld	wirtschaft-liches Handlungs-feld
Handlungs-inhalt	Moralisch und ethisch vertretbare Zwecke und Ziele des Management-Handelns	Rechtliche Rahmenbe-dingungen des Management-Handelns (Policy und Polity)	prozeß-politische Interessens-durchsetzung des Manage-ments (Politics)	Zielerreichung des Management-Handelns	Verhältnis von Output zu Input des Management-Handelns
Rationalitäts-kriterium	Legitimität	Legalität	Handlungs-autonomie	Effektivität	Effizienz
Typische Frage-stellungen	Welche Zwecke und Ziele sind moralisch und ethisch vertretbar?	Welche Ziele sind unter welchen rechtlichen Restriktionen zu verfolgen?	Inwieweit kann auf Ansprüche von wem eingegangen werden?	Wie gut (effektiv) wird das Sachziel erreicht?	Welche Kosten und Erträge sind mit dem Erreichen des Sachziels verbunden?

Quelle: in Anlehnung an Schaltegger, S., Sturm, A.: Ökologieorientierte Entscheidungen in Unternehmen. Stuttgart, Wien 1992, S. 15ff.

Es wird eine Managementhandlung dann als sozio-ökonomisch rational bezeichnet, wenn sie „den Kriterien der Effizienz, der Effektivität sowie der politischen und soziokulturellen Rationalität genügt"[160]. Danach läßt sich der (steuerbare) Erfolg des Unternehmens an den in

---

158 Burla, S.: Rationales Management in Nonprofit-Organisationen. Bern 1990, S. 33.
159 Dazu näher Schaltegger, S., Sturm, A.: Ökologieorientierte Entscheidungen in Unternehmen. Bern, Stuttgart, Wien 1992, S. 12ff.
160 Hill, W.: Basisperspektiven der Managementforschung. In: Die Unternehmung, Nr. 1 (1991), S. 2ff. Die Begriffe *Effizienz* und *Effektivität* werden als sozio-ökonomische Erfolgskriterien hier - anders als im St. Galler Modell - unter die heuristische Kategorie der Handlungsfelder „Wirtschaft" und „Technologie" gestellt.

Tab. 2-6 angeführten Rationalitätskriterien der einzelnen gesellschaftlichen Handlungsfeldern messen. Der von *Hill* vertretene Ansatz der sozioökonomischen Rationalität läßt allerdings in der vorliegenden Form keine management- und rationalisierungsebenenspezifische Ausformung zu. Deshalb wird dieser Ansatz hier nicht weiter verfolgt.

2.2.3 Zur ökologischen Rationalität im Management

Für die Beantwortung der Frage, ob bzw. wie Handlungen des Managements „ökologisch rational" koordiniert werden können, wenden wir uns nun den Rationalisierungstypen zu, wie sie im St. Galler-Management-Modell auf der normativen, der strategischen und der operativen Ebene Anwendung finden (Tab. 2-5). Aus ökologischer Perspektive werden daher zuerst Grenzen und Möglichkeiten „kommunikativ-rationaler Handlungen" des normativen Managements und danach die Grenzen und Möglichkeiten „systemrationaler Handlungen" des strategischen Managements behandelt. Den Abschluß bildet eine Analyse der „ökologischen Effizienz" als Ausdruck einer instrumentell-ökologischen Faktorrationalisierung.

2.2.3.1 Grenzen und Möglichkeiten „kommunikativ-rationaler Handlungen" des normativen Umweltmanagements

Daß entsprechende Ansätze einer kommunikativen Rationalität des Managements in den letzten Jahren aktuell geworden sind, hängt zweifellos mit der globalen Zunahme der „externen Effekte" und der zunehmenden Sensibilisierung weiter Bevölkerungsteile für diese Problematik zusammen. Damit taucht die Frage der praktisch-vernünftigen (ethisch-rationalen) Konfliktbewältigung mit Wertaspekten und Interessenskonflikten vermehrt auf.

Responsivness ist jenes Verständigungspotential, das darüber aussagt, wieweit sich das Management gegenüber Wertvorstellungen, Bedürfnissen und Ansprüchen interner und externer Anspruchsgruppen sensitiv verhält. Die nun zu untersuchende Frage ist, ob die Steigerung der Responsivness das Management quasi zwingend zu einer stärkeren Ausrichtung an ökologische Belange führt? Zur Beantwortung dieser Frage müßte zuerst geklärt werden, inwieweit die Erhaltung der natürlichen Lebensgrundlagen überhaupt ein authentisches (echtes) menschliches Bedürfnis darstellt.[161] Dazu müßte auch Klarheit bestehen, ob eine Steigerung der Responsivness nicht bereits kolonialisierte und funktional verfremdete lebensweltliche Strukturen, Bedürfnisse und Ansprüche verstärkt.[162]

---

[161] Auch wenn das in Frage gestellte zunächst selbstverständlich erscheint, ist der Anschein von Selbstverständlichkeit bei offensichtlichem Begründungsbedarf jedoch nicht paradox: „Begründungen sind immer nötig, wenn etwas eigentlich Selbstverständliches fraglich geworden ist. Ziel der rechten Begründung ist dann allerdings die Wiederherstellung des Selbstverständlichen" (Löw, R.: Philosophische Begründung des Naturschutzes. In: Scheidewege, Heft 18 (1988/89), S. 165).

[162] Vgl. dazu die Kolonialisierungsthese von Habermas in Habermas, J.: Theorie des kommunikativen Handlens, Bd. 1..., 498ff.

Vor diesem Hintergrund sei kurz die These *Wiesmanns* zur „ästhetischen Fähigkeit einer Organisation" angerissen. Diese Fähigkeit bedeutet für eine Organisation „einen Fortschritt auch dadurch zu realisieren, daß bestehende Bedürfnisse der Betroffenen in nicht-manipulativer Weise weiterentwickelt werden können"[163]. Diese These müßte dahingehend hinterfragt werden, ob sie einen Beitrag zur Erkennung authentischer Bedürnisse leistet. Hierzu äußert sich z.B. *Kirsch* insofern skeptisch, als für ihn reine, jenseits der sozialen Formung liegende Grundbedürfnisse am Ende gar nicht existieren[164].

„Die Authentizitätsfrage nur an der Bedürfnisartikulation festmachen zu wollen, erscheint allerdings als zu schwaches Signal."[165] Denn wenn Bedürfnisse lediglich geäußert, aber nicht in konkrete Handlungen umgesetzt werden, besteht der legitime Verdacht, daß es sich um „Lippenbekenntnisse" handelt. Vielmehr müßte mit dem artikulierten Bedürfnis der Menschen auch eine konsistente Handlung verbunden sein, was gerade in Sachen Umweltschutz oft nicht zutrifft.[166]

Damit bleibt jedenfalls festzuhalten, daß die rein konsumtiven Bedürfnisse immer noch höher einstuft werden, als das Bedürfnis nach Umweltschutz. So besteht bei einer Steigerung der Responsivness die Gefahr, heutige konsumptive Bedürfnisse zu verfestigen und so zu einer weiteren Kolonialisierung lebensweltlicher Strukturen.[167] beizutragen. Stähler kritisiert die Unangemessenheit des ausschließlich am Kommunikativem orientierten Handelns: „Sieht man dann noch vor dem Hintergrund der These inkommensurabler Lebensformen die globale Dimension der ökologischen Krise, erscheinen ernste Zweifel berechtigt, ob durch kommunikatives Handeln allein die drängenden Umweltprobleme der Gegenwart in den Griff zu bekommen sind"[168].

Auch eine ästhetische Rationalität[169] im Sinne eines kommunikativen Rahmens zur nicht-manipulativen Weiterentwicklung von Bedürfnissen, die *Kirsch/Knyphausen*[170] im Zusammenhang mit der Responsiveness sehen, gibt keine konkreten Anhaltspunkte für die Berücksichtigung von Umweltschutzbelangen.

---

[163]   Wiesmann, D.: Management und Ästhetik. München 1989, S. 25.
[164]   Vgl. Kirsch, W.: Die Lernfähigkeit als Schlüsselfähigkeit evolutionsfähiger Systeme. (Unveröffentliches Arbeitspapier). München 1988, S. 40.
[165]   Stähler, C.: Strategisches Ökologiemanagement. München 1991, S. 207.
[166]   Zur Divergenz zwischen Umweltbewußtsein und (Kauf)Verhalten sind zahlreiche Veröffentlichungen erschienen. Siehe dazu etwa: Umfrage der Infosuisse 1989 in: Dyllick, T.: Ökologisch bewußtes Management..., S. 11ff. oder Monhemius, K.C.: Divergenzen zwischen Umweltbewußtsein und Kaufverhalten - Ansätze zur Operationalisierung und empirische Ergebnisse. Arbeitspapier Nr. 38 des Instituts für Marketing der Universität Münster, Münster 1990.
[167]   Vgl. Stähler, C.: Strategisches Ökologiemanagement. München 1991, S. 207.
[168]   Ebd., S. 222.
[169]   Die ästhethische Rationalität setzt sich vor allem mit der Frage nach den Äußerungen (im Sinne Habermas') bzw. (allgemein) mit den ästhetischen Phänomenen auseinander. Vgl. dazu Wiesmann, D.: Management und Ästhetik, München 1989, S. 25.
[170]   Vgl. Kirsch, W., Knyphausen, D.: Unternehmen und Gesellschaft. Die Standortbestimmung als Problem eines Strategischen Managements. In: Die Betriebswirtschaft, Nr. 48, Heft 4 (1988), S. 502.

Die Frage, ob nun eine Steigerung der Responsivness das Management quasi zwingend zu einer stärkeren Ausrichtung an Umweltschutzbelangen führt, läßt sich somit nicht eindeutig bejahen.

Aus ökologieorientierter Sichtweise ist eine mögliche Verneinung des menschlichen Grundbedürfnisses zur Bewahrung der eigenen Lebensgrundlagen zweifellos kein ermutigender Standpunkt. Ein schwaches Indiz in diese Richtung ist allerdings, daß sich auch manche sozial- und wirtschaftswissenschaftliche Disziplinen von den Erkenntnissen einer angemessenen Bedürfnisbefriedigung zum Zwecke der Erhaltung des ökologischen Gleichgewichts entkoppelt haben. Hierzu konstatiert etwa *Seidel* in Anlehnung an *Luhmann*[171] für die Betriebswirtschaftslehre eine „Überspezifikation der Zwecke"[172], wodurch sie an den „tatsächlichen" Problemen und Bedürfnissen vorbeigehen.

Als Fazit kann festgehalten werden, daß Responsiveness nur im Zusammenhang mit einer sozialökologischen Verantwortungsethik eine ausreichende Orientierungshilfe für das normative Umweltmanagement ist.

2.2.3.2 Grenzen und Möglichkeiten „systemrationaler Handlungen" des strategischen Umweltmanagements

Als nächstes setzen wir uns mit den Fragen systemrationaler Handlungen des Umweltmanagements auseinandersetzen. Dabei engt der Verfasser den Blick auf jenen Problemraum des strategischen Umweltmanagements ein, wo es um die Bildung von Systemgrenzen geht. Unter Einbezug der Erkenntnisse über System/Umwelt-Differenzen (Kap. 2.1.3) soll untersucht werden, inwieweit hier die Systemtheorie eine Hilfestellung für die Bildung möglicher Grenzen von spezifischen ökologisch orientierten Managementfeldern ist.

Ausgangspunkt folgender Überlegungen ist die Tatsache, daß eine Unternehmung ein System ist, das in seiner komplexen Umwelt aufrecht erhalten werden soll. Soziale Systeme wie die Gesellschaft bilden Teilsysteme, da sie wegen ihrer hohen Komplexität nicht als geschlossene Einheit auf ihre Umwelt reagieren können. Auch Unternehmen treten nicht als geschlossene Einheit auf.

Die Reduktion von Komplexität wird von Systemen vorrangig durch die Ausbildung von Strukturen erreicht.[173] Systemtheoretisch gesehen ist die zentralste Strukturierungsform die Bildung von Subsystemen im Sinne einer funktionalen Systemdifferenzierung. Subsysteme werden von der internen Umwelt des übergeordneten Systems umgeben. Subsysteme unterscheiden sich von der externen Umwelt durch einen höheren Grad an Ordnung und durch ein geringeres Maß an Komplexität. Sie sind weniger komplex als das übergeordnete System,

---

171 Dazu auch Luhmann, N.: Zweckbegriff und Systemrationalität..., S. 136f.
172 Dazu näher Seidel, E., Menn, H.: Ökologisch orientierte Betriebswirtschaftslehre. Stuttgart u.a. 1988, 51f.
173 Vgl. Luhmann, N.: Soziale Systeme..., S. 382 ff.

sie sind aber in sich selbst wieder komplex. Subsysteme können als bedingt eigenständige Leistungseinheiten betrachtet werden, deren Funktionsabläufe z.B. nicht vollständig geplant und kontrolliert werden müssen. Der Vorgang der funktionalen Systemdifferenzierung bedeutet für die Steuerung des Gesamtsystems eine starke Entlastung, da die Komplexität des Gesamtsystems vermindert wird. Allerdings werden die Möglichkeiten zur Bearbeitung der Komplexität durch die ausdifferenzierten Subsysteme erheblich erhöht[174]. Die funktionale Differenzierung impliziert einige allgemeine Konsequenzen für Umweltmanagement-systeme:[175]

- Nur im Rahmen eines Umweltmanagementsystems können ökologisch orientierte Lei-stungen des Unternehmens erbracht werden, weil nur in ihm ein ausreichendes Komplexi-tätsniveau sichergestellt werden kann. In Organisationen herrscht funktionale Arbeits-teilung, d.h. die wichtigsten Unternehmensbereiche und Systeme sind auf eine für sie vorrangige Funktion eingestellt und orientieren sich an einem spezifischen Wertesystem.[176]

- Die Unternehmensbereiche bzw. Managementsysteme definieren die anderen Bereiche und Systeme des Unternehmens als ihre Umwelt. Grenzen schaffen heißt, eine Differenz zur Umwelt herstellen, indem das Innenverhältnis ein anderes, weniger komplexes, wird als das Außenverhältnis. Der Bestand eines Unternehmens ist dann gesichert, wenn es in der Lage ist, eine System/Umwelt-Differenz herzustellen und zu bewahren, die das zwischen ihm und der Umwelt bestehende Komplexitätsgefälle signifikant reduziert. Unternehmens-bereiche bzw. Managementsysteme entlasten sich durch funktionale Differenzierung von der direkten unternehmenspolitischen Verantwortung.[177] Aus der Sicht des Umwelt-managementsystems als Subsystem wird das Gesamtunternehmen in ein Teilsystem und in die gesamtsysteminterne Umwelt differenziert. Es entsteht eine spezifische Differenz zwischen Unternehmen und dem Umweltmanagementsystem.

- Das Umweltmanagement wie auch soziale Teilsysteme haben keine natürlichen Grenzen, sondern schaffen sich diese selbstreferenziell durch Sinnverarbeitung und Kommunikation. Selbstreferenziell bedeutet auch, daß jedes Verhalten des Systems auf sich selbst zurück-wirkt und zum Ausgangspunkt für weiteres Verhalten wird[178]. Die Selbstorganisation[179] funktioniert über eine Differenztechnik, mit der Zustände und Ereignisse aus der Umwelt

---

[174] Vgl. Luhmann, N.: Ökologische Kommunikation. Kann die moderne Gesellschaft sich auf ökologische Gefährdungen einstellen? Opladen 1988, S. 44ff.

[175] Vgl. Stähler, C.: Strategisches Ökologiemanagement..., S. 188ff.

[176] Siehe hierzu auch Dyllick, T., Probst, G.: Lebensgrundlagen und Werthaltungen im Wandel. In: Mitarbeiterführung und gesellschaftlicher Wandel. (Hrsg. von Siegwart, H., Probst, G.), Bern, Stuttgart 1983, S. 21; Luhmann, N.: Ökologische Kommunikation..., S. 74.

[177] Luhmann, N.: Ökologische Kommunikation..., S. 47f.

[178] Probst, G.: Selbstorganisation. Berlin, Hamburg 1987, S. 79.

[179] Selbstorganisierende soziale Systeme sind charakterisiert durch (1) Komplexität, (2) Selbstrefenz, (3) Redundanz und (4) Autonomie. Hierzu näher ebd., S. 69ff.

erfaßt werden, die dann dem Umweltmanagement als Information dienen.[180] Durch diese Differenztechnik (binäre Codierung gemäß der Systemrationalität[181]) erhalten die Information aus der Umwelt eine systeminterne, ökologisch orientierte Qualität. Sonst würde aus der Sicht des Umweltmanagements die Umwelt lediglich Daten enthalten, und es gäbe keine Selektion aus anderen Möglichkeiten. Beispielsweise könnte nicht zwischen umweltrelevanten Chancen und Risken, aktiven und passiven Verhaltensstrategien unterschieden werden.

- Das Umweltmanagement als selbstreferenzielles System richtet sich nach der eigenen Komplexität aus und beschreibt sich selbst. Damit kann es seine Differenz zur Umwelt reflektieren und diese Differenz im eigenen Managementsystem operativ wirksam werden lassen.

- Um Konflikte zwischen den Teilsystemen zum Gesamtunternehmenssystem zu vermeiden bzw. zu beseitigen, sind die miteinander vernetzten Teilsysteme und das Unternehmen mit Hilfe verschiedener Regelkreise in einem Fließgleichgewicht zu halten, bzw. soll ein Zustand des Fließgleichgewichts erreicht werden.

Die funktionale Differenzierung hat in der modernen Gesellschaft zu Erfolgen ihrer Subsysteme geführt, insbesondere zu einem entsprechenden „Erfolg" des Wirtschaftssystems. Damit gingen und gehen wesentliche Veränderungen der ökologischen Umwelt in Form regionaler und globaler Umweltbelastungen einher.[182]

Funktionelle Differenzierungen steigern die strukturellen Möglichkeiten aller Funktionssysteme. Was vorher einer „natürlichen" Erfahrung entsprungen ist, stellt sich als Entscheidung dar und gerät damit unter Begründungsdruck. Dies löst wiederum einen Bedarf nach Werten aus, denn Entscheidungen erfordern einen Rückgriff auf Werte. Daraus ergibt sich für das Umweltmanagement die Notwendigkeit, aus den wirtschaftlichen, sozio-kulturellen und politisch-rechtlichen Umsystemen, aus denen sich direkt oder indirekt Wertvorstellungen, Ansprüche, Bedürfnisse und Interessen ableiten lassen, miteinander zu verknüpfen, um sie gesamthaft in Planungs- und Entscheidungsprozesse aufnehmen zu können.

Für das Umweltmanagement bedeutet dies ein verändertes Verständnis, denn, „wenn das Management die Wirklichkeit selbst konstruiert, dann ist es auch für seine Konstruktion verantwortlich"[183]. Eine systemrationale Hilfestellung für die Frage der Sinnfindung von

---

180 Vgl. Luhmann, N.: Ökologische Kommunikation..., S. 44f in Anlehnung an Varela, F.J.: Principles of Biological Autonomy. New York 1979.

181 Vgl. Luhmann, N.: Ökologische Kommunikation..., S. 76.

182 Unternehmen reagieren aufgrund zunehmender Umweltkomplexität durch zunehmende Ausdifferenzierung von Subsystemen, um interne Probleme zu lösen. Das Auftreten gigantischer Wirtschaftsorganisationen ist eine Konsequenz systemrationaler Handlungen. Folgephänomene, wie gesellschaftliche Entfremdung, Anomie und andere pathologische Erscheinungen zeigen sich vielfach erst mit zeitlicher Verzögerung. Siehe hierzu Schumacher, E.F.: Die Rückkehr zum menschlichen Maß. Reinbeck 1977; Türk, K.: Grundlagen einer Pathologie der Organisation. Stuttgart 1976, S. 153ff.

183 Stähler, C.: Strategisches Ökologiemanagement..., S. 198.

Systemen kann nur insoweit erfolgen, daß die Bewertung eines Systems unter dem Aspekt der Erhaltung und Reduktion von Systemkomplexität stattfindet.[184] Dies bedeutet jedoch, daß das Sinnsystem, welches im Rahmen der Systemrationalität als zu eng begriffen wird, weiter zu öffnen ist, denn im Konzept der Systemrationalität werden normative Gesichtspunkte nur unter funktionalistischen Aspekten betrachtet.

Zusammenfassend bleibt festzuhalten, daß das Wertesystem des Umweltmanagements seine Fähigkeit prägt, die natürliche Umwelt in einem internen Modell abzubilden und Informationen zu bewerten. Wie die obigen Ausführungen zeigen, stößt die Umsetzung verschiedener normativer Forderungen an das Umweltmanagement allerdings rasch auf die Grenzen systemrationaler Gestaltung. Auch wenn eine unternehmerische Organisationseinheit sich selbst durch ihre Differenz zur Umwelt definiert, d.h. ihre Identität, ihre Probleme u.s.w. über die Abgrenzung der Organisationseinheit gegenüber ihrer Umwelt etwa mittels einer Rahmenplanung explizit thematisiert, also systemrational handelt, wird diese Thematisierung durch den hohen Vernetzungsgrad zwischen Unternehmenssystem und natürlicher Umwelt nie vollständig sein und je nach zugrundeliegender ethischer Weltsicht verschieden ausfallen. M.a.W., aus dem (isolierten) Blickwinkel der Systemrationalität zeigen sich schlußendlich wenig theoretische Ansatzpunkte für ein verbindlich zu begründendes Handeln des strategischen Umweltmanagements.

Fazit: Aus ökologischer Perspektive wird die zentrale Bedeutung der Unternehmensethik auch für ein systemrationales Umweltmanagement offenbar, liegt doch die normative Bewertung von Systemzuständen und Systemhandlungen im Gegenstandsbereich der Ethik.

2.2.3.3   Zur ökologischen Effizienz als Bezugspunkt für „instrumentell-rationale Handlungen" des operativen Umweltmanagements

Zum Zwecke der Darstellung des operativen Problemraums beschränkt sich der Verfasser im folgenden auf eine „Effizienz-Analyse".

Instrumentell-rationales Handeln zeichnet sich durch ein bestmögliches Verhältnis zwischen Output und Input aus. Das Verhältnis zwischen Input und Output wird als *Effizienz* bezeichnet.[185] Je geringer der Input zur Erreichung eines gegebenen Outputs oder je größer der Output bei gegebenem Input ist, desto effizienter ist der Umgang mit dem eingesetzten Input bzw. desto effizienter konnte der Output erzielt werden.

---

[184]   Die Systemtheorie mißt Erkenntnisfortschritte und Kritik (nur) an ihren Beiträgen für die aufrechtzuerhaltene System/Umwelt-Differenz. Die grenzerhaltende Komplexitätsreduktion wird als unhintergehbar angesetzt. Normative Maßstäbe im eigentlichen Sinn zur Bewertung von Sinnsystemen weist die Systemtheorie nicht auf. Dazu näher Hinder, W.: Strategische Unternehmensführung in der Stagnation. München 1986, S. 268.

[185]   Vgl. die etymologische Herleitung des Begriffs bei Schaltegger, S., Sturm, A.: Ökologieorientierte Entscheidungen in Unternehmen..., S. 30.

Abb. 2-8:   Gesamt- und Teilproduktivität

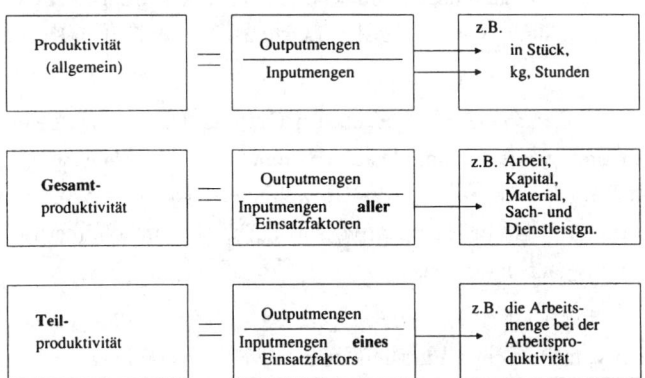

Quelle: Hopfenbeck, W.: Allgemeine Betriebswirtschafts- und Managementlehre.
            4. Auflage, Landsberg am Lech 1991, S. 78.

Werden für die eingesetzten Zahlenwerte Mengengrößen verwendet, so wird der Begriff *Produktivität* verwendet. Das Verhältnis von Menge an Einsatzfaktoren (z.B. Arbeit, Material) zur Menge des erzeugten Outputs ist die Meßgröße für die Effizienz des Produktionsvorganges. Man spricht auch von leistungswirtschaftlicher Effizienz[186], technischer Produktivität oder technischer Wirtschaftlichkeit[187]. Da zwar für den Output, nicht aber für den Input, einheitliche Größen zur Verfügung stehen, werden in der Praxis Teilproduktivitäten ermittelt (Abb. 2-8).

Werden mengenmäßiger Output und Input mit Preisen (in Geldeinheiten) bewertet, so spricht man von Gesamtkostenproduktivität bzw. *Wirtschaftlichkeit* (Abb. 2-9).

Abb. 2-9:   Gesamtkostenproduktivität und Wirtschaftlichkeit

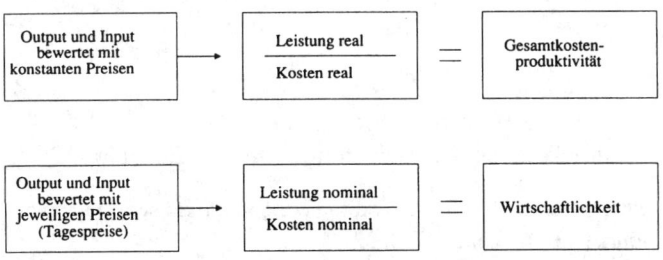

Quelle: Hopfenbeck, W.: Allgemeine Betriebswirtschafts- und Managementlehre.
            4. Auflage, Landsberg am Lech 1991, S. 81.

---

[186]   Vgl. ebd., S. 30.
[187]   Vgl. Wöhe, G.: Einführung in die Allgemeine Betriebswirtschaftslehre. München 1973, S. 38.

Die Wirtschaftlichkeit ist nur teilweise Ausdruck für die realwirtschaftliche Leistungsfähigkeit (realwirtschaftliche Effizienzveränderungen), da auch durch Preisänderungen auf der Leistungs- und Kostenseite das Verhältnis von nominaler Leistung zu nominalen Kosten verändert wird.[188]

Je geringer der Input zur Erreichung eines gegebenen Outputs ist, bzw. je mehr Output bei gegebenem Input erreicht werden kann, desto effizienter ist der Umgang mit (knappen) Ressourcen. Die tatsächliche Knappheit von Umweltgütern wird nicht vollständig in den Preisen abgebildet. Aus ökologischer Perspektive soll auch mit Umweltgütern (Luft, Boden, Wasser) effizient(er) umgegangen werden.

Jede anthropogene Aktivität führt zu anthropogenen Umwelteinwirkungen, also Eingriffen insbesondere in Form von Stoff- und Energieflüssen bzw. Feinverteilung von Stoffen, die in den Umweltmedien zu Umweltauswirkungen und damit zu einer Veränderung des ursprünglichen (natürlichen) Zustandes führen. Gesamthaft kann von anthropogenen Umweltwirkungen gesprochen werden. *Betriebliche* Umweltwirkungen liegen nun vor, wenn die Ursachen dieser Umweltwirkungen auf *unternehmerische* Aktivitäten zurückzuführen sind.

Abb. 2-10: Schadschöpfungskette - Kette betrieblicher Umweltwirkungen aus Stoff- und Energieflüssen

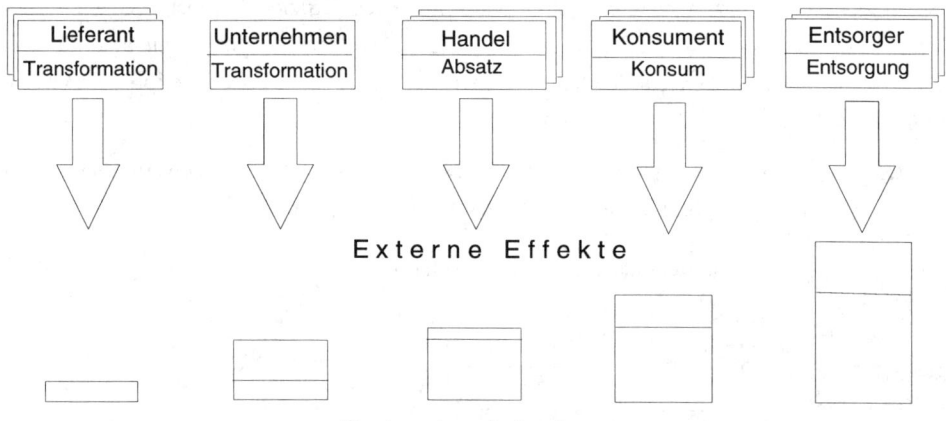

Quelle: nach Schaltegger, S., Sturm, A.: Ökologieorientierte Entscheidungen in Unternehmen. Bern u.a. 1992, S. 32

---

[188] In der Kosten- und Leistungsrechnung werden aus der Wirtschaftlichkeit die monetären Veränderungen und die realwirtschaftlichen Veränderungen aufgesplittet.

Schaltegger/Sturm verwenden statt des Begriffes „Umweltwirkungen" den Begriff *Schadschöpfung*. Es ist die „Summe aller durch betriebliche Leistungsprozesse direkt und indirekt (durch Beschaffung, Transport, Konsum, Recycling und Entsorgung) verursachten und nach ihrer relativen ökologischen Schädlichkeit gewichteten Stoff- und Energieflüsse in die Ökosphäre"[189]. Damit wird begrifflich eine Analogie zu dem mit dem Leistungsprozeß einhergehenden Wertschöpfungsprozeß hergestellt. Als einheitliche Maßzahl für die Schadschöpfung definieren *Schaltegger/Sturm* sog. „Schadschöpfungseinheiten (SE)"[190]. Für ein einzelnes Produkt läßt sich parallel zur Wertschöpfungskette eine Schadschöpfungskette[191] darstellen, die dann alle über den Lebenszyklus kumulierten durch betriebliche Tätigkeit direkt oder indirekt verursachten Umweltwirkungen umfaßt (Abb. 2-10).

Betriebliche Umweltwirkungen können mittels Ökobilanzen abgebildet und bewertet werden. Die Ergebnisse erstellter Ökobilanzen werden hinsichtlich der erfaßten und bewerteten Umweltwirkungen zuallererst vom Untersuchungsziel bestimmt: So kann etwa nur der mengenmäßige Einsatz eines einzelnen Stoffes (Sachebene „Input Stoffe") in einem Herstellungsprozeß (Prozeßebene) von Interesse sein. Komplexer sind die Zusammenhänge, wenn sämtliche Stoff- und Energieflüsse (alle Inputs und Outputs) eines Produktes bzw. von Verfahrensalternativen über den ökologischen Produktlebenszyklus in bezug auf deren Umweltauswirkungen vereinzelt (Auswirkungsebene) oder gesamthaft (Ein-Index-Ebene) Gegenstand der Betrachtung sind.

Abb. 2-11: Drei Dimensionen der betrieblichen Umweltwirkung: Untersuchungsbereich, Untersuchungsraum und Untersuchungstiefe

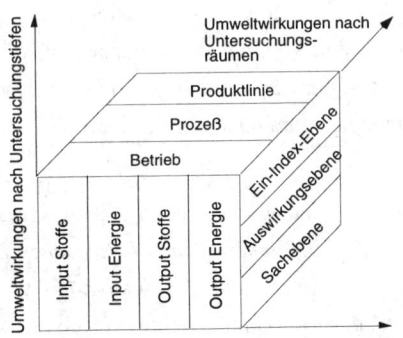

Quelle: eigene

Systematisch betrachtet können betriebliche Umweltwirkungen folgendermaßen „dimen-

---

189   Schaltegger, S., Sturm, A.: Ökologieorientierte Entscheidungen in Unternehmen..., S. 31. Mit den *gewichteten* Stoff- und Energieflüssen wird auf eine *ökologische* Beurteilung abgestellt. Der Begriff der *Bewertung* wird von den Autoren für *monetäre* Beurteilungen verwendet (siehe hierzu ebd. S. 55).

190   Vgl. ebd., S. 33 u. 164.

191   Vgl. ebd., S. 32.

sioniert" sein (Abb. 2-11):

1. Dimension *Untersuchungsraum (Untersuchungsweite)* mit den Kategorien:
   - *Betriebsebene* (z.B. kg NO_x-Emission eines gesamten Betriebes),
   - *Prozeßebene* (z.B. kg NO_x-Emission eines bestimmten Prozesses),
   - *Produktlinie bzw. Produktbaum* (z.B. kg NO_x-Emissionen aller spezifischen Prozesse über die Produktlinie des Dieselmotors - von der Rohstoffgewinnung über Produktion, Gebrauch, Recycling bis zur Entsorgung inklusive Transporte);

2. Dimension *Untersuchungstiefe* mit den Kategorien:
   - *Sachebene* (z.B. NO_x-Emissionen „als solche" in physikalischen Einheiten z.B. kg),
   - *Auswirkungsebene* (z.B. NO_x-Emission als Anzahl SO_2-Äquivalente[192]),
   - *Ein-Index-Ebene* (z.B. NO_x-Emission als Anzahl Umweltwirkungseinheiten UWE[193]);

3. Dimension *Untersuchungsbereich* mit den Kategorien:
   - *Input Stoffe,*
   - *Input Energie,*
   - *Output Stoffe,*
   - *Output Energie.*

Je nach Ziel der Beobachtung können nun eine *betriebliche Umweltwirkung* als *Kombination der jeweiligen Kategorien oder Unterkategorien* obiger Dimensionen definiert werden. Für den Untersuchungsbereich gilt, daß Stoffe und Energie nicht nur den Kategorien „Input" und „Output", sondern - je nach Herkunft oder weiteren Verbleib (Biosphäre oder Technosphäre) - auch sog. Umwelt- oder Technokategorien zugeordnet werden können. Nicht jede (Unter-) Kategorienkombination ist ein sinnvoller Verbund. M.a.W: Umweltwirkungen auf Wirkungs- oder Ein-Index-Ebene sind - methodisch bedingt - nur für jene Stoff- und Energieströme darstellbar, die von der Biosphäre in den Untersuchungsraum oder von diesen in die Biosphäre gelangen.

Setzt man betriebliche Umweltwirkungen - als (Unter-)Kategorienverbund - in Beziehung zum gewünschten Output, so gelangt man zu *ökologischen Effizienzen*. Von *ökologischer Effizienz* - und weiter unten von *ökologischer Intensität* und *ökologischer Produktivität* - wird dann gesprochen, wenn die Umweltwirkungen im Sinne einer Gesamtbewertung abgebildet werden: Ausgehend vom größtmöglichen Untersuchungsbereich (sämtliche umweltrelevante Inputs und Outputs des Untersuchungsobjektes) werden hier Umweltwirkungen letztlich als Mengen- größe auf Ein-Index-Ebene mit dem gewünschten Output in Beziehung gesetzt. Wenn die

---

[192] NO_2 trägt zur Versauerung von Gewässer und Böden bei. Das Versauerungspotential von SO_2 wird als Referenz benutzt (Äquivalenzwert = 1). Andere Indikatoren, die zum Versauerungseffekt beitragen, werden dazu ins Verhältnis gesetzt. Der SO_2-Äquivalenzwert von NO_x beträgt 0,7.

[193] Eine Umweltwirkungseinheit (UWE) ist eine (fiktive) *eindimensionale Meßgröße* zum Zwecke einer rechnerischen Vollaggregation aller dem Untersuchungsgegenstand zugeordneten betrieblichen Umwelt- wirkungen.

Umweltwirkungen allerdings nicht sämtliche Inputs und Outputs umfassen und/oder nicht als gesamtbewertete Umweltwirkungsmengengrößen vorliegen, soll von *ökologischen Sub-effizienzen* - in Form *ökologischer Subintensitäten* oder *ökologischer Subproduktivitäten* - die Rede sein.

Zur Ermittlung ökologischer (Sub-)Effizienzen sind je nach Untersuchungsziel für entsprechend unterschiedlich „dimensionierte" Umweltwirkungen geeignete Meßgrößen für den gewünschten Output zu finden: Für den Hersteller von Dieselmotoren mag etwa die *Anzahl produzierter Motore* eines Abrechnungsjahres eine geeignete (produktbezogene) Meßgröße sein, den gewünschten Output z.B. jenen *NO$_x$-Emissionen in kg* (Untersuchungsbereich „Output Stoffe", Untersuchungstiefe „Sachebene") als Umweltwirkung gegenüberzustellen, die im Rahmen des *gesamten Betriebes* (Untersuchungsraum „Betrieb") an die Umwelt abgegeben wurden. Eine produktbezogene Meßgröße wäre auch die *Anzahl bestimmter Motorteile,* die z.B. mit jenem *Rohmaterial in kg* (Untersuchungsbereich „Input Stoffe", Untersuchungstiefe „Sachebene") in Beziehung gesetzt werden, das bei einem bestimmten Produktionsprozeß (Untersuchungsraum „Prozeß") den gewünschten Output ergibt. Abb. 2-12 verdeutlicht, wie unterschiedlich „dimensionierte" Umweltwirkungen, jeweils verknüpft mit einem gewünschten Output ebenso unterschiedliche *ökologische (Sub-)Effizienzen* bilden.

Abb. 2-12: Ökologische (Sub-)Effizienzen als Verknüpfung zwischen betrieblichen Umweltwirkungen und gewünschtem Produktoutput

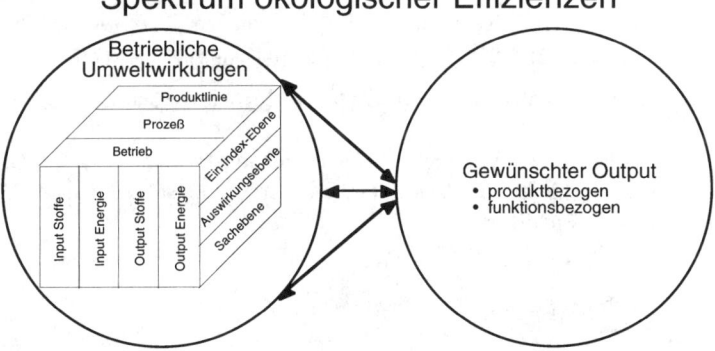

Quelle: eigene

Zur Ermittlung ökologischer (Sub-)Effizienzen sind je nach Untersuchungsziel für entsprechend unterschiedlich „dimensionierte" Umweltwirkungen geeignete Meßgrößen für den gewünschten Output zu finden: Für den Hersteller von Dieselmotoren mag etwa die *Anzahl produzierter Motore* eines Abrechnungsjahres eine geeignete (produktbezogene) Meßgröße sein, den gewünschten Output z.B. jenen *NO$_x$-Emissionen in kg* (Untersuchungsbereich „Output Stoffe", Untersuchungstiefe „Sachebene") als Umweltwirkung gegenüberzustellen, die im Rahmen des *gesamten Betriebes* (Untersuchungsraum „Betrieb") an die Umwelt abgegeben wurden. Eine produktbezogene Meßgröße wäre auch die *Anzahl bestimmter Motorteile,* die z.B. mit jenem *Rohmaterial in kg* (Untersuchungsbereich „Input Stoffe", Untersuchungstiefe „Sachebene") in Beziehung gesetzt werden, das bei einem bestimmten Produktionsprozeß (Untersuchungsraum „Prozeß") den gewünschten Output ergibt.

Der gewünschte Output kann dabei erfaßt werden mittels:

1. Produktbezogener Meßgrößen, z.B. Anzahl, Gewicht, Volumen, Arbeitsstunden oder
2. funktionsbezogener Meßgrößen, z.B. Personenkilometer, Betriebsstunden, etc.

Bei Produktökobilanzen (Untersuchungsraum „Produktlinie") ist jedoch ein Vergleich mehrerer Alternativen bzw. deren ökologische (Sub-)Effizienz(en) nur sinnvoll, wenn auf eine gemeinsame funktionsbezogene Meßgröße abgestellt wird. Die *Menge Funktionseinheiten* könnte dann z.B. mit allen NO_x-*Emissionen als* SO_2-*Äquivalente* (Untersuchungsbereich „Output Stoffe", Untersuchungstiefe „Auswirkungsebene") in Beziehung gesetzt werden, die über den ökologischen Produktlebenszyklus (Untersuchungsraum „Produktlinie") zuordenbar sind, wenn der Vergleich der Versauerungspotentiale mehrerer Antriebsaggregate bei gleichem funktionalem Nutzen je Zeiteinheit dieser Alternativen angestrebt wird. Eine geeignete funktionsbezogene Meßgröße für den gewünschten Output könnte hier etwa „*Anzahl Betriebsstunden über die Lebensdauer des jeweiligen Antriebsaggregates*" sein.

2.2.3.3.1 Ökologische Intensitäten zur Messung ökologischer Effizienz

Je nach dem Verhältnis, in dem die Umweltwirkung und der gewünschte Output im Quotienten zueinander stehen, können ökologische Effizienzen in *ökologische Produktivitäten* (gewünschter Output je spezifizierter Einheit Umweltwirkung) oder *ökologische Intensitäten* (Umweltwirkung je gewünschter Outputeinheit) unterschieden werden.

Abb. 2-13: Betriebliche Umweltwirkungen als Untersuchungsbereich *Output Stoffe* der Untersuchungstiefe *Sachebene* über die Untersuchungsräume *Betrieb*, *Prozeß* und *Produktlinie* differenziert

Quelle: eigene

Abb. 2-13 bis Abb. 2-15 zeigen ausgewählte betriebliche Umweltwirkungen als Verbunde von (Unter-)Kategorien der Dimensionen Untersuchungsbereich, -raum und -tiefe. In jeder dieser Darstellungen wird eine bestimmte Umweltwirkungsdimension über alle Kategorien differenziert. Für die verbleibenden Dimensionen wird jeweils eine Kategorie ausgewählt. In den Tabellen 2-7 bis 2-10 werden die dazu korrespondierenden ökologischen (Sub-) Intensitäten beispielhaft dargestellt.

Abb. 2-13 zeigt nun mögliche Kombinationen bzw. Verbunde von Kategorien obiger drei Umweltwirkungsdimensionen, wobei hier die Umweltwirkungen so gewählt wurden, daß der Untersuchungsbereich „Output Stoffe" und die Untersuchungstiefe „Sachebene" nach den Untersuchungsräumen "Betrieb", „Prozeß" und „Produktlinie" ausdifferenziert ist.

Tab. 2-7:   Ökologische Subintensitäten:
               • Umweltwirkungen definiert aus „Untersuchungsbereich *Output Stoffe*",
               Untersuchungstiefe *Sachebene* nach Untersuchungsräumen *Betrieb, Prozeß*
               und *Produktlinie* differenziert", ins Verhältnis gesetzt mit
               • gewünschtem produkt- bzw. funktionsbezogenem Output

Ökologische Subintensitäten	Beispiele für Subintensitäten

Betriebsbezogene ökologische Intensität des Stoffoutput: Sachebene
 • Umweltwirkung definiert aus:
   - Untersuchungsbereich *Output Stoffe*,
   - Untersuchungstiefe *Sachebene*,
   - Untersuchungsraum *Betrieb*,
 • je Output eines einzelnen Produktes
	Betriebsbezogene Emissions- intensität bezüglich NO$_x$:
	 • NO$_x$-Emission des *Gesamtbetriebes*
	
	 • je produziertem Pkw-Dieselmotor X

Prozeßbezogene ökologische Intensität des Stoffoutput: Sachebene
 • Umweltwirkung definiert aus:
   - Untersuchungsbereich *Output Stoffe*,
   - Untersuchungstiefe *Sachebene*,
   - Untersuchungsraum *Prozeß (Teileherstellung)*,
 • je Output eines einzelnen Teiles
	Prozeßbezogene Emissions- intensität bezüglich NO$_x$:
	 • NO$_x$-Emission des *Prozesses*
	   (Prozeß zur Teileherstellung)
	
	 • je produziertem Motorteil Y

Produktbezogene ökologische Intensität des Stoffoutput: Sachebene
 • Umweltwirkung definiert aus:
   - Untersuchungsbereich *Output Stoffe*,
   - Untersuchungstiefe *Sachebene*,
   - Untersuchungsraum *Produktlinie*,
 • je Output einer Funktionseinheit
	Produktbezogene Emissions- intensität bezüglich NO$_x$:
	 • NO$_x$-Emissionen *aller spezifischen Prozesse über die Produktlinie* des Pkw-Dieselmotors X
	
	 • je Lebensdauer-Betriebsstunde Dieselmotor X

Quelle: eigene

Ökologische Effizienzen können auch in der Weise unterschieden werden, daß innerhalb eines bestimmten Untersuchungsraumes Umweltwirkungen als Ergebnisdaten einzelner *Untersuchungstiefen* einer Ökobilanz (Sachebene, Auswirkungsebene oder Ein-Index-Ebene der Umweltwirkung) mit dem gewünschten Output in Beziehung gesetzt werden. Eine solche Differenzierung der Umweltwirkungen nach Untersuchungstiefen für Output Stoffe auf Betriebsebene zeigt Abb. 2-14, entsprechende ökologische Subintensitäten Tab. 2-8.

Abb. 2-14: Betriebliche Umweltwirkungen als Untersuchungsbereich *Output Stoffe* des Untersuchungsraumes *Betrieb* nach den Untersuchungstiefen *Sachebene,* *Auswirkungsebene* und *Ein-Index-Ebene* differenziert

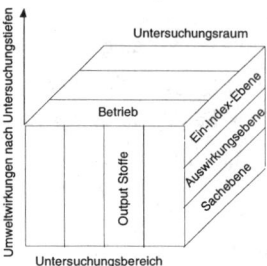

Quelle: eigene

Tab. 2-8: Ökologische Subintensitäten:
• Umweltwirkungen definiert aus „Untersuchungsbereich *Output Stoffe,* Untersuchungsraum *Betrieb* nach den Untersuchungstiefen *Sachebene (NO$_x$-Emission), Auswirkungsebene (SO$_2$-Äquivalente)* und *Ein-Index-Ebene (Anzahl UWE*$^{)}$)* differenziert", ins Verhältnis gesetzt mit
• gewünschtem produktbezogenem Output

Ökologische Subintensitäten	Beispiele für Subintensitäten

Betriebsbezogene ökologische Intensität des Stoffoutput - Sachebene:
• Umweltwirkung definiert aus:
  - Untersuchungsbereich *Output Stoffe,*
  - Untersuchungsraum *Betrieb,*
  - Untersuchungstiefe *Sachebene,*
• je Output eines einzelnen Produktes
	Betriebsbezogene Emissions-intensität bezüglich NO$_x$:
	• *NO$_x$-Emission als solche* des gesamten Betriebes
	
	• je produzierter Pkw-Dieselmotor X

Betriebsbezogene ökologische Intensität des Stoffoutput - Auswirkungsebene: • Umweltwirkung definiert aus: Untersuchungsbereich *Output Stoffe,* Untersuchungsraum *Betrieb,* Untersuchungstiefe *Auswirkungsebene,* • je Output eines einzelnen Produktes	**Betriebsbezogene Versauerungs-intensität bezüglich emittiertem NO$_x$:** • NO$_x$-Emission *als SO$_2$-Äquivalente* des gesamten Betriebes • je produzierter Pkw-Dieselmotor X
Betriebsbezogene ökologische Intensität des Stoffoutput - Ein-Index-Ebene: • Umweltwirkung definiert aus: Untersuchungsbereich *Output Stoffe,* Untersuchungsraum *Betrieb,* Untersuchungstiefe *Ein-Index-Ebene,* • je Output eines einzelnen Produktes	**Betriebsbezogene ökologische Intensität bezüglich emittiertem NO$_x$:** • NO$_x$-Emission als *Anzahl UWE*$^{)}$* des gesamten Betriebes • je produzierter Pkw-Dieselmotor X

*) Umweltwirkungseinheit als *eindimensionale Meßgröße* für betriebliche Umweltwirkung.

Quelle: eigene

Wie bereits oben erläutert, können auch ökologische Intensitäten gebildet werden: Jene

68

Umweltwirkungen, die mit dem gewünschten Output in Beziehung gesetzt werden, müssen letztlich in Form gesamtbewerteter Umweltwirkungsmengengrößen vorliegen. Als Meßgröße für diese betrieblichen Umweltwirkungen definiert der Verfasser sog. „Umweltwirkungs-einheiten (UWE)". Eine Umweltwirkungseinheit ist eine (fiktive) *eindimensionale Meßgröße* zum Zwecke einer rechnerischen Vollaggregation aller dem Untersuchungsgegenstand zugeordneten betrieblichen Umweltwirkungen.[194]

Abb. 2-15: Betriebliche Umweltwirkungen als Untersuchungsraum *Produktlinie* der Untersuchungstiefe *Ein-Index-Ebene* nach den Untersuchungsbereichen *Input Stoffe, Input Energie, Output Stoffe* und *Output Energie* differenziert

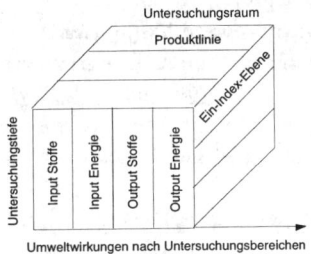

Quelle: eigene

Abb. 2-15 zeigt, wie solche gesamtbewerteten Umweltwirkungen über den ökologischen Produktlebenszyklus nach einzelnen Untersuchungsbereichen differenziert definiert werden können. Dabei können die zugrundeliegenden Untersuchungsbereiche unterschiedlich „breit" in Erscheinung treten: Die in UWE gemessenen Umweltwirkungen können sich auf Kategorien oder Unterkategorien, auf Indikatorgruppen oder auf einzelne Indikatoren beziehen. Für den Untersuchungsbereich „Kategorie *Stoffe Input*" wären dies die UWE *aller* Stoffe, die in den Untersuchungsraum gelangen. Für den Untersuchungsbereich „Kategorie *Stoffe Output*" wären dies die UWE *aller* an die Umwelt abgegebenen Stoffe. UWE aus Bauxit und anderen Primärrohstoffen (Untersuchungsbereich „Kategorie *Input Stoffe*/ 1. Unterkategorie *Umlauf-güter*/ 2. Unterkategorie *Primärrohstoffe*/ Indikatorengruppe *Nicht nachhaltig verfügbar*") wären ein Beispiel für UWE der Input-Indikatorengruppe „Nicht nachhaltig verfügbarer Primärrohstoffe". UWE aus NO_x-, SO_2, CO_2- und anderer gasförmiger Emissionen (Unter-suchungsbereich „Kategorie *Output Stoffe*/ 1. Unterkategorie *Stoffliche Emissionen*/ 2. Unter-kategorie *Emissionen in Luft*/ Indikatorengruppe *Gasförmige Emissionen*") wären ein Beispiel für UWE der Output-Indikatorengruppe „Gasförmiger Emissionen ins Medium Luft".

---

[194] Solche eindimensionalen Meßgrößen sind etwa „Umweltbelastungspunkte" (Braunschweig/Müller-Wenk) „Schadschöpfungseinheiten" (Schaltegger/Sturm), „MIPS" (Schmidt-Bleek) oder der „Gesamt-Umwelt-Index" (VNCI-Verfahren).

Ökologische Subintensitäten unter Anwendung jener (Unter-)Kategorienverbunde von Umweltwirkungen wie sie in bezug auf Abb. 2-15 diskutiert wurden zeigt Tab. 2-9. Die Beispiele für die Untersuchungsbereiche der Umweltwirkungen beziehen sich - jeweilige Kategorien, Unterkategorien und Indikatorgruppen repräsentierend - auf ausgewählte Einzelindikatoren.

Tab. 2-9: Ökologische Subintensitäten:
  • Umweltwirkungen definiert aus „Untersuchungsraum *Produktlinie*, Untersuchungstiefe *Ein-Index-Ebene* nach Untersuchungsbereichen *Input Stoffe, Input Energie, Output Stoffe und Output Energie* differenziert", ins Verhältnis gesetzt
  • mit gewünschtem funktionsbezogenem Output

Ökologische Subintensitäten	Beispiele für Subintensitäten
Produktbezogene ökologische Intensität des Stoffeinsatzes - Ein-Index-Ebene: • Umweltwirkung definiert aus: - Untersuchungsraum *Produktlinie*, - Untersuchungstiefe *Ein-Index-Ebene*, - Untersuchungsbereich *Input Stoffe* • je Output einer Funktionseinheit	**Produktbezogene ökologische Intensität bezüglich Bauxiteinsatz:** • *Menge UWE*⁾ für Bauxit als Stoff input* aller spezifischen Prozesse der Produktlinie Pkw-Dieselmotor X • je Betriebsstunde Dieselmotor X
Produktbezogene ökologische Intensität des Energieeinsatzes - Ein-Index-Ebene: • Umweltwirkung definiert aus: - Untersuchungsraum *Produktlinie*, - Untersuchungstiefe *Ein-Index-Ebene*, - Untersuchungsbereich *Input Energie* • je Output einer Funktionseinheit	**Produktbezogene ökologische Intensität bezügl. Umgebungswärme:** • *Menge UWE*⁾ für* Umgebungswärme *als Energieinput* aller spezifischen Prozesse der Produktlinie Pkw-Dieselmotor X • je Betriebsstunde Dieselmotor X
Produktbezogene ökologische Intensität des Stoffoutputs - Ein-Index-Ebene: • Umweltwirkung definiert aus: - Untersuchungsraum *Produktlinie*, - Untersuchungstiefe *Ein-Index-Ebene*, - Untersuchungsbereich *Output Stoffe* • je Output einer Funktionseinheit	**Produktbezogene ökologische Intensität bezüglich emittiertem NO_x:** • *Menge UWE*⁾ durch* NO_x-Emissionen *als Stoffoutput* aller spezifischen Prozesse der Produktlinie Pkw-Dieselmotor X • je Betriebsstunde Dieselmotor X
Produktbezogene ökologische Intensität des Energieoutputs - Ein-Index-Ebene: • Umweltwirkung definiert aus: - Untersuchungsraum *Produktlinie*, - Untersuchungstiefe *Ein-Index-Ebene*, - Untersuchungsbereich *Output Energie* • je Output einer Funktionseinheit	**Produktbezogene ökologische Intensität bezüglich Abwärme:** • *Menge UWE*⁾ durch Abwärme* als Energieoutput aller spezifischen Prozesse der Produktlinie Pkw-Dieselmotor X • je Betriebsstunde Dieselmotor X

*) Umweltwirkungseinheit als *eindimensionale Meßgröße* für betriebliche Umweltwirkung.

Quelle: eigene

In Fortsetzung der Darstellung von Tab. 2-9 zeigt Tab. 2-10 die produktbezogene ökologische Intensität mit dem größtmöglichen Untersuchungsbereich. Da hier die Umweltwirkung aufgrund aller Inputs und Outputs, d.h. sämtlicher umweltrelevanter Stoff- und Energieströme gesamtbewertet und aggregiert in UWE mit der zugehörigen Anzahl von Funktionseinheiten ins Verhältnis gesetzt wird, ist hier von *ökologischer Intensität* (und nicht ökologischer Sub-intensität) die Rede.

Tab. 2-10: Produktbezogene ökologische Intensität:
         • Umweltwirkungen „Untersuchungsraum *Produktlinie*, Untersuchungstiefe *Ein-Index-Ebene*, über alle Untersuchungsbereiche (*Input Stoffe, Input Energie, Output Stoffe und Output Energie)* ", ins Verhältnis gesetzt mit
         • gewünschtem funktionsbezogenem Output

Produktbezogene ökologische Intensität oder **Spezifische produktbezogene Umweltgesamtwirkung**	
	Beispiel

• Umweltwirkung definiert aus:
   - Untersuchungsraum *Produktlinie*,
   - Untersuchungstiefe *Ein-Index-Ebene*,
   - Untersuchungsbereich *alle Inputs und Outputs*
    d.h. sämtliche Stoff- und Energieflüsse
	• *Menge UWE*⁾ aller Untersuchungs bereich*e (= alle Inputs und Outputs) über alle spezifischen Prozesse der Produktlinie Pkw-Dieselmotor X

• je Output Funktionseinheit	• je Betriebsstunde Dieselmotor X

*) Umwelt<u>w</u>irkungseinheit als *eindimensionale Meßgröße* für betriebliche Umweltwirkung.

Quelle: eigene

2.2.3.3.2 Ökologische Produktivitäten zur Messung ökologischer Effizienz

Wird das gewünschte Produktionsergebnis (z.B. Stück, kg, Stunden) je „eingesetzter", d.h. verursachter Umweltwirkungsmengeneinheit ausgedrückt, so wird - in Abhängigkeit von der Definition der Umweltwirkungsmengeneinheit - von ökologischer Produktivität oder von ökologischer Subproduktivität gesprochen. Werden sämtliche gesamthaft bewertete Umwelt-wirkungen eines Untersuchungsraumes dem Produktionsergebnis gegenübergestellt, so kann von *ökologischer Produktivität* gesprochen werden. Werden hingegen nur ausgewählte Umweltwirkungen, die u.U. nicht gesamthaft bewertet sind, dem Produktionsergebnis gegen-übergestellt, so kann von *ökologischer Subproduktivität* gesprochen werden (z.B. Stück je Tonne CO_2 oder kg Produkt je Treibhausäquivalenzeinheit).

Bei ökologischen Produktivitäten und ökologischen Subproduktivitäten handelt es sich um Teilproduktivitäten, die neben anderen ökonomisch orientierten (traditionellen) Teilprodukti-vitäten wie, Arbeitsproduktivität, Materialproduktivität, Kapitalproduktivität u.a. stehen.

Allgemein beantwortet die *ökologische (Sub-)Produktivität* die Frage:

- Wieviel gewünschter Output (z.B. in Stück, kg, Arbeitsstunden, etc.) wird
- je Einheit betrieblicher Umweltwirkung erzeugt?

Betriebsbezogene, prozeßbezogene oder produktbezogene *ökologische (Sub-)Produktivitäten* können durchwegs in Analogie zu den ökologischen (Sub-)Intensitäten gebildet werden. Tab. 2-11 zeigt beispielhaft, wieviel gewünschter Output je gesamthaft bewerteter Umweltwirkungsmengeneinheit des Untersuchungsraumes Betrieb produziert wird.

Tab. 2-11: Betriebsbezogene ökologische Produktivität

Betriebsbezogene ökologische Produktivität	
	Beispiel
- gewünschte Outputmenge	- Anzahl Dieselmotore X
- je Umweltwirkungsmengeneinheit, wobei die Umweltwirkung definiert ist mit: - Untersuchungsraum *Betrieb,* - Untersuchungstiefe *Ein-Index-Ebene,* - Untersuchungsbereich *alle Inputs und Outputs* *(= sämtliche Stoff- und Energieflüsse mit unmittelbarem Bezug zur natürlichen Umwelt*	- je *Umweltwirkungseinheit UWE*[)]* *aller Untersuchungsbereiche* *(= sämtliche Stoff- und Energieflüsse des Betriebes mit unmittelbarem Bezug zur natürlichen Umwelt)*

*) Umweltwirkungseinheit als *eindimensionale Meßgröße* für betriebliche Umweltwirkung.

Quelle: eigene

Tab. 2-12 etwa zeigt wieviel gewünschter Output je Treibhausäquivalent des Untersuchungsraumes Produkt erzeugt wird, wobei hier der gewünschte Output - wie auf Produktebene möglich und sinnvoll - in Funktionseinheiten gemessen wird.

Tab. 2-12: Produktbezogene ökologische Subproduktivität (Treibhausäquivalent als Umweltwirkungsmengeneinheit)

Produktbezogene ökologische Subproduktivität	
	Beispiel
- gewünschte Outputmenge	- Betriebsstunden Dieselmotor X
- je Umweltwirkungsmengeneinheit, wobei die Umweltwirkung definiert ist mit: - Untersuchungsraum *Produktlinie,* - Untersuchungstiefe *Auswirkungsebene,* - Untersuchungsbereich *alle Inputs und Outputs* *(= sämtliche Stoff- und Energieflüsse mit unmittelbarem Bezug zur natürlichen Umwelt*	- je *Treibhausäquivalent* *aller Untersuchungsbereiche* *(= sämtliche Stoff- und Energieflüsse über alle spezifischen Prozesse der Produktlinie mit unmittelbarem Bezug zur natürlichen Umwelt)*

Quelle: eigene

Auch in Tab. 2-13 ist eine ökologische Subproduktivität dargestellt. Hier werden die

Umweltwirkungen des gleichen Untersuchungsraumes zwar vollaggregiert, jedoch nur in bezug auf einen bestimmten Untersuchungsbereich (hier CO_2 als Indikator für Output Stoffe) dem gewünschten Output gegenübergestellt.

Tab. 2-13: Produktbezogene ökologische Subproduktivität

Produktbezogene ökologische Subproduktivität	
	Beispiel
• gewünschte Outputmenge	• Betriebsstunden Dieselmotor X
• je Umweltwirkungsmengeneinheit, wobei die Umweltwirkung definiert ist mit:	• je *Umweltwirkungseinheit UWE*)* *aus den CO₂-Emissionen über alle*
- Untersuchungsraum *Produktlinie,*	*spezifischen Prozesse der*
- Untersuchungstiefe *Ein-Index-Ebene,*	*Produktlinie mit unmittelbarem*
- Untersuchungsbereich *Output Stoffe*	*Bezug zur natürlichen Umwelt*)
(= sämtliche Stoff- und Energieflüsse mit	
unmittelbarem Bezug zur natürlichen Umwelt	

*) Umweltwirkungseinheit als *eindimensionale Meßgröße* für betriebliche Umweltwirkung.

Quelle: eigene

Durch Erfassung und Vergleich ökologischer (Sub-)Intensitäten und ökologischer (Sub-)Produktivitäten über den Zeitablauf dienen dem operativen Umweltmanagement als Hilfsmittel für die Planung, Steuerung und Kontrolle ökologischer Effizienzveränderungen.

2.2.3.3.3 Ökonomisch-ökologisch orientierte Produktivität und ökonomisch-ökologisch orientierte Wirtschaftlichkeit

Während die Ausführungen im letzten Kapitel die Konstituierung einer „Rechenart der natürlichen Umwelt" implizierte, wird nun die natürliche Umwelt unter der Perspektive der ökonomischen Rationalität betrachtet. Dies stellt zugleich einen Versuch dar, ökologische Effizienzveränderungen durch das System marktwirtschaftlicher Preise auszudrücken.

Die mit konstanten Preisen über den Betrachtungszeitraum bewertete Outputmenge wird als reale Leistung bezeichnet.[195] Wenn dieser realen Leistung der Input als betriebliche Umweltwirkung in Form der Umweltbeanspruchungskosten gegenübergestellt wird, kann von einer (*konstantpreisigen*) *ökonomisch-ökologisch orientierten Produktivität* gesprochen werden. Damit werden aus der gewünschten Outputmenge und der Umweltwirkungs"einsatz"menge Wertgrößen als Mengengrößen gebildet.

---

195   Vgl. Hopfenbeck, W.: Allgemeine Betriebswirtschafts- und Managementlehre..., S. 836f.

Wird die gewünschte Outputmenge mit Tagespreisen über den Betrachtungszeitraum bewertet, so wird von nominaler Leistung gesprochen. Die Gegenüberstellung der nominalen Leistung mit den externen betrieblichen Umweltbeanspruchungskosten des gleichen Zeitraumes kann als *ökonomisch-ökologisch orientierte Wirtschaftlichkeit* bezeichnet werden.

Tab. 2-14: Ökologisch orientierte Wirtschaftlichkeit eines Unternehmens

Ökonomisch-ökologisch orientierte *Produktivität*	gewünschter Output mit konstanten Preisen bewertet (= ökonomisch reale Leistung) / Umwelt-Input als externe betriebliche Umweltbeanspruchungskosten monetär bewertet
Ökonomisch-ökologisch orientierte *Wirtschaftlichkeit*	gewünschter Output mit Tagespreisen bewertet (= ökonomisch nominale Leistung) / Umwelt-Input als externe betriebliche Umweltbeanspruchungskosten monetär bewertet

Quelle: eigene

Die ökonomisch-ökologisch orientierte Wirtschaftlichkeit ist nur teilweise Ausdruck für die reale ökologische Leistungsfähigkeit bzw. für reale ökologische Effizienzveränderungen, da auch durch Preisänderungen auf der Leistungsseite das Verhältnis von nominaler Leistung zu externen Umweltbeanspruchungskosten verändert wird.

2.2.3.3.4 Ökonomisch-ökologische Erfolgsgrößen je Engpaßeinheit Umweltwirkung

Bei der Diskussion über die ökologisch orientierte Wirtschaftlichkeit stehen für die monetäre Bewertung des gewünschten Outputs *ertrags*wirtschaftliche Überlegungen im Vordergrund.

Tab. 2-15: Spezifische Erfolgsgröße je externer Umweltbeanspruchungs*kosten*einheit

Spezifische Erfolgsgröße je externer Umweltbeanspruchungs*kosten*einheit	
Erfolgsgröße / Umwelt-Input als externe betriebliche Umwelttbeanspruchungskosten	**Beispiel:** Deckungsbeitrag / externe betriebliche Umwelttbeanspruchungskosten

Quelle: eigene

Wird dieser Output jedoch durch *erfolgs*wirtschaftliche Größen (z.B. Gewinn, Deckungsbeitrag) erfaßt und zu Umweltwirkungen in Beziehung gesetzt, können „spezifische Erfolgsgrößen je Engpaßeinheit Umweltwirkung" ermittelt werden. Solche Meßgrößen dienen zur operativen Entscheidungsunterstützung wie etwa der Produktprogrammplanung bei Vorhandensein eines „Umweltengpasses" im Unternehmen.

Wird z.B. der Deckungsbeitrag (DB) als Erfolgsgröße zu betrieblichen Umweltwirkungen als externe Umwelttbeanspruchungs*kosten* in Beziehung gesetzt, so kann der „Spezifische DB je (externer) Umweltbeanspruchungskosteneinheit" ermittelt werden (Tab. 2-15).

Wird die Erfolgsgröße (z.B. der Deckungsbeitrag) zu betrieblichen Umweltauswirkungen in Beziehung gesetzt, so kann der „Spezifische DB je Umweltwirkungseinheit" ermittelt werden. Dabei kann je nach Betrachtungsziel - analog den obigen Ausführungen zu den drei Dimensionen der betrieblichen Umweltwirkung (Untersuchungsbereich, Untersuchungsraum und Untersuchungstiefe) - ein geeigneter Kategorienverbund aus den Umweltwirkungsdimensionen in diese Kennzahl einfließen. Tab. 2-16 verdeutlicht diesen Zusammenhang.

Tab. 2-16: Spezifische Erfolgsgrößen je Umweltwirkungseinheit

Spezifische Erfolgsgrößen je Umweltwirkungseinheit	
Erfolgsgröße / Betriebliche Umweltwirkung auf Sachebene	**Beispiel:** Deckungsbeitrag Produkt A / NO_x-Emissionen betrieblicher Prozesse durch die Produktion von Produkt A verursacht
Erfolgsgröße / Betriebliche Umweltwirkung auf Wirkungsebene	**Beispiel:** Deckungsbeitrag Produkt A / CO_2-Äquivalente betrieblicher Prozesse durch die Produktion von Produkt A verursacht
Erfolgsgröße / Betriebliche Umweltwirkung auf (vollaggregierter) Ein-Index-Ebene	**Beispiel:** Deckungsbeitrag Produkt A / UWE[*] betrieblicher Prozesse durch die Produktion von Produkt A verursacht

*) Umweltwirkungseinheit als *eindimensionale Meßgröße* für betriebliche Umweltwirkung.

Quelle: eigene

Zur Sicherung ökologischer Effizienz im Betriebs-, Prozeß- und Produktbereich bedarf es eines geeigneten Führungsinstrumentariums, welches erlaubt, alle ökologisch relevanten Unternehmensaktivitäten zu planen, zu steuern, zu kontrollieren und nach innen und außen zu kommunizieren. Dies wirft im Zusammenhang mit den oben dargestellten Anforderungen des normativen, des strategischen und des operativen Umweltmanagements die Frage nach einem geeigneten Bezugsrahmen für ein integriertes Management auf.

3 Das St. Galler Management-Modell als Bezugsrahmen für ein integriertes Management unter besonderer Berücksichtigung der normativen Verankerung des Umweltschutzes

Einzelne Positionen und Betrachtungsweisen zum rationalen (Umwelt-)Management werden nun in eine konzeptionelle Gesamtsicht eingebettet, bevor unter dem Focus dieser „Denkschule" weitere Erklärungs- und Gestaltungsansätze formuliert werden.

Die dauerhafte Verankerung und Integration des Umweltschutzes verlangt ein Denken in Systemzusammenhängen, das sich mit gestiegener Komplexität und Dynamik bewußt auseinandersetzt. Ansatzpunkte für einen tragfähigen Bezugsrahmen liefert das Konzept des strategischen Managements von *Kirsch*[196]. Eine noch stärkere Akzentuierung des Integrationsgedankens als bei *Kirsch* findet sich im St. Galler Management-Modell von *Hans Ulrich* in der Weiterentwicklung dieses Ansatzes von *Bleicher*[197]. Hervorzuheben ist dabei die Ganzheitlichkeit der Betrachtung bei einer Integration vielfältiger Einflüsse in einem Netzwerk von Beziehungen. Auf der Suche nach einem neuen Denkmosaik, das es gestattet, differenzierte Lösungen für die dargestellten Herausforderungen zu erarbeiten, wird hier in die Dimensionen „Managementebenen" und „Managementaspekte" unterschieden, die logisch voneinander abgrenzbare Problemfelder akzentuieren, die durch das Management zu bearbeiten sind.[198] Das St. Galler Management-Modell will als „Leerstellengerüst für Sinnvolles"[199] einen „*Bezugsrahmen* für eine konkrete *Profilierung der Veränderung* unseres Managementdenkens in den drei Dimensionen des Normativen, des Strategischen und des Operativen bereitstellen[200] ... in der Zeit, die zugleich die Rahmenbedingungen für die Handlungsfreiheit des Managements in konkreten Situationen definiert"[201]. Auch die sozial-ökologische Ethik *Ulrichs*, die für das unternehmensethische Verständnis des Umweltmanagements dieser Arbeit den Bezugsrahmen bildet, nimmt auf diese Dimensionen wesentlich Bezug.

Ohne explizit als Konzept einer sozial-ökologischen Betriebswirtschaftslehre aufzutreten, macht das St. Galler Modells ökologisch interpretiert deutlich, daß hier nicht die verkürzte

---

[196]   Vgl. z.B. Kirsch, W., Maaßen H.: Managementsysteme. 2. Auflage., München 1990; Stähler, C.: Strategisches Ökologiemanagement...; Seidel, A.: Ökologieorientiertes Controlling - Bezugsrahmen, Aktivitäten und Fallstudien zur Umsetzung einer Ökologieorientierung im Management. Sozial- und wirtschaftswissenschaftliche Dissertation, Linz 1993, S. 60ff.

[197]   Bleicher, K.: Das Konzept Integriertes Management. 2. Auflage, Frankurt/Main, New York 1992.

[198]   Vgl. Ulrich, H.: Management - Gesammelte Beiträge. Bern, Stuttgart 1984, S. 329. Bereits im Kapitel 2.2.1 wurden die drei Dimensionen des Managements als sozioökonomische Rationalisierungsebenen vorgestellt. Die Unterkapitel des Kapitel 2.2.3 wurde nach diesen Dimensionen gegliedert.

[199]   Bleicher, K.: Das Konzept Integriertes Management..., S. 2.

[200]   „Eine derartige Unterscheidung wäre jedoch fehlverstanden, wollte man sie zur Grundlage arbeitsteiliger Zuständigkeitsverteilungen für unterschiedliche Kategorien des Managements machen. Im Sinne einer *integrierten* Managementbetrachtung ist daher von einer *gegenseitigen Durchdringung* aller ... zu differenzierenden Dimensionen auszugehen (ebd., S. 56)".

[201]   Ebd., S. 3.

instrumentelle Nutzung ökologisch adaptierter Instrumente im Vordergrund steht, sondern die Öffnung zu einer strukturell und unternehmenskulturell verankerten „konkreten Utopie eines öko-strategischen Managements" (*Stitzel/Wank*).

Abb. 3-1: Zusammenhang normatives , strategisches und operatives Management im St. Galler Management-Modell

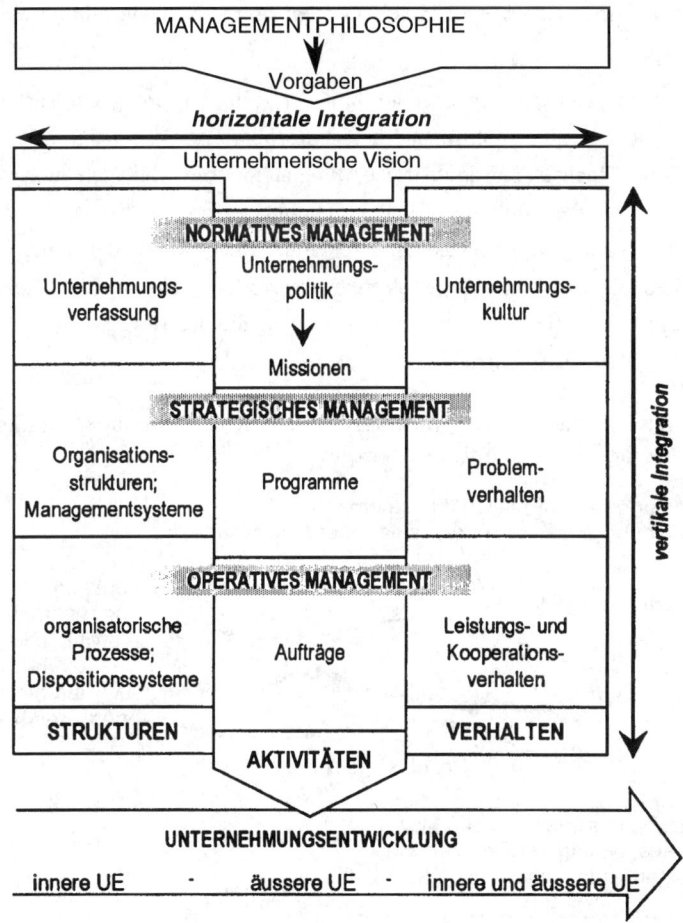

Quelle: nach Bleicher, K.: Normatives Management. Frankfurt/M., New York 1994, S. 45.

Das *normative Management* beschäftigt sich mit generellen Zielen, mit Normen, Werten und Spielregeln, um die *Lebens- und Entwicklungsfähigkeit* der Unternehmung zu *ermöglichen*. „Das normative Management richtet sich auf die *Nutzenstiftung* für Anspruchsgruppen. Es definiert die Ziele der Unternehmung im Umfeld der Gesellschaft und der Wirtschaft und vermittelt den Mitgliedern des sozialen Systems Sinn und Identität im Inneren und Äußeren.

Das normative Management wirkt in seiner *konstitutiven* Rolle *begründend* für alle Handlungen der Unternehmung."[202] Normen und Werte prägen die gesamte Wahrnehmung des unternehmerischen Umfeldes. Sie ermöglichen es in ihrer Eigenschaft als Wahrnehmungsrahmen und Interpretationsmuster aus der Flut von Informationen solche zu filtern, die für die Unternehmensentwicklung als relevant erscheinen. „Infolgedessen wird der Umweltschutz nur dann bei den strategischen Planungen und Programmen berücksichtigt werden, wenn eine Verankerung ökologischer Aspekte in dieser obersten normativen Gestaltungsebene stattgefunden hat."[203]

Das strategische Management beschäftigt sich mit der Konkretisierung der verfassungs- und kulturgestützten Unternehmungspolitik, um die *Lebens- und Entwicklungsfähigkeit* zu *sichern*. Dies geschieht durch Realisierung strategischer Programme und Managementsysteme, sowie durch die verhaltens*leitende* Konkretisierung „im Hinblick auf die *Rollen der Träger und ihr Führungs- und Lernverhalten*"[204]. Dabei sind neben der Pflege vorhandener Erfolgspotentiale neue Erfolgspotentiale für zukünftige Wettbewerbsvorteile aufzubauen. „Während das normative Management Aktivitäten begründet, ist es Aufgabe des strategischen Managements, richtend auf Aktivitäten einzuwirken"[205].

Abb. 3-2: Gestaltungs- und Lenkungsfunktion des Managements für die Definition der Bandbreite einer zukünftigen unternehmerischen Entwicklung

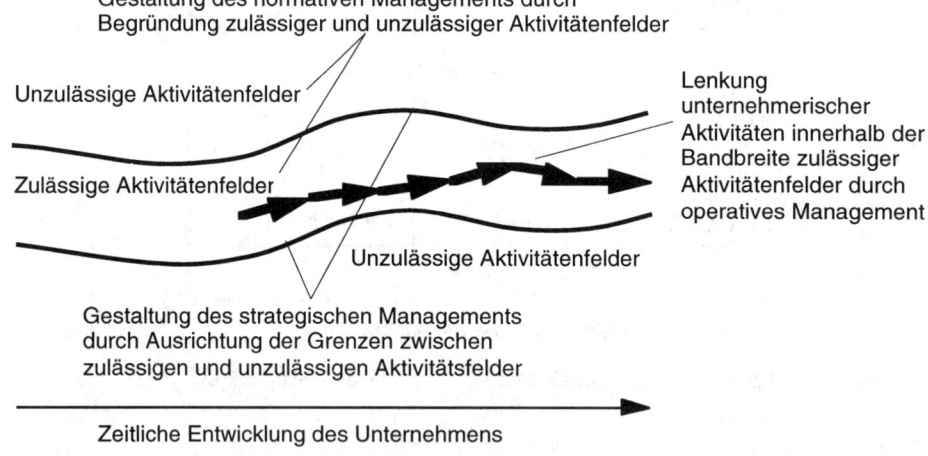

Quelle: nach Bleicher, K.: Das Konzept Integriertes Management. Frankfurt/M., New York 1992, S. 96.

---

[202] Bleicher, K.: Das Konzept Integriertes Management..., S. 70.
[203] Steger, U.: Umweltmanagement...1993, S. 175.
[204] Bleicher, K.: Normatives Management..., S. 48.
[205] Bleicher, K.: Das Konzept Integriertes Management..., S. 71.

78

Bei der Festlegung strategischer Programme besteht nun die Gestaltungsfunktion des strategischen Managements darin, für die bereits unternehmenspolitisch (d.h. normativ) begründeten Aktionsfelder Grenzen auszurichten. Diese Grenzen geben dann jene Bandbreite zulässiger Aktivitätenfelder vor, innerhalb derer das operative Management seine Lenkungs-funktion ausübt. Während das normative zusammen mit dem strategischen Management die Aufgabe der Rahmengestaltung übernimmt, greift das operative Management lenkend in die Unternehmensentwicklung ein. Es beschäftigt sich mit der praktischen Umsetzung der normativen und strategischen Gestaltungskonzepte durch (einzel)objektbezogenes, voll-ziehendes Handeln (Lenkungsfunktion). Das operative Handeln ist auf die ökonomische Effizienz (leistungs- und finanzwirtschaftlicher) von Aktivitäten und Prozessen ausgerichtet. Hinzu treten die „Effizienzen" im sozialen und im ökologischen Zusammenhang.

Die dargestellten drei Dimensionen zeichen sich durch wechselseitige Abhängigkeiten aus und sind auch in vertikaler Sicht zu betrachten. *Aktivitäten, Strukturen und Verhalten* wirken auf die Unternehmensentwicklung ein. Diese drei Managementaspekte durchziehen die Ebenen des Normativen, des Strategischen und des Operativen.

Die *unternehmerischen Strukturen* werden durch die Verfassung, die dem normativen Bereich zuzurechnen ist, durch die Organisationstrukturen und die Managementsysteme des strate-gischen Bereichs und durch die operativen Dispositionssysteme konkretisiert.

Unter dem Aspekt der Aufforderung zu *Aktivitäten* sind unternehmenspolitische Leitlinien („policies" oder „Missionen") für die Sicherung und Entwicklung von Nutzenpotentialen zu entwickeln. Dabei bringt die unternehmerische Vision neue Werthaltungen und Ideen in die Unternehmenspolitik mit ein. Sie werden zu Vorgaben für strategische und operative Aktivitäten. Diese Missionen werden Handlungsträgern zugeordnet, das heißt, es entstehen konkrete strategische Programme, die für längere Zeiträume Gültigkeit haben und zum Aufbau und zur Pflege strategischer Erfolgspositionen dienen. Aus diesen Programmen leiten sich wiederum weiter konkretisierte Einzelhandlungen in Form von operativen Aufträgen ab.

Zusammen mit den Aspekten „Strukturen" und „Aktivitäten" bestimmt das *Verhalten* der Mitarbeiter die Unternehmensentwicklung. Dieses Verhalten ergibt über die Vor- und Rückkoppelung der drei Dimensionen die vergangenheitsgeprägte Unternehmenskultur (normative Dimension), das Problemlösungs- und Lernverhalten (strategische Dimension), sowie das operative Leistungs- und Kooperationsverhalten (operative Dimension). Aufgabe des Managements ist es, alle diese Module in vertikaler und horizontaler Sicht zu integrieren und damit die Unternehmung entwicklungsfähig zu machen. Die Implementierung eines Umweltmanagements tangiert dabei jeden der Aspekte über alle drei Managementebenen (Abb. 3-3). Für die Unternehmensentwicklung ist entscheidend, wie gut sich ein Unternehmen gegenüber den Anforderungen der gesellschaftlichen Außenwelt, den Anforderungen der natürlichen Umwelt und den Potentialen, die der Wettbewerb zur Problemlösung einsetzt, qualifiziert.

Neben der innerbetrieblichen Integration der einzelnen Dimensionen müssen diese ebenfalls mit den externen Handlungsfeldern verzahnt werden (vgl. Kapitel 2.1). Im Rahmen des Normativen wird etwa die Unternehmensverfassung vom rechtlich-politischen Handlungsfeld und die Unternehmenskultur von den herrschenden Werthaltungen des sozio-kulturellen Handlungsfeldes beeinflußt. Innerhalb der strategischen Ebene kann wiederum das wirtschaftliche und das technologische Handlungsfeld besonders relevant sein.

Abb. 3-3: Das St. Galler Management-Konzept mit dem Teilkonzept
Integriertes Umweltmanagement

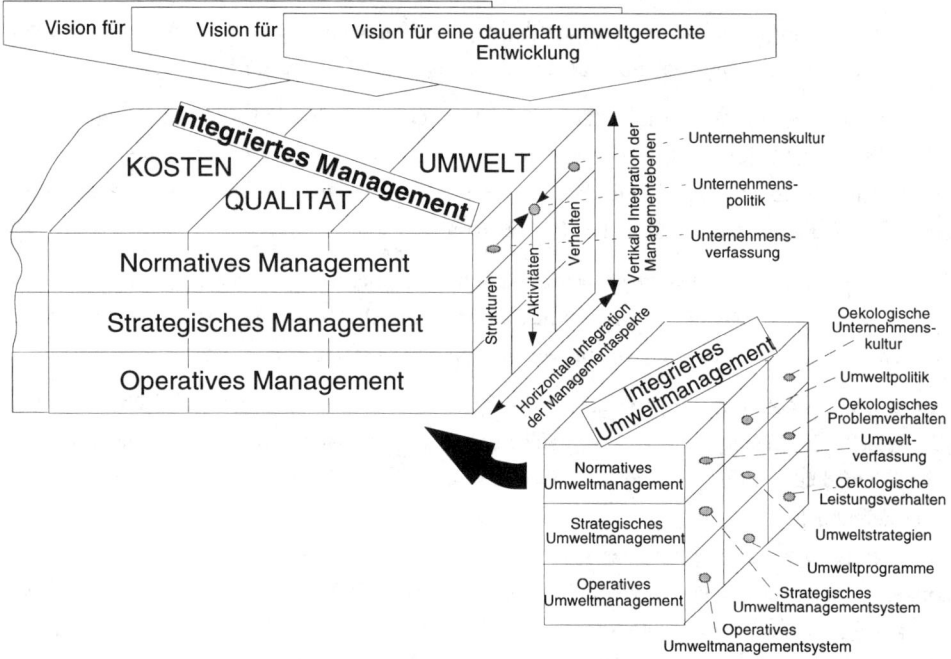

Quelle: eigene

Der Bezugsrahmen für ein integriertes Umweltmanagement soll nun zunächst auf das normative Management eingeengt werden, da ohne eine nähere Befassung mit der Verankerung des Umweltschutzes auf der obersten Gestaltungsebene des Unternehmens keine sinnvollen Aussagen über die Beziehungen zwischen ökonomischen und ökologischen Zielen im unternehmerischen Zielsystem (Kap. 4) gemacht werden können. Darauf aufbauend sollen im Kap. 5 betriebliche Umweltpolitiken typisiert werden, um danach diesen einzelnen Typen spezifische umweltrelevante Informationsinstrumente zuordnen zu können.

Aus heutiger Sicht können vier konstitutive Tatbestände des normativen Managements unterschieden werden, auf die nun im Hinblick auf eine dauerhafte Verankerung des betrieblichen Umweltschutzes näher eingegangen werden soll (Abb. 3-4).

Abb. 3-4: Umweltschutz in den 4 konstitutiven Elementen des normativen Managements

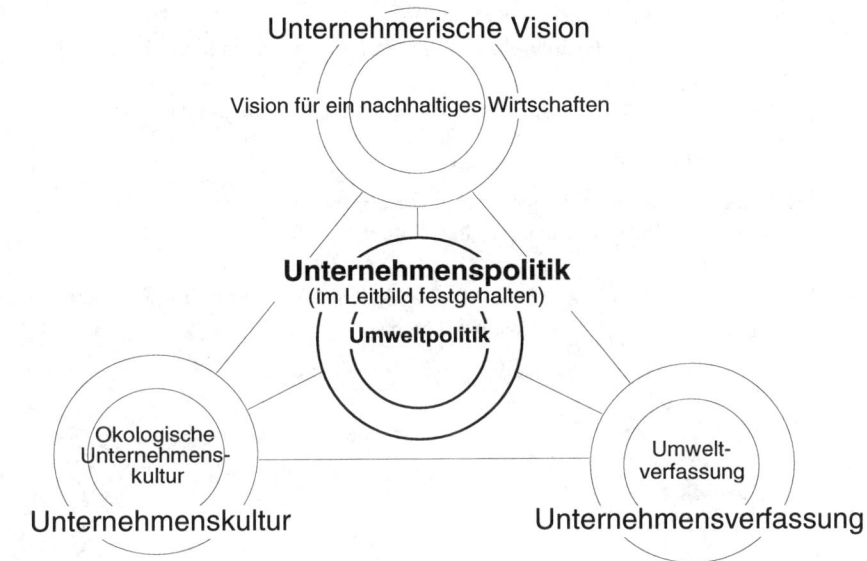

Quelle: eigene

3.1 Umweltschutz in der unternehmerischen Vision

Ursprung jeder unternehmerischen Idee ist die Vision als generelle Leitidee, die es in allen drei Dimensionen des Managements zu konkretisieren gilt. „Die Vision ist das Bewußtwerden eines Wunschtraumes einer Änderung"[206]. Sie gibt als generelle Leitidee eine bestimmte Richtung an und ist durch materielle Gesichtspunkte nicht begrenzt. Sie „ist ein konkretes Zukunftsbild, nahe genug, daß wir die Realisierbarkeit noch sehen können, aber schon fern genug, um die Begeisterung der Organisation für eine neue Wirklichkeit zu erwecken"[207].

Die Mitarbeiter brauchen eine Vision, der sie „wie dem Polarstern" folgen können. Der Stern selbst ist jedoch nicht das Ziel, er gibt nur die Richtung des Unternehmens an, nach dem sie sich orientieren sollen. Eine Vision steht nicht nur am Anfang jeder unternehmerischen Tätigkeit, sondern auch vor jedem neuen Lebensabschnitt der Unternehmung selbst. Die Implementierung und dauerhafte Verankerung des Umweltschutzes stellt einen solchen neuen Lebensabschnitt dar, an dessen Anfang eine Vision stehen muß, die als organisatorische und kanalisierende Kraft Denken und Handeln der Mitarbeiter in eine „ökologische Richtung" lenkt.

---

[206] Hinterhuber, H.H.: Strategische Unternehmensführung. Band I: Strategisches Denken. 4. Auflage, Berlin, New York 1989, S. 25.

[207] The Boston Consulting Group: Vision und Strategie. Die 34. Kronberger Konferenz. München 1988, S. 7; zitiert nach: Bleicher, K.: Das Konzept Integriertes Management..., S. 84.

Die Vision begründet sich nach *Hinterhuber*[208] auf 3 Komponenten:

1. Realitätssinn (Dinge sehen, wie sie sind)
2. Offenheit nach außen (Aufgeschlossenheit gegenüber echten menschlichen Bedürfnissen und dem Zeitgeist) und
3. Spontanität (Fähigkeit, verschiedene Blickpunkte einnehmen zu können)

wurden von *Bleicher*[209] erweitert um

4. Erfahrung (vor allem einzelner Persönlichkeiten) und
5. Kreativität (die im Visionsteam[210] ihre Förderung erfährt).

Abb. 3-5: Sozial-ökologische Ethik als treibende Kraft und als kontrollierendes Element für die unternehmerische Visionsbildung

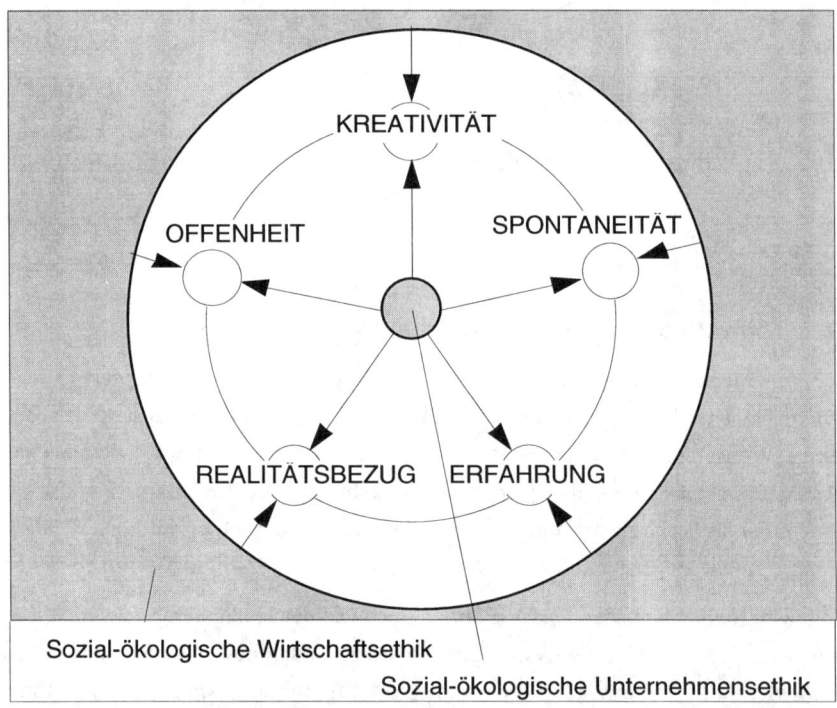

Quelle: in Anlehung an Bleicher, K.: Das Konzept integriertes Management. Frankfurt a.M., New York 1992, S. 86.

Vor dem Hintergrund der Notwendigkeit einer ethischen Verankerung des betrieblichen

---

208 Hinterhuber, H.H.: Strategische Unternehmensführung..., S. 42.
209 Vgl. Bleicher, K.: Das Konzept Integriertes Management..., S. 85ff. Bleicher bezieht sich bei der Erweiterung um die beiden Komponenten auf Magyar (vgl. Magyar, K.: Visionen schaffen neue Qualitätsdimensionen. In: Thexis 6 (6/1989), S. 3-7; zitiert nach Bleicher, K.: Das Konzept Integriertes Management..., S. 121).
210 Vgl. Hinterhuber, H.H., Krauthammer, E.: Das Visionsteam im Unternehmen. In: io Management Zeitschrift, 58 Jg. (1989), Heft 6, S. 27-30.

Umweltschutzes[211] tritt nun ein sechster Bereich hinzu: die *Ethik*. Sie hat - als sozial-ökologischen Ethik - eine zweifache Aufgabe: (1.) Wenn es darum geht, den Umweltschutz im Unternehmen zu verankern, ist sie die treibende Kraft, auch wenn gesellschaftliche, ökonomische oder rechtlich-politische Faktoren ein Implementieren des Umweltschutzes (längst) erforderlich machen. Die sozial-ökologische Unternehmensethik stellt somit den Ausgangspunkt bzw. Mittelpunkt der visionären Überlegungen dar (Abb. 3-5). Wird die Vision hingegen im Rahmen langfristiger ökonomischer Entscheidungen „verwendet", so dient die Ethik als Kontroll- und Steuermechanismus, der die sozial-ökologische Ausrichtung der Unternehmung beeinflußt. Die verfügbaren Potentiale werden in eine Richtung gelenkt, die eine dauerhafte Entwicklung im Einklang mt der Natur ermöglichen.

3.2 Umweltschutz in der Unternehmensverfassung

Die Unternehmensverfassung kann als „harter", formaler Gestaltungsaspekt der Unternehmenspolitik bezeichnet werden. Die Unternehmensverfassung ist abhängig von der Rechtsform des Unternehmens und besteht aus einer Summe von Rechtsnormen, die in der für die Unternehmung relevanten Gesetzgebung schriftlich verankert sind. Im verbleibenden Autonomieraum konkretisiert sie sich durch ihre eigene Unternehmensverfassung etwa in Form von Statuten und der Geschäftsordnung und definiert damit als „Grundgesetz der Unternehmung" einen generell zu respektierenden Verhaltensrahmen nach innen und außen. Die Unternehmensverfassung versucht die Vielzahl der Interessen, Bestrebungen und Verhaltensweisen zu einem einheitlichen Handeln und Wirken zusammenzuführen. Sie schafft weiters Kompetenzen und Legitimationen für Organe und Personen und greift damit grundlegend in die Machtstruktur des sozialen Systems ein.[212] Sie dient für interne Auseinandersetzungen bei Definition und Realisation genereller Zielausrichtungen (Missionen) in ökonomischen, in sozialen und in ökologischen Zusammenhängen.

Die Öffentlichkeit fordert zunehmend eine verstärkte Einsichtnahme in unternehmerische Tätigkeiten und Berücksichtigung ihrer Forderungen in den Fragen des Umweltschutzes. Unternehmen müssen ihre Bereitschaft zum Dialog und zur Durchführung effizienter Umweltschutzmaßnahmen signalisieren, um gesellschaftlich als legitim anerkannt zu werden. Für eine dauerhafte Integration des Umweltschutzes in die Unternehmensführung genügt jedoch nicht nur bloße Signalisierung, sondern tatsächliches Handeln und offensichtliche Integration durch die Öffnung der Unternehmensverfassung gegenüber allen umweltorientierten Anspruchsgruppen (*Umweltverfassung*). So könnte in der Unternehmensverfassung bspw.

---

[211] Siehe Kapitel 2.1.5 dieser Arbeit.

[212] Vgl. Bleicher, K.: Das Konzept Integriertes Management..., S. 122ff. Bleicher zitiert auch Alex Krauer, den Verwaltungsratspräsidenten von Ciba-Geigy (ebd., S. 125): „Unser Handeln ist keine private Veranstaltung mehr. Unser Unternehmen ist eine öffentliche Institution und deshalb hat die Öffentlichkeit Anspruch auf Transparenz und Dialogbereitschaft. Wir müssen uns mit allen Gruppen auseinandersetzen, nicht nur mit den Mitarbeitern und Aktionären."

schriftlich fixiert sein, daß Nachbarn oder Umweltschutzorganisationen im Unternehmen Planungs-, Kontroll- und Beratungsfunktionen in Umweltbelangen innehaben. Kommt dieser verfassungsmäßig fixierte Anspruch dann nicht nur in den unternehmungspolitischen Leitlinien oder Grundsätzen (Leitbild) vor, sondern wird auch unternehmenskulturell gelebt, so kann von einer erfolgreichen normativen Integration des Umweltschutzgedankens gesprochen werden.

3.3 Umweltschutz in der Unternehmenskultur

Die Unternehmenskultur spricht die Verhaltensdimension des normativen Managements an. Sie ist der weiche, nicht schriftlich fixierte, verhaltensbezogene Entwicklungsaspekt der Unternehmenspolitik. Sie ist, wie es im angloamerikanischen Sprachraum ausgedrückt wird: „the way, we do things around here". Werte und Normen helfen bei der Festlegung und Selektion von betrieblichen Zielen und Maßnahmen. Die Unternehmenskultur transportiert implizit Werte und Normen über Mitarbeitergenerationen hinweg, prägt die Mitarbeiter in ihren Einstellungen und Erfahrungen etwa zu Produkt, zu Kollegen, zur Führung und beeinflußt so die Unternehmensentwicklung. Die Unternehmenskultur bildet sich evolutorisch. Sie nimmt eine Mittlerfunktion zwischen vergangenheitsorientierten Werten und zukünftigem Verhalten ein.[213]

Im Rahmen des Prozesses der Kulturbildung kommt der Führung eine besondere Rolle zu. Jedem Verhaltensakt der Führungskräfte kommt eine symbolische Bedeutung zu, der von den Mitarbeitern des Unternehmens auf seine Übereinstimmung mit den in den Leitlinien schriftlich deklarierten Grundsätzen überprüft wird. Jeder Verstoß wird sozial geahndet und bei Versuchen, die in der Kultur verankerten Werte und Normen zu verändern, ist mit massiven Verhaltenswiderständen zu rechnen. Änderungen erfordern daher ein entsprechendes „Feingefühl" der Führung.

In bezug auf den Umweltschutz ist zu bemerken, daß den unternehmenskulturellen Werten und Normen zentrale Bedeutung bei der Integration von Umweltschutzzielen in das Zielsystem der Unternehmung zukommt. Die Kommunikation der Kultur über Leitbilder und Unternehmensgrundsätze unterstreicht deren Wichtigkeit und erfüllt eine Funktion der Sichtbarmachung und Dokumentation.

Eine ökologieorientierte Unternehmenskultur (*Umweltkultur*) muß u.a. folgende Komponenten aufweisen:[214]

- Sie muß über eine ökologiesensible Unternehmensführung verfügen, die sich im Umwelt- schutz aktiv engagiert und keine Diskrepanz zwischen Worten und Taten aufweist.

- Weiters müssen Zeichen gesetzt werden, die die Ernsthaftigkeit der Umweltschutz-

---

[213] Vgl. Bleicher, K.: Das Konzept Integriertes Management..., S. 153ff.

orientierung unterstreichen sollen, wie etwa die Förderung von Dienstreisen mit öffentlichen Verkehrsmitteln, der Einsatz „umweltfreundlicher" Firmenautos und neue Formen der Öffentlichkeitsarbeit im Umweltschutz.

- Allgemeine Integration des Umweltgedankens im Bereich der Mitarbeiterausbildung. Durchführung spezieller umweltbezogener Schulungsprogramme.

- Vorschläge zur Verbesserung des betrieblichen Umweltschutzes werden auch immateriell oder material honoriert (Ausweitung des betrieblichen Vorschlagwesens auf Umweltbelange).

3.4 Umweltschutz in der Unternehmenspolitik

Die unternehmerische Vision bildet den Ausgangspunkt für die Unternehmenspolitik, die von der Unternehmensverfassung formal hart und von der Unternehmenskultur verhaltensbezogen weich getragen wird. Zweck der Unternehmenspolitik ist die zielorientierte Gestaltung der Unternehmensentwicklung im Strategischen und Lenkung der Aktivitäten im Operativen, um Sinn-, Zeit-, und Handlungsautonomie sowie gesellschaftliche Legitimität zu ermöglichen.[215] Die Unternehmenspolitik „lebt" in der Gesamtheit der Unternehmensgrundsätze. Diese bestimmen das Selbstverständnis, die „Persönlichkeit" der Unternehmung, die nach innen und nach außen durch die verbindliche Bekanntgabe dieser allgemeinen Grundsätze des Handelns bekanntgemacht wird (Unternehmensleitbild).[216]

Missionen sind das Ergebnis des unternehmenspolitischen Systems nach innen. Sie stellen die Grundorientierung für das strategische und operative Management dar.

Ein Umweltmanagement, das von der dialogischen Verantwortung aller Beteiligten ausgeht, wird sicherlich nur so lange erfolgreich sein, wie auch der unternehmenspolitische Rahmen durch einen pluralistischen Willensbildungsprozeß geprägt ist, der ökologische Ansprüche berücksichtigt. Die Selbstverpflichtung zur Berücksichtigung ökologischer Belange im Unternehmensleitbild muß sowohl die prozessualen Aspekte (Einbezug von Anspruchsgruppen) wie auch die inhaltlichen Aspekte (verantwortungsbewußte Nutzung der Ressourcen, aktive Problemlösungssuche nach umweltverträglicheren Produkten und Produktionsprozessen u.a.) explizit umfassen. Die „Outputs" einer Umweltpolitik als integrales Element der Unternehmenspolitik sind „ökologieorientierte Missionen", die im Rahmen von Umweltstrategien „ökologieorientierte Erfolgspotentiale" aufbauen und pflegen helfen. Auf operativer Ebene erfolgt dann die Umsetzung von „Umweltprogrammen", d.h. eine weitere ökologisch effiziente Konkretisierung.

---

214 Vgl. Hopfenbeck, W.: Allgemeine Betriebswirtschafts- und Managementlehre, 4. Auflage, Landsberg/Lech 1991, S. 900.
215 Vgl. Bleicher, K.: Das Konzept Integriertes Management..., S. 98ff.
216 Vgl. Hinterhuber, H.H.: Strategische Unternehmensführung..., S. 42.

Bleicher nennt vier (generelle) Zielausrichtungen durch unternehmungspolitische Missionen:[217]

1. Zielausrichtungen auf Anspruchsgruppen
2. Entwicklungsorientierung
3. Ökonomische Zielausrichtung
4. Gesellschaftliche Zielausrichtung

Jede dieser Zielausrichtungen wird nach zwei Ausprägungen (x- und y-Achse) differenziert und bildet idealtypisch zwei konträre Orientierungen innerhalb einer Zielausrichtung. So wird etwa die gesellschaftliche Zielausrichtung nach der Ausprägung „soziale Ziele" (x-Achse) und nach der Ausprägung „ökologieorientierte Ziele" (y-Achse) differenziert. Schwach ausgeprägte „soziale Ziele" und „ökologieorientierte Ziele" ergeben die Orientierung *gesellschaftlicher Vermeidungspolitik*. Stark ausgeprägte „soziale Ziele" und „ökologieorientierte Ziele" ergeben die Orientierung *gesellschaftliche Verantwortungspolitik*. So ergeben sich insgesamt acht verschiedene Orientierungen innerhalb der vier Zielausrichtungen (Tab. 3-1). Aus einer Vielzahl theoretischer Kombinationsmöglichkeiten stellt Bleicher zwei Kombinationen von vier ausgewählten Orientierungen als *generelle Zielausrichtungen der Unternehmenspolitik* heraus. Es sind dies die opportunistische und die verpflichtete Unternehmenspolitik.

Tab. 3-1:   Zielausrichtungen der Unternehmenspolitik im St.Galler Management-Modell

Zielausrichtungen der Unternehmenspolitik	Zwei Ausprägungen unternehmenspolitischer Zielausrichtungen	
	Opportunistische Unternehmenspolitik	**Verpflichtete Unternehmenspolitik**
1. Zielausrichtung auf Anspruchsgruppen	Orientierung an Shareholder	Orientierung an Stakeholder
2. Entwicklungs- orientierung	Konventionelle Unternehmenspolitik	Avantgardistische Unternehmenspolitik
3. Ökonomische Zielausrichtung	Unternehmenspolitik des „Muddling Through"	Orientierung an der öko- nomischen Verpflichtung
4. Gesellschaftliche Zielausrichtung	Orientierung an der gesellschaftlichen Vermeidung	Orientierung an der gesellschaftlichen Verantwortung

Quelle: nach Bleicher, K.: Das Konzept Integriertes Management. Frankfurt/M., New York 1992, S. 101ff.

Die Opportunitätspolitik ist eine finanzwirtschaftlich ausgerichtete Unternehmungspolitik, die sich ohne tiefgreifende ökologische und soziale Verantwortung einseitig an den Kapitalgebern orientiert und Nutzen- und Erfolgspotentiale nur kurzfristig ausbeutet (Abb. 3-6).

---

[217]   Vgl. Bleicher, K.: Das Konzept Integriertes Management..., S. 101ff.

Abb. 3-6:   Opportunitätspolitik als generelle Zielausrichtung unternehmungspolitischer Missionen

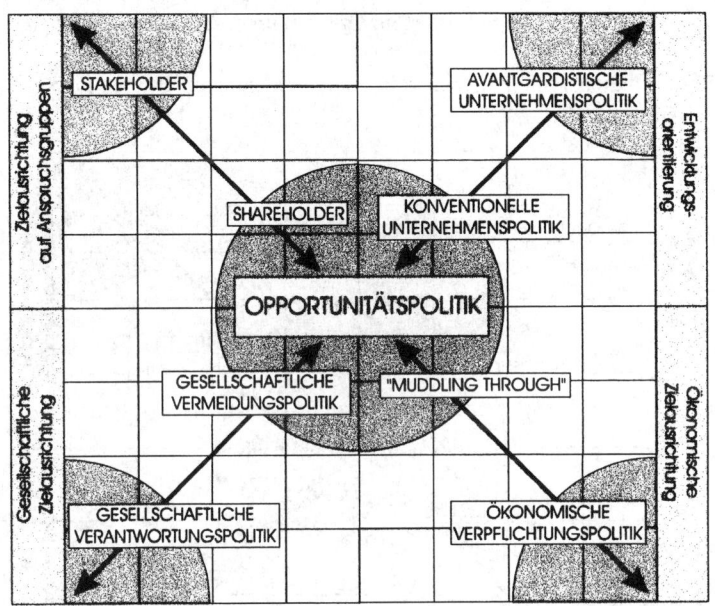

Quelle: nach Bleicher, K.: Das Konzept Integriertes Management. Frankfurt/M., New York 1992, S. 117.

Die Verpflichtungspolitik ist eine leistungswirtschaftlich ausgerichtete Unternehmungspolitik mit hoher ökologischer und sozialer Verantwortung, die sich vielseitig an den Ansprüchen interner und externer Anspruchsgruppen orientiert. Im Laufe ihrer am Langfristigen orientierten Entwicklung werden Konfrontation und Gefährdung bewußt gesucht, da nur dadurch ihre Innovations- und Anpassungsfähigkeit gefördert wird[218] (Abb. 3-7).

Es erscheint unter den insgesamt bisher behandelten Aspekten unzweifelhaft, daß eine opportunistisch ausgerichtete Unternehmungspolitik nur wenig zur Lösung der globalen Umweltprobleme beitragen kann, bzw. bis heute kontraproduktiv wirkt. Die Erarbeitung neuer Erfolgspotentiale, die auch die Verringerung relativer und absoluter betrieblicher Umweltwirkungen zum Gegenstand haben, kann aufgrund der zunehmenden Komplexität und Dynamik in allen gesellschaftliche Handlungsfeldern nur langfristig und unter Einbezug gesellschaftlicher Anspruchsgruppen gelingen. Nur die Unternehmungspolitik der *Selbst*verpflichtung bildet hier ein entsprechendes normatives Fundament für die dauerhafte Verankerung des Umweltschutzes in das gesamte Unternehmen. Diese Unternehmungspolitik läßt der ökonomischen, der ökologischen und der sozialen Verpflichtung gleiche Wertstellung zu. „*Gleiche Wertstellung einräumen* bedeutet, den Ertrag in keinem der drei genannten Verant-

---

[218]   Vgl. ebd., S. 116.

wortungsbereiche auf Kosten eines anderen zu maximieren. Unter diesem Konzept konzentriert sich die Unternehmensleitung auf das Management des Gleichgewichts zwischen diesen Verantwortungen (kursive Schriftart im Original unter Anführungszeichen)".[219]

Abb. 3-7: Verpflichtungspolitik als generelle Zielausrichtung unternehmungspolitischer Missionen

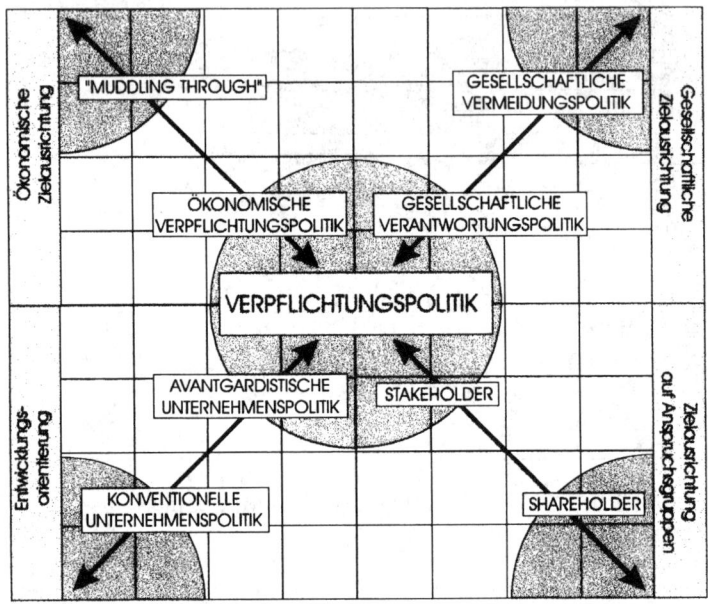

Quelle: nach Bleicher, K.: Das Konzept Integriertes Management. Frankfurt/M., New York 1992, S. 117.

Wie bereits oben ausgeführt, stellt die Verpflichtungspolitik nur ein „Extrem" der beiden generellen unternehmenspolitischen Zielausrichtungen dar. Der Verfasser ist bei Einordnung und Bezugsrahmen des Umweltmanagements bisher implizit von einem solchen „Höchstniveau" des Umweltmanagements ausgegangen, für das nun mit der Verpflichtungspolitik - im Sinne der Bleicher'schen Konzeption - ein adäquates gesamtunternehmenspolitisches Konzept gefunden wurde.

In der Praxis zeigen sich unterschiedliche Entwicklungsstufen des Umweltmanagements.[220] Diese reichen von einfachen Anpassungsmaßnahmen aufgrund externer Vorgaben bis zur Stufe der ökologischen Professionalisierung. Eine der weiteren Aufgabenstellungen dieser Arbeit ist

---

[219] Barman, J.P.: Ökologie eine unternehmerische Herausforderung, Gesellschaftliche Akzeptanz als Voraussetzung für wirtschaftlichen Erfolg. Bern, Stuttgart, Wien 1992, S. 415ff. Dr. Jacques P. Barman ist Vorstandsmitglied der Ciba Geigy AG.

[220] Vgl. Malinsky, A.H.: Umweltschutz und Unternehmerverhalten. Eine umweltwirtschaftliche Analyse. Linz 1993, S. 13ff.

das Zuordnen von spezifischen Informationsinstrumenten des Umweltmanagements zu deren unterschiedlichen Entwicklungsstufen. Die Entwicklungsstufen des Umweltmanagements sind auf der normativen Gestaltungsebene des Unternehmens in Form unterschiedlicher Umweltpolitiken analysierbar, bzw. finden dort ihren Ausgangspunkt für die jeweilige Weiterentwicklung. Damit ist nun das unternehmerische Zielsystem angesprochen, in dem die unternehmerische Zielausrichtung operationalisiert wird. Bevor also eine Zuordnung spezifischer Informationsinstrumente des Umweltmanagements zu deren unterschiedlichen Entwicklungsstufen umgesetzt werden kann,[221] gilt es noch Umweltschutz im unternehmerischen Zielsystem zu beleuchten.

---

[221] Siehe Kapitel 5 dieser Arbeit.

4 Umweltschutz im betrieblichen Zielsystem

Unternehmensziele können allgemein als erstrebenswert angesehene zukünftige Zustände oder Ergebnisse begriffen werden. Sie sind „normative Aussagen über die Zukunft"[222], die (auch) mit unternehmerischen Handlungen erreicht werden sollen[223]. „Ihrer Funktion nach sind Ziele Orientierungsmarken, an denen rationale Entscheidungen ausgerichtet werden."[224] Zur Legitimation von Zielen sind Wertorientierungen vorausgesetzt, „die ggf. zu explizieren sind, indem deutlich gemacht wird, auf welche `Auffassungen des Wünschenswerten` (Werte nach *Kluckhohn* 1951) ein konkret `Gewünschtes` (Ziel) zurückgeht"[225]. Unternehmensziele bilden den Ausgangspunkt bei der Entwicklung von Unternehmensstrategien[226] und konkreten Maßnahmen für die einzelnen Unternehmensbereiche (Mittel und Wege).

Die Umwelt ist ein gesellschaftliches Gut. Der „Schutz der Umwelt, d.h. Erhaltung einer bestimmten Umweltqualität, ist demnach zunächst eine gesellschaftliche Zielsetzung, und zwar ein gesellschaftliches Sachziel. Seine Erfüllung dient der Realisation gesellschaftlicher Formalziele"[227].

4.1 Gewinnmaximierung als betriebliches Oberziel?

Die zu Beginn des Kapitel 2.2 andiskutierte neoklassische Wirtschaftstheorie sah für den Unternehmer ein einziges Ziel, die Maximierung des Gewinns. Nach diesen Vorstellungen harmonisiert bzw. optimiert der Markt mit „unsichtbarer Hand" die Bedürfnisse aller Nachfrager und sorgt für einen effizienten Mitteleinsatz der Anbieter. Hohe soziale Kosten mit erheblichen Umweltbelastungen und politische Verteilungskonflikte in der zweiten Hälfte des 19. Jahrhunderts bis heute weisen die Thesen vom „ökonomischen Nutzen" und der „Harmonie von einzel- und gesamtwirtschaftlichen Interessen" als Fiktionen aus: „Es gibt in Wirklichkeit kein volkswirtschaftliches Gesamtnutzen-Maximum und kein interessenneutrales Formalziel unternehmerischen Handelns"[228].

Die Betriebswirtschaftslehre reagierte auf die Kritik am einfachen Modell vom gewinnmaximierenden Unternehmen in den 60er und 70er Jahren

- „zielqualitativ und -quantitativ" mit der Revision des einzigen Unternehmungsziels

---

[222] Wittkämper, G.: Analyse und Planung in Verwaltung und Wirtschaft. Bonn, Bad Godesberg 1972, S. 35.

[223] Vgl. Ulrich, H.: Die Unternehmung als produktives soziales System..., S. 187; Heinen, E.: Grundlagen betriebswirtschaftlicher Entscheidungen. Das Zielsystem der Unternehmung. Wiesbaden 1976, S. 45.

[224] Strebel, H.: Umwelt und Betriebswirtschaft. Berlin 1980, S. 46.

[225] Stähle, W.H.: Management. 3. Auflage, München 1987, S. 124; Vgl. auch Kluckhohn, C.: Values and value-orientations in the theory of action. In: Towards a general theory of action. (Hrsg. von Parsons, T., Shils, E.A.), Cambridge, Mass. 1951, zitiert nach Stähle, W.H.: Management..., S. 769.

[226] Vgl. Stähle, W.H.: Management..., S. 344.

[227] Strebel, H.: Umwelt und Betriebswirtschaft..., S. 48.

[228] Ulrich, P.: Konsens-Management - Die zweite Dimension rationaler Unternehmensführung. In: Betriebswirtschaftliche Forschung und Praxis, Nr. 35 (1983), S. 77.

„Gewinnmaximierung" (Zielmonismus) zugunsten einer Menge von betrieblichen Einzelzielen, die horizontal und vertikal miteinander logisch und empirisch in Beziehung stehen
(Zielsystem)[229] und

- „zielprozessual" im Wege der verhaltensorientierten Managementlehre mit der Thematisierung von Unternehmungszielen als gemeinsame Organisationsziele eines „Zielkonflikt-
  Zielkompromiß-Prozesses", an dem viele Koalitionsteilnehmer (Kapitalgeber, Management, Belegschaft, Lieferanten, Kunden, Aufsichtsbehörden etc.) mit ihren persönlichen
  Zielvorstellungen beteiligt sind[230].

Die Abkehr vom Zielmonismus und die soziale Dynamik der verhandlungsabhängigen Unternehmensziele bildeten die theoretischen Voraussetzungen für die Lehre von der „Gesellschaftlichen Verantwortung der Unternehmensführung"[231]: Der Einbezug relevanter Anspruchsgruppen sichert die gegenüber der Gesellschaft dienende und gegenüber den Anspruchsgruppen
interessensausgleichende Rolle der Unternehmensführung. Die Dienstleistung eines Unternehmens ist allerdings nur möglich, wenn die Existenz des Unternehmens langfristig gesichert
ist. Nach dieser Lehre ist Gewinnerzielung (und eben nicht Gewinnmaximierung[232]) lediglich
als Unterziel, d.h. als notwendiges Mittel, nicht aber als End- oder Oberziel anzusehen.

4.2 Charakterisierung von Einzelzielen und Zielsystemen im Unternehmen

Voraussetzung für die Steuerungseigenschaft und Kontrollierbarkeit der Ziele ist, daß sie
hinreichend operationalisiert sind. In diesem Zusammenhang kann von folgenden *Bestim-
mungsmerkmalen der Ziele* gesprochen werden:[233]

- Mit dem *Zielobjekt (Zielinhalt)* werden die Bestrebungen der betrieblichen Entscheidungsträger zum Ausdruck gebracht. Heinen spricht davon, „daß das Erwerbsstreben (Gewinn-
  oder Rentabilitätsstreben) in marktwirtschaftlichen Systemen die wichtigste Antriebskraft
  unternehmerischen Handelns ist"[234]. In empirischen Untersuchungen wurden weitere öko

---

229 Heinen und Bidlingmaier gehörten zu den ersten deutschen Autoren, die auf Grundlage empirischer
Zielforschungen die These des Zielmonismus und der uneingeschränkten Gewinnmaximierung
revidierten. Vgl. dazu: Heinen, E.: Grundlagen betriebswirtschaftlicher Entscheidungen... und
Bidlingmaier, J.: Unternehmerziele und Unternehmensstrategien. Wiesbaden 1964.

230 Vgl. Bidlingmaier, J., Schneider, D.: Ziele, Zielsysteme und Zielkonflikte. In: Handwörterbuch der
Betriebswirtschaft. (Hrsg. von Grochla, E., Wittmann, W.), Stuttgart 1976, Sp. 4732f.; Cyert, R.M.,
March, J.G.: A Behavioral Theory of the Firm. Englewood Cliffs 1963 S.27ff.

231 Vgl. Punkt C des „Davoser Manifests" z.B. bei Steinmann, H.: Zur Lehre von der „Gesellschaftlichen
Verantwortung der Unternehmensführung". In: Wirtschaftswissenschaftliches Studium, Heft 2 (1973),
S. 472f.

232 Die Maximierung eines Zieles stellt nur eine Form des Ausmaßes bzw. dessen Höhenpräferenz dar.

233 Vgl. auch Wild, J.: Grundlagen der Unternehmensplanung. 4. Auflage., Opladen 1980, S. 58f.

234 Heinen, E.: Grundlagen betriebswirtschaftlicher Entscheidungen..., S. 126.

nomische Zielinhalte wie Umsatz, Marktanteil, Wirtschaftlichkeit, Sicherung der Liquidität und weitere nicht-ökonomische Zielinhalte wie Macht, Unabhängigkeit, soziale und ökologische Verantwortung identifiziert.[235]

- Der *Zielmaßstab* legt fest, wie der Zielinhalt gemessen werden soll („Meßvorschrift")[236].
- Das *Zielniveau (angestrebtes Ausmaß, Zielausmaß, Zielbetrag)* der Zielerreichung hängt oft vom angestrebten Ausmaß der anderen Zielsetzungen ab. Darüber hinaus können Ziele durch ihre *Höhenpräferenz* (Verfolgung von Extremierungs-, Satifizierungs- oder Fixierungsziele) charakterisiert werden.[237]
- Der *zeitliche Bezug (Geltungsdauer, Zielzeitraum)* legt den Zeitraum fest, innerhalb dessen das angestrebte Zielniveau erreicht werden soll.
- *Formalziele* sind Ziele, deren Inhalten auf die finanzwirtschaftlichen Konsequenzen des unternehmerischen Handelns ausgerichtet sind, wie z.B. Gewinn, Umsatz, Rentabilität oder Wirtschaftlichkeit. Bei der Festlegung von Formalzielen sind vor allem die Motive und Zielvorstellungen der Unternehmungsführung relevant[238]. Als Mittel zur Erreichung der Formalziele dienen die Sachziele.
- *Sachziele* betreffen die vom Unternehmen bewirkten Leistungen (leistungswirtschaftlicher Aspekt)[239]. Sachziele ergeben sich aus der gesamtwirtschaftlichen Funktion der Unternehmung, der Bedarfsdeckung und beschreiben den materiellen Zustand, der in Zukunft erreicht werden soll. Sie stellen „Art, Zeitpunkt bzw. Zeiträume von zu fertigenden sowie abzusetzenden betrieblichen Gütern"[240] dar.

Ein *Zielsystems* kann im Rahmen einer hierarchischen Struktur durch die horizontalen und vertikalen Zielbeziehungen der Einzelziele zueinander charakterisiert werden.

In einem hierarchischen Zielsystem sind aus *vertikaler Sicht* die tiefer liegenden Unterziele jeweils Mittel zur Erreichung der Oberziele. Es besteht eine Zweck-Mittel-*Zielbeziehung* der genannten Zielelemente zueinander.[241]

Als *horizontale Zielbeziehungen* zwischen den Einzelzielen sind denkbar, bzw. können empirisch auftreten:[242]

---

[235] Vgl. Heinen, E.: Grundfragen der entscheidungsorientierten Betriebswirtschaftslehre. München 1976, S. 115ff. und 126ff.; Heinen, E.: Grundlagen betriebswirtschaftlicher Entscheidungen..., S. 59ff; Meffert, H., Kirchgeorg, M.: Marktorientiertes Umweltmanagement...1993, S. 36.

[236] Vgl. Heinrich, L.J., Burgholzer, P.: Informationsmanagement. München 1987, S. 136ff.

[237] Vgl. Bidlingmaier, J., Schneider, D.: Ziele, Zielsysteme und Zielkonflikte..., Sp. 4738f.; Heinen, E.: Grundfragen der entscheidungsorientierten Betriebswirtschaftslehre..., S. 117ff; Heinen, E.: Grundlagen betriebswirtschaftlicher Entscheidungen..., S. 82ff.

[238] Siehe zum Begriff des Formalzieles: Ebd., S. 90; Kern, W.: Investitionsrechnung. Stuttgart 1974, S. 50.

[239] Vgl. Rückle, D.: Investition. In: Handwörterbuch der Betriebswirtschaft. (Hrsg. von Wittmann, W. u.a.), Teilband 2, Stuttgart 1993, Sp. 1927f.

[240] Kloock, J., Sieben, G., Schildbach, T.: Kosten- und Leistungsrechnung. Düsseldorf 1990, S. 27.

[241] Vgl. Bidlingmaier, J., Schneider, D.: Ziele, Zielsysteme und Zielkonflikte..., Sp. 4734f.

[242] Vgl. ebd., Sp. 4733f.; Heinen, E.: Industriebetriebslehre als Entscheidungslehre. In: Industriebetriebslehre - Entscheidungen im Industriebetrieb. (Hrsg. von Heinen, E.) Wiesbaden 1978, S. 50f.

- *Zielidentität*, d.h. verschiedene Ziele unterscheiden sich bei genauerer Analyse inhaltlich nicht voneinander,
- *Zielkomplementarität*, d.h. daß die Umsetzung von Zielen andere Zielumsetzungen begünstigt,
- *Zielneutralität oder Zielindifferenz*, d.h. die Umsetzung von Zielen beeinflußt die Erreichung andere Ziele nicht.
- *Zielkonkurrenz*, d.h. daß die Umsetzung von Zielen andere Zielumsetzungen erschwert,
- *Zielantinomie oder Zielunvereinbarkeit*, d.h. daß die Umsetzung eines Zieles die Umsetzung eines anderen Zieles ausschließt.

Zielidentität, Zielkomplementarität, und Zielneutralität werden unter dem Begriff der Kompatibilität zusammengefaßt.

4.3 Umweltschutz als heteronome Zielvorgabe oder als autonome Zielsetzung

Strebel gehörte zu den ersten Autoren, die sich aus betriebswirtschaftlicher Sicht mit Zielkonkurrenz und Zielkomplementarität von „Umweltschutz" und „betrieblichen Erfolg" auseinandersetzten. Mit seinen Ausführungen zu „Umwelt und Betriebswirtschaft" formte *Strebel* bereits Ende der 70-er Jahre wesentlich die heutige Sichtweise zu „Umweltschutz im betrieblichen Zielsystem". In seinen „umweltpolitischen Konzeptionen": „Umweltbelastung" und „relative Umweltschonung"[243] kommen die unterschiedlichen unternehmerischen Spielräume zum Ausdruck, die durch äußere Vorgaben an die Unternehmen oder eigene unternehmerische Ziele geprägt sind. Im Falle der „Umweltbelastung" wird der Verzicht auf Umweltschutz, eine umweltschädliche Substitution oder das Hinausschieben von Umweltschutzmaßnahmen durch die gesellschaftliche Umweltpolitik (heteronom) vorgegeben bzw. ermöglicht. Im Falle der „relativen Umweltschonung" werden ökologische Sachziele angestrebt, die auf *heteronomen* Vorgaben beruhen oder von der Unternehmensführung *autonom* gesetzt werden.

Strebel hält fest, daß der Schutz der Umwelt vorerst eine gesellschaftliche Zielsetzung ist. Insofern erscheint Umweltschutz zunächst im einzelwirtschaftlichen Zielsystem als ein Bündel heteronom vorgegebener Sachziele bzw. Restriktionen.[244]

---

[243] Vgl. Strebel, H.: Umwelt und Betriebswirtschaft..., S. 81 ff.
[244] Siehe dazu auch Schreiner, M.: Umweltmanagement in 22 Lektionen. Wiesbaden 1993, S. 30. Die Verfolgung eines bestimmten Unternehmenszieles wird durch sog. Restriktionen begrenzt. Eine Restriktion zeichnet sich dadurch aus, das diese im Sinne einer austauschbaren „Ziel-Restriktions-Konstellation" selbst als Unternehmensziel gewählt werden kann. Begrenzt wird dieses Ziel von jenem Inhalt, der vorher als Ziel formuliert war und nun zur Restriktion geworden ist (austauschbare Zielkonkurrenz). Zum Umweltschutz als (heteronom vorgegebene) Restriktion vgl. z.B. Strebel, H.: Umwelt und Betriebswirtschaft..., S. 49.

Heteronome Zielsetzungen basieren auf gesellschaftlichen Rahmenbedingungen, die in der betrieblichen Praxis zu reinen Anpassungsreaktionen führen. Die *Vorgaben von der Gesellschaft* beziehen sich hauptsächlich auf politisch-rechtliche Rahmenbedingungen und auf Preissignale von Absatz- und Beschaffungsmärkten.

Vorstellungen über die Weiterentwicklung der unternehmerischen Rahmenbedingungen können für betriebliche Entscheidungsträger auch Anlaß für eine unternehmensstrategisch induzierte Antizipation zukünftig erwarteter gesellschaftlicher Vorgaben sein. Zielsetzungen im betrieblichen Umweltschutz erfolgen damit bereits autonom (Abb. 4-1). Aus ökonomischer Perspektive betrachtet ist hier *Autonomie* bezüglich des *Sachziels Umweltschutz* gegeben, d.h. ökologieorientierte Ziele werden als zukünftig geforderte Bestandteile des Leistungsprofils verstanden. Letztlich werden jedoch ökonomische Formalziele angewendet, um Entwicklung und Umsetzung ökologieorientierter Ziele zu messen.

Abb. 4-1: Heteronome und autonome Zielsetzung für „Betrieblichen Umweltschutz"

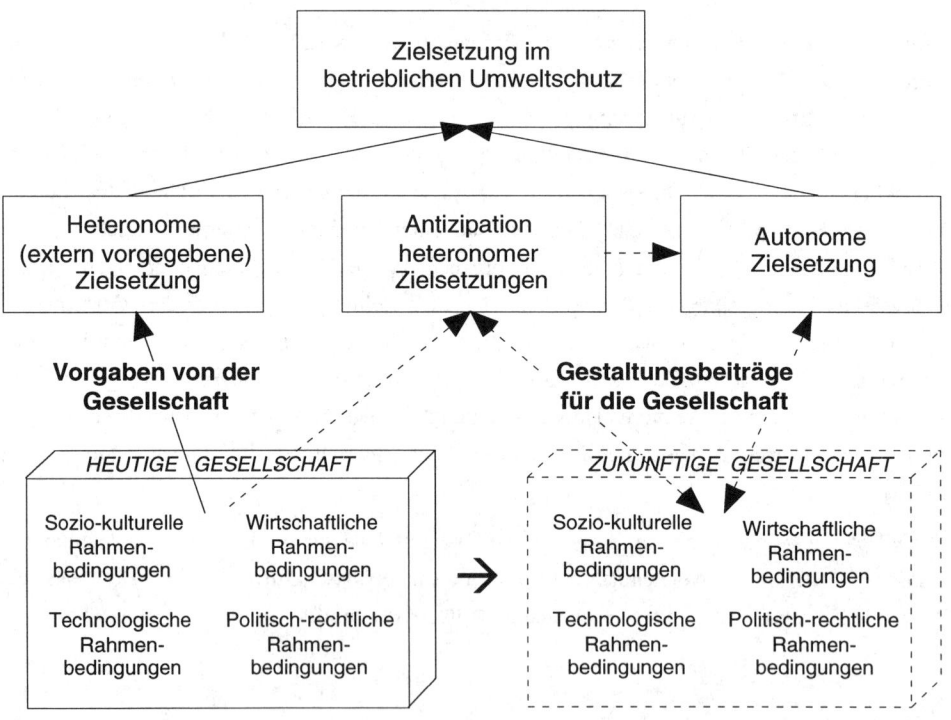

Quelle: eigene

Umweltschutz kann – in seltenen Fällen - auch als *gesellschaftsbezogenes autonomes Formalziel* auftreten, wie dies etwa bei einer Unternehmensführung aus gesellschaftlicher Verantwortung der Fall ist. Ethische und kulturelle Werthaltungen nehmen hierbei als treibende Kraft einen besonderen Stellenwert im gesamten Unternehmen ein.

94

4.4 Empirische Forschungsergebnisse zum Stellenwert des Umweltschutzes im unternehmerischen Zielsystem

In bezug auf den Stellenwert des Umweltschutzes im Zielsystem stellt *Strebel* fest, „daß kein Unternehmen betrieben wird, nur um Bedarf zu decken, um liquid, wirtschaftlich oder „umweltfreundlich" zu sein"[245] Dies zeigte sich auch in einer Reihe von empirischen Untersuchungen, die in den letzten zehn Jahren zum Stellenwert des Umweltschutzes im unternehmerischen Zielsystem durchgeführt worden sind.[246]

Nach einer Erhebung von *Raffée/Fritz* aus dem Jahre 1990[247] kommt dem Umweltschutz und damit den Aufgaben des Umweltmanagements nur eine geringe Bedeutung zu (Rang 19 in der Rangfolge von 24, näheres hierzu siehe in Tab. 4-1).

Die höchste Rangstellung der Kundenzufriedenheit (Rang 1) läßt erwarten, daß mit zunehmendem Umweltbewußtsein der Kunden (private und öffentliche Nachfrage) sich auch die Rangstellung des Umweltschutzes wesentlich erhöhen wird. Zu beachten ist jedoch, daß sich diese Erhebung auf das gesamte verarbeitende Gewerbe bezog, also auch Industrieunternehmen befragt wurden, bei denen der Umweltschutz nur eine untergeordnete Rolle spielt[248].

Branchenspezifische Erhebungen von *Kirchgeorg*[249] zeigen hingegen eine wesentlich höhere Rangstellung des Umweltschutzes. In einer Untersuchung von *Meffert/Kirchgeorg*[250] wurden neben den Einzelzielen auch die Präferenzen und empirisch-horizontalen Zielbeziehungen innerhalb des Zielsystems erfaßt. Von insgesamt zwölf Einzelzielen wurde die „Erhaltung der Wettbewerbsfähigkeit" und die „langfristige Gewinnerzielung" als jene mit höchster Priorität ermittelt. Gegenüber klassischen Zielen, wie Marktanteil und Umsatz, wird dem Umweltschutz allerdings höhere Priorität auf Stufe acht eingeräumt (siehe Abb. 4-2).

---

245   Ebd., S. 48.

246   Über ältere Untersuchungen vgl. z.B. Fritz, W., Förster, F., Wiedmann, K.P.: Neuere Resultate der empirischen Zielforschung und ihre Bedeutung für strategisches Management und Managementlehre, Arbeitspapier Nr. 57. Mannheim 1987; Über neuere Untersuchungen vgl. Raffée, H., Förster, F., Fritz, W.: Umweltschutz im Zielsystem von Unternehmen. In: Handbuch des Umweltmanagements. (Hrsg. von Steger, U.), München 1992, S. 241ff. und die dort zitierte Literatur.

247   Vgl. Raffée, H., Fritz, W.: Dimensionen und Konsistenz der Führungskonzeption von Industrieunternehmen - Ergebnisse einer empirischen Untersuchung. In: Zeitschrift für betriebswirtschaftliche Forschung, 44. Jg. (1992), S. 310.

248   Vgl. ebd., S. 314.

249   Vgl. Kirchgeorg, M.: Ökologieorientiertes Unternehmerverhalten. Wiesbaden 1990, 233ff.

250   Vgl. Meffert, H., Kirchgeorg, M.: Umweltschutz als Unternehmensziel. In: Marketing-Schnittstellen. (Hrsg. von Specht, G., Silberer, G., Engelhardt, W.H.), Stuttgart 1989, S. 179ff.

Tab. 4-1:   Inhalte und Rangordnungen der Ziele von Industrieunternehmen in drei
empirischen Untersuchungen (mit Angabe des arithmetischen Mittels $\bar{x}$)

Raffée/Förster/Krupp (1988) Rangordnung:	$\bar{x}$	*Meffert/Kirchgeorg (1989)* Rangordnung:	$\bar{x}$	*Raffée/Fritz (1990)* Rangordnung:	$\bar{x}$
1. Wettbewerbsfähigkeit	5,77	1. Sicherung der Wettbewerbsfähigkeit	1,19	1. Kundenzufriedenheit	6,12
2. Qualität des Angebots	5,72	2. Langfristige Gewinnerzielung	1,42	2. Sicherung des Unternehmensbestandes	6,08
3. Sicherung des Unternehmensbestandes	5,51	3. Produktivitätssteigerung	1,48	3. Wettbewerbsfähigkeit	6,00
4. Qualitatives Wachstum	5,40	4. Kosteneinsparungen	1,52	4. Qualität des Angebots	
5. Ansehen in der Öffentlichkeit	5,25	5. Mitarbeiterinnovation	1,56		5,89
6. Verbraucherversorgung	5,13	6. Image	1,57	5. Langfristige Gewinnerzielung	5,80
7. Deckungsbeitrag	5,09	7. Erschließung neuer Märkte	1,70	6. Gewinnerzielung insgesamt	5,74
8. Gewinn	5,02	8. *Umweltschutz*	*1,88*	7. Kosteneinsparungen	5,73
9. Soziale Verantwortung	4,96	9. Erhaltung von Arbeitsplätzen	1,93	8. Gesundes Liquiditätspolster	5,64
10. *Schonung natürlicher Ressourcen und umweltfreundliche*	*4,78*	10. Marktanteil	2,15	9. Kundenloyalität	5,64
				10. Kapazitätsauslastung	5,57
11. *Verbraucherversorgung mit besonders umweltfreundlichen Produkten*	*4,68*	11. Kooperation mit dem Handel	2,28	11. Rentabilität des Gesamtkapitals	5,56
12. Unabhängigkeit	4,68	12. Umsatz	2,50	12. Produktivitätssteigerungen	5,54
13. Umsatz	4,64	13. Kurzfristige Gewinnerzielung	3,09	13. Finanzielle Unabhängigkeit	5,54
14. Marktanteil	4,62			14. Mitarbeiterzufriedenheit	5,42
15. Quantitatives Wachstum	4,15			15. Umsatz	5,24
16. Macht und Einfluß auf den Markt	4,04			16. Erhaltung und Schaffung von Arbeitsplätzen	5,20
				17. Wachstum des Unternehmens	5,05
				18. Marktanteil	4,92
				19. *Umweltschutz*	*4,87*
				20. Soziale Verantwortung	4,86
				21. Ansehen in der Öffentlichkeit	4,61
				22. Kurzfristige Gewinnerzielung	4,48
				23. Macht und Einfluß auf den Markt	4,46
				24. Verbraucherversorgung	4,14
n = 53; Skala: 1 = wenig wichtig; 6 = äußerst wichtig		n = 197; Skala: 1 = sehr viel Wert; 6 = überhaupt keinen Wert		n = 144; Skala: 1 = gar keine Bedeutung; 7 = extrem hohe Bedeutung	

Quelle: Raffée, H., Förster, F., Fritz, W.: Umweltschutz im Zielsystem von Unternehmen.
In: Handbuch des Umweltmanagements. (Hrsg. von Steger, U.), München 1992,
S. 244.

Daß Umweltschutz als Unternehmensziel allgemein mit den anderen Einzelzielen, wie auch
Gewinnerzielung, zunehmend positiv korreliert, zeigen die 1994 vom Umweltbundesamt
Berlin veröffentlichten Untersuchungsergebnisse (siehe Abb. 4-3).

Abb. 4-2: Betrieblicher Umweltschutz in der unternehmerischen Zielhierarchie

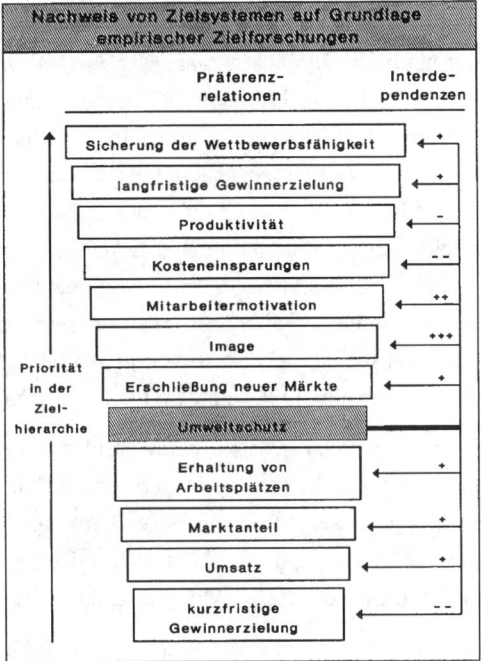

Quelle: Meffert. H., Kirchgeorg, M.: Marktorientiertes Umweltmanagement. Stuttgart 1993, S. 38

Abb. 4-3: Komplementäre Zielbeziehungen von „Umweltschutz" und anderen Unternehmenszielen

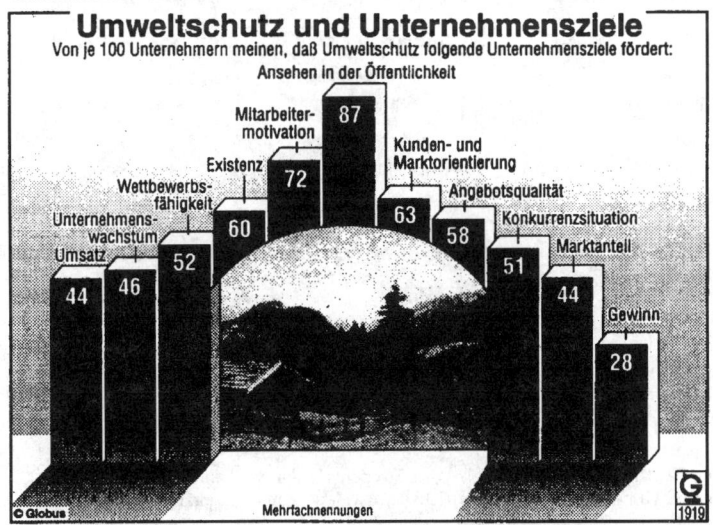

Quelle: UBA Berlin: Umweltschutz fördert Unternehmensziele. In: Umwelt und Energie. Heft 3 vom 16.6.1994, Freiburg im Breisgau 1994, S. 2/96

5 Spezifische Informationsinstrumente des ökologisch orientierten Rechnungswesens zur Umsetzung betrieblicher Umweltpolitiken

Die Unternehmenspolitik ist auf die *zielorientierte Steuerung betrieblicher Prozesse* gerichtet. Sie gliedert sich u.a. in eine Beschaffungs-, Produktions-, Absatz- und Investitionspolitik.[251] Eine *zielorientierte Steuerung* betrieblicher Prozesse im Hinblick auf deren Umweltwirkungen erfordert eine *betriebliche Umweltpolitik*.[252] Ansatzpunkte für ökologisch orientierte Maßnahmen ergeben sich nicht nur in den einzelnen Stufen der Leistungsrealisierung „Produktentwicklung", „Materialbeschaffung", „Produktion", „Marketing/Verkauf", „Logistik" und „Recycling/Entsorgung", sondern auch bei Management- und unterstützenden Tätigkeiten, die sich auf *alle* Leistungserstellungsstufen beziehen (z.B. „Führungssysteme und -instrumente", Kommunikation und Öffentlichkeitsarbeit", „Personal und Organisation" sowie „Anlagen und Infrastruktur"). Die betriebliche Umweltpolitik stellt damit eine Querschnittsmaterie dar.[253]

Im Rahmen einer Umweltpolitik werden generelle Umweltschutzziele festgelegt, die dann neben den anderen generellen Zielsetzungen Grundorientierungen für die strategische Richtung vermitteln und Aufgaben zur operativen Steuerung bzw. Lenkung[254] von Umweltschutzaktivitäten[255] ableiten lassen. Die Umweltpolitik als ein integraler Bestandteil der gesamten Unternehmenspolitik bestimmt so auch den Entwicklungspfad für das gesamte Unternehmen.

Jene grundsätzlichen Anforderungen oder Merkmale, wie sie in Abhängigkeit von der Managementebene allgemein für Informationen relevant sind, gelten auch für Umweltinformationen. Es kann also davon ausgegangen werden, daß mit der Rangfolge der Aufgaben- und Benutzerstellung, Aggregationsgrad und Aufbereitung der Umweltinformation steigen (Tab. 5-1).

Tab. 5-1:   Informationsspezifikation von Umweltinformationen

Umweltinformationsspezifika	Strategische Ebene	Operative Ebene
Quelle	eher extern	eher intern
Verdichtung	eher stark	eher schwach
Genauigkeit	eher gering	eher hoch
Aktualisierungstrend	eher Trends	eher aktuell
Formalisierung	eher gering	eher hoch

Quelle: nach Bleicher, K.: Das Konzept Integriertes Management. Frankfurt/M., New York 1992, S. 252f.

---

[251]   Vgl. Schweitzer, M.: Industrielle Fertigungswirtschaft. In: Industriebetriebslehre. (Hrsg. von Schweitzer, M.), München 1990, S. 569.

[252]   Zum Begriff der Umweltpolitik vgl. etwa Strebel, H.: Umwelt und Betriebswirtschaft..., S. 74; Ders.: Industrie und Umwelt. In: Industriebetriebslehre. (Hrsg. von Schweitzer, M.), München 1990, S. 712.

[253]   Vgl. Dyllick, Th.: Ökologisch bewußtes Management., S. 28ff.

[254]   In der Literatur werden die Begriffe „Steuerung" und „Lenkung" unterschiedlich verwendet. Hier soll „Steuerung" als Überbegriff für „Planung", „Lenkung" und „Kontrolle" verstanden werden.

[255]   Zum Begriff der Aktivitäten vgl. Bleicher, K.: Das Konzept Integriertes Management..., S. 97.

Damit Umweltschutzaktivitäten gesetzt werden können, sind dem Management entsprechende Informationen bereitzustellen. Dabei sind die Informationssysteme so zu gestalten, daß den einzelnen Mitgliedern des Managements die für die Erfüllung ihrer Aufgaben notwendigen Informationen im erforderlichen Genauigkeits- und Verdichtungsgrad am gewünschten Ort und zum richtigen Zeitpunkt zur Verfügung gestellt werden.[256]

Ökologische Informationen sind Informationen über die Wirkungen anthropogener Handlungen auf die natürliche Umwelt. Dazu gehören beispielsweise Ergebnisse naturwissenschaftlicher Studien zur Umweltgefährlichkeit einzelner Substanzen. *Ökologieorientierte Informationen* sind jenes instrumentelle Wissen, das zur Erarbeitung und Bewertung von Handlungs-alternativen im Umweltschutz erforderlich ist.[257] Ökologieorientierte Informationen beinhalten damit quantitative und qualitative Informationen in bezug auf

- betriebliche Umwelteinwirkungsmengen (Inputs, Outputs, Bestände),
- die gesellschaftliche Bewertung betrieblicher Umweltauswirkungen,
- die monetäre Bewertung betrieblicher Umweltauswirkungen,
- Kostenwirkungen einzelner Umweltschutzmaßnahmen,
- umweltrechtliche Regelungen und Normen,
- personal- und organisationsbezogene Maßnahmen,
- einsetzbare (beste) Umweltschutztechnologien,
- betriebliche Umweltschutzstatistiken und –kennzahlen,
- außerbetriebliche Finanzierungsprogramme im Umweltschutzbereich

um nur einige zu nennen. Bei betrieblichen Informationssystemen, die ökologische und ökologieorientierte Informationen erfassen, verarbeiten und bereitstellen, spricht man von betrieblichen Umweltinformationssystemen (BUIS).[258] Ein betriebliches Umweltinforma-tionssystem ist ein Subsystem des gesamten betrieblichen Informationssystems. Mittels BUIS werden Austauschbeziehungen zwischen Betrieb und natürlicher Umwelt sowie zwischen betrieblichen Subsystemen transparent gemacht. Informationsstrukturen und -abläufe eines BUIS werden durch die Art der Umweltstrategien und -programme, die umweltbezogene Organisationsstruktur und das Problemlösungsverhalten der Akteure geprägt.

Als Funktionen eines BUIS lassen sich interne und externe Funktionen unterscheiden: Dient es in seiner internen Funktion in einer ersten Stufe dem Aufdecken ökologischer Schwachstellen und leitet sich daraus die Notwendigkeit von Umweltschutzmaßnahmen ab, so müssen in einer zweiten Stufe entsprechende Entscheidungen auf fundierter betriebswirtschaftlich-ökono-mischer Basis getroffen werden. Das wichtigste Instrument zur Abbildung und Bewertung

---

256   Vgl. Witte, E.: Entscheidungsprozesse. In: Handwörterbuch der Organisation. (Hrsg. von Grochla, E.), Stuttgart 1969, Sp. 498ff.

257   Vgl. Senn, J.F.: Ökologie-orientierte Unternehmensführung. Frankfurt/Main 1986, S. 67 ff.

258   Zu BUIS siehe etwa Haasis, H. D., Hackenberg, D., Hillenbrand, R.: Betriebliche Umweltinformations-systeme. In: Information Management, Heft 4 (1989), S. 46ff.

betrieblicher Umweltwirkungen[259] ist die Ökobilanz. Auf der zweiten Stufe können dann Instrumente des Rechnungswesens bzw. deren ökologisch orientierte Ausgestaltung (Abb. 5-1) fundierte Aussagen aus betriebswirtschaftlicher Sicht zu treffen. In seiner externen Funktion dienen die im Rahmen des BUIS gewonnenen und bereitgestellten Informationen zur Befriedigung des Informationsbedarfs externer Anspruchsgruppen.

Allgemein gilt das betriebliche Rechnungswesen als zentraler Bestandteil des Informationssystems des Unternehmens.[260] Neben seiner Dokumentationsfunktion bildet das betriebliche Rechnungswesen eine wesentliche Grundlage für die Steuerung betrieblicher Planungs-, Entscheidungs- und Kontrollprozesse. Damit gerät die *Kostenrechnung* als Informationssystem zur Bereitstellung planungs-, entscheidungs- und kontrollrelevanter Daten ins Blickfeld.[261] Hierzu modellieren, erfassen, planen (Plankostenrechnung) und verteilen diese Rechnungssysteme Kosten und rechnen diese den Planungs-, Lenkungs- und Kontrollobjekten zu. Die genannten Rechnungssysteme sind auf einen kurzfristigen Zeitraum ausgerichtet, d.h. die Steuerung „erfolgt angesichts eines konstanten Bestandes von Potentialfaktoren".[262]

In bezug auf die Vermeidung oder Verringerung betrieblicher Umweltwirkungen ist eine ökologisch orientierte Kostenrechnung so auf- und auszubauen, daß mit ihrer Hilfe[263]

- die Planungsaufgaben zur Verminderung der Umweltwirkungen durch Umweltschutzmaßnahmen,
- die Lenkungsaufgaben zur Erreichung bzw. Durchsetzung der geplanten Umweltschutzaufgaben sowie
- die Kontrollaufgaben zur Überwachung der geplanten und realisierten Umweltschutzaufgaben

---

259 Statt von „Vermeidung oder Verringerung betrieblicher Umweltwirkungen" wird oft auch von „betrieblichen Umweltleistungen" gesprochen. Diese „positive" Formulierung drückt sich beispielsweise bei betrieblichen Umweltkennzahlen dadurch aus, daß von *Umweltleistungskennzahlen* die Rede ist. Diese ermöglichen die Beurteilung und Steuerung der betrieblichen Umweltwirkungen. Ausführlich hierzu bei Rauberger, R., Wagner, B.: Leitfaden betriebliche Umweltkennzahlen. (Hrsg. vom Bundesministerium für Umwelt, Naturschutz und Reaktorsicherheit und Umweltbundesamt), Bonn, Berlin 1997, S. 5ff.

260 Vgl. z.B. Männel, W.: Rechnungswesen. In: Handwörterbuch der Wirtschaftswissenschaften. (Hrsg. von Albers, W., u.a.), S. 466.

261 Die Kostenrechnung hat drei Aufgabengebiete zu erfüllen. Sie hat eine Planungs- und Entscheidungs-, eine Kontroll- und eine Dokumentationsfunktion (vgl. Döring, U.: Kostenrechnung und Steuern. In: Handwörterbuch der Betriebswirtschaft. (Hrsg. von Wittmann, W. u.a.), Teilbd. 2, Stuttgart 1993, Sp. 2341f.):
- Im Rahmen ihrer *Planungs- und Entscheidungsfunktion* liefert die Kostenrechnung Dispositionsgrundlagen. Die Kostenrechnung ist - im Gegensatz zur Investitionsrechnung - eine kurzfristige Rechnung zur Entscheidung über die Steuerung knapper Produktionsfaktoren (z.B. Eigenerstellung oder Fremdbezug, Wahl des optimalen Produktionsprogramms oder -verfahrens u.ä.).
- Im Rahmen ihrer *Kontrollfunktion* dient die Kostenrechnung hauptsächlich der Einhaltung des Wirtschaftlichkeitsprinzips. So wird im Rahmen des Soll-Ist-Vergleichs die ökonomische Effizienz des Faktoreinsatzes überwacht.
- Im Rahmen der *Dokumentations- und Publikationsfunktion* hat die Kostenrechnung die Aufgabe, Daten für die Handels- und Steuerbilanz (Herstellungskosten) sowie für externe Zwecke zu liefern.

262 Keilus, S.: Produktions- und kostentheoretische Grundlagen einer Umweltplankostenrechnung. Diss., Köln 1993, S. 7.

263 Ausführlich dazu bei Kloock, J.: Neuere Entwicklungen betrieblicher Umweltkostenrechnungen. In: Betriebswirtschaft und Umweltschutz. (Hrsg. von Wagner, G.R.), Stuttgart 1993, S. 190.

gelöst werden können. Das Ausmaß, in dem die Lösung solcher Umweltschutzaufgaben angestrebt wird, hängt vom Stellenwert des betrieblichen Umweltschutzes, konkret vom Reifegrad
der betrieblichen Umweltpolitik bzw. dem eingeschlagenen Entwicklungspfad ab.

Abb. 5-1: Ökobilanzen und Elemente eines ökologisch orientierten Rechnungswesens als
Bausteine eines Betrieblichen Umweltinformationssystems (BUIS)

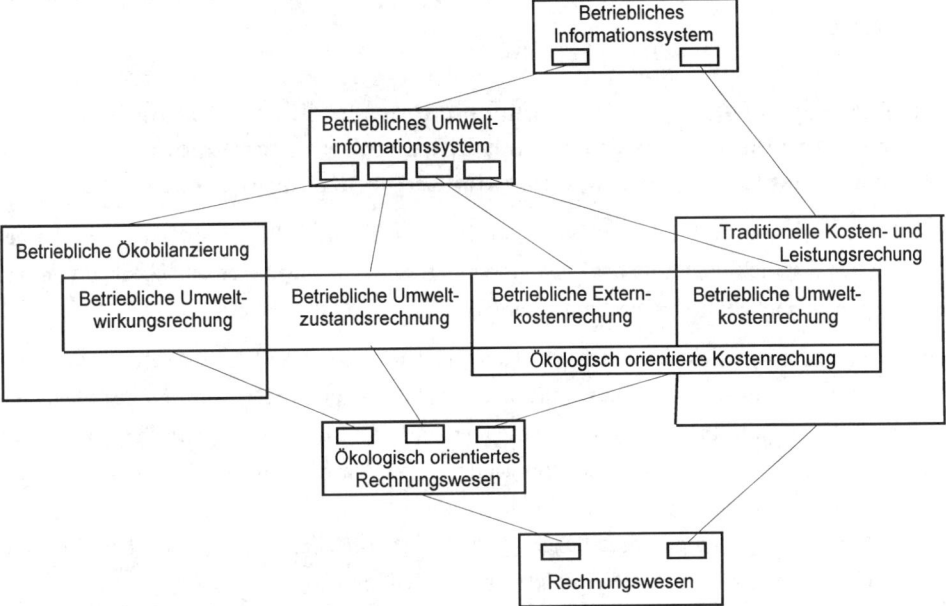

Quelle: eigene

Zur Umsetzung der jeweiligen betrieblichen Umweltpolitik werden an das ökologisch
orientierte Rechnungswesen unterschiedliche Anforderungen gestellt (Abb. 5-1):

- Die traditionelle Kostenrechnung erfaßt und verrechnet Kosten nur, soweit diese für das
  Unternehmen finanzwirksam werden bzw. geworden sind.[264] Bei der betrieblichen Umweltkostenrechnung handelt es sich (nur) um eine umweltbezogene Adaption der Kostenrechnung. Umweltrelevante Daten der traditionellen Kosten- und Leistungsrechnung
  werden unter Zuhilfenahme ökologieorientierter Informationen herausgefiltert und neu
  zugeordnet.

- Falls Umweltschutzziele integraler Bestandteil unternehmerischer Zielsetzungen sind,
  erfordert dies die vollständige und systematische Integration der betrieblichen Umweltschutzmaßnahmen und Umweltwirkungen in das betriebliche Rechnungswesen (Rechnungs-

264 Vgl. Fleischmann, E., Paudtke, H.: Rechnungswesen: Kosten des Umweltschutzes. In: Handbuch des
Umweltschutzes (Teil M, III-7, hrsg. von Heigl, A., Schäfer, K., Vogel, J.), Betriebswirtschaftliches
Umweltschutzmanagement, Landsberg am Lech 1977, S. 2ff.

wesen als Führungsinstrument).[265] In dieser Form soll ein ökologisch orientiertes Rechnungswesen auch den unternehmerischen Beitrag zur Nutzenstiftung in der Gesellschaft abbilden und ausweisen. In solchen Fällen ist die betriebliche Umweltkostenrechnung von einer betrieblichen Externkostenrechnung als ökologisch erweiterte Kostenrechnung zu ergänzen. Als weitere Ausbaustufen des ökologisch orientierten Rechnungswesens sind dann die betriebliche Umweltwirkungsrechnung und die betriebliche Umweltzustandsrechnung zu nennen.

5.1 Die Typisierung der betrieblichen Umweltpolitiken als Ausgangspunkt für die Zuordnung spezifischer Informationsinstrumente der ökologisch orientierten Kostenrechnung

Die Typisierung der betrieblichen Umweltpolitiken ist hier deshalb von Interesse, da Ausgestaltung und Entwicklungsstufe des umweltorientierten Rechnungswesens maßgeblich von den umweltpolitischen Missionen bestimmt werden.

Unter dem Focus der Zielorientierung beinhaltet die Umweltpolitik:

- die Einordnung umweltschutzbezogener Ziele ins betriebliche Zielsystem auf der Ebene der Unternehmenspolitik, d.h. es wird Orientierungshilfe für unternehmerische Aktivitäten gegeben bei der Frage nach der Priorisierung von Umweltschutzzielen und anderen - insbesondere ökonomischen - Zielen,
- die Konzipierung des grundsätzlichen Verhaltens hinsichtlich des betrieblichen Umweltschutzes (aktives oder passives Umweltschutzverhalten),

sowie bei einer *weiteren Auslegung* des Begriffes Umweltpolitik: [266]
- die Koordination und Durchführung der entsprechenden Umweltschutzmaßnahmen.

Im Unternehmensleitbild - als abstrakteste, vom Unternehmen selbst schriftlich fixierten Ebene unternehmerscher Grundsätze, Ziele und Verhaltensweisen - kommt auch die umweltpolitische Orientierung des Unternehmens zum Ausdruck. Ansätze zur Konkurrenz oder Harmonie von Umweltschutzzielsetzungen mit anderen Zielsetzungen (etwa in bezug auf Qualität, Sicherheit, Kosten, Technologie, Innovations-, Kooperations- und Kommunikationsbereitschaft, gesellschaftliche und soziale Verantwortung) lassen sich bereits hier durch Analyse der formulierten Schwerpunktsetzungen erkennen.

Ausgehend von dieser generellen Einordnung der Umweltschutzziele in das betriebliche Zielsystem haben dann die Entscheidungsträger auf der strategischen und operativen Ebene Struktur-, Aktivitäten- und Verhaltensziele zu formulieren, auf deren Grundlage alle jene

---

[265]   Vgl. Freimann, J.: Plädoyer für die Normierung von betrieblichen Öko-Bilanzen. In: Ökologische Herausforderung der Betriebswirtschaftslehre. (Hrsg. von Freimann, J.), Wiesbaden 1990, S. 177.

[266]   Strebel bezeichnet auch das Ergreifen von Umweltschutzmaßnahmen als Umweltpolitik. Vgl. zur allgemeinen Charakteristik betriebswirtschaftlicher Umweltpolitik Strebel, H.: Umwelt und Betriebswirtschaft..., S. 74.

Umweltschutzmaßnahmen zu planen, umzusetzen und zu kontrollieren sind, die zur Erreichung dieser Ziele notwendig sind. Hilfestellung bei der Zielformulierung geben die umweltpolitischen Missionen, die sich als Aufgaben im strategischen und operativen Umweltmanagement konkretisieren.

Abb. 5-2: Zusammenhang zwischen ökonomisch-ökologischer Zielausrichtung, Zielausrichtung auf Anspruchsgruppen und Entwicklungsorientierung und den Grundorientierungen für die Zielverwirklichung (Umweltpolitiktypen)

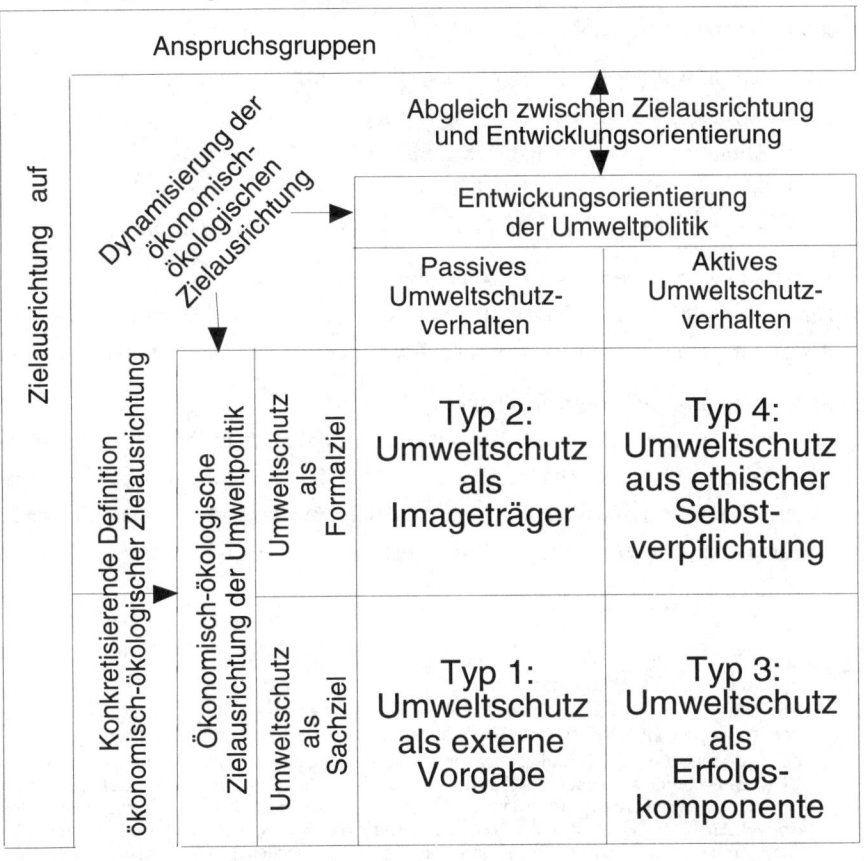

Quelle: eigene

Mehrere zusammengehörige Umweltschutzaktivitäten(bündel) werden - mit deren Zielen und Fristen - als (operatives) Umweltprogramm[267] oder - unter strategischen Gesichtspunkten - als

---

[267] Nach der Verordnung (EWG) Nr. 1836/93 des Rates vom 29. Juni 1993 über die freiwillige Beteiligung gewerblicher Unternehmen an einem Gemeinschaftssystem für das Umweltmanagement und die Umweltbetriebsprüfung, Artikel 2 Punkt c) ist ein „Umweltprogramm" eine „Beschreibung der konkreten Ziele und Tätigkeiten des Unternehmens, die einen größeren Schutz der Umwelt an einem bestimmten Standort gewährleisten sollen, einschließlich einer Beschreibung der zur Erreichung dieser Ziele getroffenen oder in Betracht gezogenen Maßnahmen und der gegebenenfalls festgelegten Fristen für die Durchführung dieser Maßnahmen".

Umweltschutzkonzept[268] oder Umweltschutzstrategie[269] bezeichnet. Umweltschutzaktivitäten sind immer auch Ausdruck eines aktiven oder passiven Umweltschutzverhaltens.[270]

Die im folgenden dargestellte Systematik für die Typisierung der Umweltpolitiken basiert zunächst auf der Gegenüberstellung [271] der *ökonomisch-ökologischen Zielausrichtung* und der *Entwicklungsorientierung* der Umweltpolitik. Um in weiterer Folge die ökonomisch-ökologische Zielausrichtung zu konkretisieren, wird die *Zielausrichtung auf Anspruchsgruppen* hinzugefügt. Damit werden zur Systematisierung der Umweltpoliktypen insgesamt drei Bestimmungsmerkmale herangezogen (Abb. 5-2):

1) *Ökonomisch-ökologische Zielausrichtung*[272] - *Stellung des Umweltschutzes im Zielsystem:*
   a) Darstellung der horizontalen Zielbeziehung zwischen den Zielen „Umweltschutz" und „Gewinn"[273] (Zielniveau und Höhenpräferenz des Gewinnziels).
   b) Darstellung der vertikalen Zielbeziehung zwischen „Umweltschutz" und „Gewinn" (Zweck-Mittel-Beziehung der Ziele „Umweltschutz" und „Gewinn").

2) *Entwicklungsorientierung* der Umweltpoltik:
   Darstellung der Risiko/Chancen-Perspektive, die dem betrieblichen Umweltschutz bei dessen Integration beigemessen wird (aktives oder passives Umweltschutzverhalten).

3) *Zielausrichtung auf Anspruchsgruppen:*
   a) Darstellung der angestrebten Kommunikationsprozesse im betrieblichen Umweltschutz (Art der gesellschaftlichen Induzierung - Monologische versus dialogische Orientierung).
   b) Darstellung von Inhalt und Höhe der Umweltschutzziele, die mit den Anspruchsgruppen kommuniziert werden (Ausmaß der gesellschaftlichen Induzierung - Niveau des angestrebten Umweltschutzes).

---

[268] Vgl. Roth, U.: Umweltkostenrechnung..., S. 44ff.
[269] Vgl. Wicke, L.: Umweltschutz zahlt sich aus. In: Umwelt und Energie. Handbuch für die betriebliche Praxis. Gruppe 12 (Betriebswirtschaft/Volkswirtschaft), Freiburg im Breisgau 1988, S. 269ff.
[270] Zur Unterscheidung der Grundhaltungstypen „aktiv" und „passiv" vgl. Wicke, L.: Plädoyer für ein offensives Umweltmanagement. In: Chancen der Betriebe durch Umweltschutz. (Hrsg. von Pieroth, E., Wicke, L.), Freiburg im Breisgau 1988, S. 13ff.; Schmidt, R.-B.: Unternehmensphilosophie und Umweltschutz. In: Umwelt und Ökonomie. (Hrsg. von Seidel, L., Strebel, H.), Wiesbaden 1991, S. 185ff.; Wicke, L. u.a.: Betriebliche Umweltökonomie. München 1992, S. 41ff., S. 597ff. und S. 640ff. Steger verwendet die Kategorien „risikoorientiert, chancenorientiert und innovationsorientiert" (vgl. Steger, U.: Umwelt-management... 1993, S. 206ff.). Bei den von Meffert und Kirchgeorg in Anlehnung an Stitzel (Stitzel, M.: Das Verhalten der Unternehmer gegenüber gesellschaftspolitischen Wandel. München 1976, S. 105ff.) verwendeten Basisstrategien „Widerstand, Passivität, Rückzug, Anpassung und Innovation" lassen sich die ersten vier unter einer defensiven Grundhaltung subsumieren. Und die Innovationsstrategie ist weitgehend deckungsgleich mit einer offensiven Strategie (siehe Meffert, H., Kirchgeorg, M.: Markt-orientiertes Umweltmanagement...1993, S. 146ff. und S. 153).
[271] Siehe dazu auch Frese, E., Kloock, J.: Internes Rechnungswesen und Organisation aus der Sicht des Umweltschutzes. In: Betriebswirtschaftliche Forschung und Praxis, 41. Jg. (1989), S. 7.
[272] Zur Typologie betrieblicher Umweltpolitik hinsichtlich der ökonomisch-ökologischen Zielausrichtung vgl. auch Frese, E., Kloock, J.: Internes Rechnungswesen und Organisation..., S. 1ff.; Kloock, J.: Betriebliche Abwasserwirtschaft. In: Das Wirtschaftsstudium, 19. Jg. (1990), S. 108.
[273] Die Erzielung von Gewinn - oder allgemeiner formuliert: Erfolg - wird deshalb als Vergleichsziel herangezogen, da es in der betrieblichen Praxis innerhalb des Zielsystems zur langfristigen Sicherung des Unternehmensbestandes höchste Priorität genießt.

Die drei Bestimmungsmerkmale für die Beschreibung der Umweltpolitiktypen werden anschließend durch die Formulierung umweltpolitischer Missionen ergänzt:

4) *Umweltpolitische Missionen (Forderungen) zur Ausgestaltung spezifischer Informations-instrumente des umweltorientierten Rechnungswesens:*
Aus einer Vielzahl politikspezifischer Forderungen werden jene herausgegriffen, die für die Ausgestaltung von Umwelt(kosten)rechnungen oder anderer Konzepte zur Bewertung betrieblicher Umweltschutzmaßnahmen und Umweltwirkungen bedeutend sind.

5.1.1 Umweltschutz als externe Vorgabe (Typ 1)

Im Rahmen eines passiven Umweltschutzverhaltens und vor dem Hintergrund eines Zielsystems,[274]

- das vom Gewinn (Erfolg) als oberstes Formalziel dominiert wird,
- in dem das Umweltschutzziel als externe Zielsetzung einbezogen ist und
- in dem Gewinn- und Umweltschutzstreben (operativ) in Zielkonkurrenz stehen

führen Umweltschutzmaßnahmen aufgrund von Umweltschutzzielen zu höheren Kosten und Erlösminderungen, also Gewinneinbußen, zur Verringerung des Marktanteils, zur Schwächung des Wettbewerbs u.s.w.[275] Umweltschutzmaßnahmen werden nur im unvermeidlichem von Gesetzgeber, Behörde und Kunden vorgegebenem Mindestmaß durchgeführt und haben damit defensiven bzw. reaktiven Charakter (passives Umweltschutzverhalten). Das Ziel „Umwelt-schutz" steht nach diesem „defensiven" Konzept generell mit dem höherrangigen Gewinnziel in Konkurrenz. Aufgrund der defensiven Haltung werden externe Vorgaben etwa in Form von Emissionsgrenzwerten primär additiv umgesetzt („end-of-pipe technologies").

Die Unternehmensführung kommuniziert zu den Fragen des Umweltschutzes nicht aktiv nach außen, sondern setzt ihre Umweltschutzaktivitäten im Sinne einer von außen vorgegebenen monologischen Verantwortung. Umweltschutz ist damit lediglich als extern vorgegebene Restriktion des Gewinnstrebens (= extern vorgegebenen Sachziel) einzustufen.[276]

Eine umweltpolitische Mission dieses Typs ist es, kostengünstige Lösungen für die bevor-zugten additiven Maßnahmen zu finden. Dazu bedarf es einer spezifischen Erfassung, Verrech-nung und dem gesonderten Ausweis der betrieblichen internen Umweltschutzkosten durch eine entsprechend differenzierte Kosten- und Leistungsrechnung. Schließlich benötigt auch eine Unternehmensführung mit defensiver Haltung im betrieblichen Umweltschutz für ihre Planungs-, Entscheidungs- und Kontrollaufgaben entsprechende Kosteninformationen. Als ein

---

[274] Vgl. Strebel, H.: Umwelt und Betriebswirtschaft..., S. 49f.
[275] Strebel weist auf die Parallele zu Unternehmern des 19. Jahrhunderts hin, die aufgrund des Wettbe-werbsdrucks glaubten, nicht auf Kinderarbeit verzichten zu können (vgl. ebd., S. 49).
[276] Näher hierzu bei Frese, E., Kloock, J.: Internes Rechnungswesen und Organisation aus der Sicht ..., S. 6.

hierfür geeignetes Informationsinstrument kann etwa die umweltschutzzielorientierte Kostenrechnung als Form der betrieblichen Umweltkostenrechnung genannt werden.

5.1.2 Umweltschutz als Imageträger (Typ 2)

Im Rahmen eines passiven Umweltschutzverhaltens und vor dem Hintergrund eines Zielsystems,

- das vom Gewinn (Erfolg) als oberstes Formalziel dominiert wird,
- in dem das Umweltschutzziel als externe Zielsetzung einbezogen ist und
- in dem Gewinn- und Umweltschutzstreben (operativ) in Zielkonkurrenz stehen

ist vom Typ 1 die nicht selten anzutreffende Situation zu unterscheiden, daß die Unternehmensführung den Umweltschutz gegenüber der Öffentlichkeit als Leitlinie des betrieblichen Handelns (autonomes Formalziel) herausstellt, jedoch Umweltschutzmaßnahmen nur im unvermeidlichem Mindestmaß als aktuelle Reaktion auf externe Vorgaben durchführt.[277]

Ökologieorientierte Aktivitäten werden nur dann verfolgt, wenn sie eine möglichst hohe Sichtbarkeit und Vorzeigbarkeit aufweisen. Dies wird dann der Fall sein, wenn beispielsweise nur die Qualität der Geschäftspapiere auf Recycling- oder Umweltschutzpapier umgestellt wird oder wenn z.B. in der Werbung ökologieorientierte Argumente nur vordergründig, d.h. ohne entsprechende Problemlösungskompetenz, aufgegriffen werden. Ohne eine ganzheitliche Ausrichtung orientiert sich das Management nur am Imagevorteil des Umweltschutzes.[278] Umweltschutz stellt hier ein nach außen vorgetäuschtes Formalziel dar.[279]

Eine umweltpolitische Mission dieses Typs ist das vordergründige Herausstellen (vermeintlicher) Umweltschutzaktivitäten bei gleichzeitigem Bemühen die Kosten der von außen auferlegten (additiven) Umweltschutzmaßnahmen analog zu Typ 1 zu minimieren. Auch hier kann die umweltschutzzielorientierte Kostenrechnung als Form der betrieblichen Umweltkostenrechnung zweckmäßig eingesetzt werden.

---

[277] Bei Kloock: „Umweltschutz als Public-Relations-Objekt" (vgl. Kloock, J.: Betriebliche Abwasserwirtschaft. In: Das Wirtschaftsstudium, 19. Jg. (1990), S. 108).

[278] Im Rahmen des ökologieorientierten Marketings wird hier von einem *Pseudo-Öko-Marketing* gesprochen. Davon zu unterscheiden ist ein *verkürztes Öko-Marketing*, bei dem nur umweltorientierte Teillösungen angestrebt werden (z. B. Reduktion der Umweltweltwirkungen lediglich durch alternative Entsorgung von Produktionsabfällen, nicht aber in anderen Bereichen der Produktion oder in den anderen Produktlebenszyklusphasen).

[279] Strebel spricht vom „Eindruck, daß die *sozialverantwortliche Konzeption* lediglich vorgegeben wird, nämlich um das Gewinnstreben hinter nebulösen Formulierungen zu verbergen (kursiv im Original unter Anführungszeichen)" (Strebel, H.: Umwelt und Betriebswirtschaft..., S. 51.).

5.1.3 Umweltschutz als Erfolgskomponente (Typ 3)

Im Rahmen eines aktiven Umweltschutzverhaltens und vor dem Hintergrund eines Zielsystems,

- das vom Erfolg (langfristige Gewinnerzielung) als oberstes Formalziel dominiert wird,
- in dem das Umweltschutzziel als heteronome Zielsetzung einbezogen ist und
- in dem Erfolgs- und Umweltschutzstreben nicht als grundsätzlich konkurrierende Zielsetzungen aufgefaßt werden

wird Umweltschutz als Möglichkeit wahrgenommen, Veränderungen betrieblicher Prozesse und Produkt(nutzen)änderungen im Sinne ökologischer Verbesserungen mit wirtschaftlichen Verbesserungen zu koppeln. Externe Umweltvorgaben erscheinen oft - vordergründig betrachtet - als reiner Kostenfaktor oder als Risikopotential. Tatsächlich hängen aber die erarbeiteten Lösungsansätze maßgeblich von der Perspektive ab, die bei der Suche nach den Lösungsmöglichkeiten gewählt wurde.

In diesem Sinne sind in Tab. 5-2 jene vier Möglichkeiten der umweltpolitischen Zielausrichtung dargestellt, wie sie sich unter den Perspektiven der Gefahrenabwehr und der Chancen für das Unternehmen in bezug auf operative und strategische Aspekte ergeben. Die Unterscheidung in die beiden letztgenannten Aspekte drückt zugleich die Möglichkeit und Bereitschaft des Umweltmanagements aus, Umweltschutz als strategisches Potential in die Unternehmungspolitik einzubeziehen und/oder ihn (nur) als Produktivitätsfaktor bei der Umsetzung der Unternehmungspolitik zu begreifen.

Tab. 5-2: Zielausrichtungen bei „Umweltschutz als Erfolgskomponente"
(UWS = betrieblicher Umweltschutz)

	(1) Perspektive der Gefahrenabwehr im UWS	(2) Chancen-perspektive im UWS
UWS als (operativer) Produktivitätsfaktor in der Unternehmungspolitik	(1a) UWS als Kosten-einsparungsfaktor	(2a) UWS als Ertragsfaktor
UWS als (strategisches) Potential in der Unternehmungspolitik	(1b) UWS als Risiko-verminderungspotential	(2b) UWS als Differenzierungspotential

Quelle: eigene

5.1.3.1 Zur Perspektive der Gefahrenabwehr bei „Umweltschutz als Erfolgskomponente"

Im traditionellen Rechnungswesen können stoff- und energieflußinduzierte Einsparungs-möglichkeiten nur bedingt aufgezeigt werden. Punktuelle Analysen betrieblich eingesetzter Stoffe und Energieträger ergeben oft nur (kurzfristige) Einsparungsmöglichkeiten etwa bei Entsorgungskosten. Umfassende Stoff- und Energieflußanalysen entlang der gesamten betrieb-lichen Wertschöpfungskette können auch Kosteneinsparungsmöglichkeiten durch effizientere Nutzung bis in den Bereich der Rohstoffkosten aufdecken.

Damit wird „Umweltschutz als Kosteneinsparungsfaktor" (Zielausrichtung (1a) in Tab. 5-2) angesprochen: Diese Zielausrichtung ist dann gegeben, wenn die sachzielbezogene Vermin-derung betrieblicher Umweltwirkungen durch den Einsatz kosteneffizienterer Technologien angestrebt wird. Dazu wird in der Literatur auch vertreten, daß es problematisch sei überhaupt von Kosteneinsparungen durch Umweltschutz zu sprechen, da Kostenminimierung ja ureigenstes Anliegen einer erfolgsorientierten Unternehmungsführung ist und daher im betrieblichen Umweltschutz zwar ein auslösendes Element für Kosteneinsparungen gesehen werden kann, nicht jedoch das eigentliche Ziel.[280] Dem ist entgegenzuhalten, daß es keinen grundsätzlichen Konflikt zwischen ökologischen und ökonomischen Zielsetzungen gibt. Daher sind alle Maßnahmen mit denen eine Verminderung von Umweltwirkungen *sachzielbezogenen* angestrebt wird als Umweltschutzmaßnahmen zu identifizieren und hieraus resultierende Kosten und Betriebserlöse als umweltbezogene anzuerkennen. Und zwar unabhängig davon, ob diese Maßnahmen ausschließlich auf die Erfüllung ökologischer Ziele gerichtet sind oder *zugleich* auf die Erfüllung ökologischer Ziele.[281]

Mit einem strategischen Stellenwert des Umweltschutzes ist nun jene Zielausrichtung ange-sprochen, die „Umweltschutz als Risikoverminderungspotential" (Zielausrichtung (1b) in Tab. 5-2) versteht, d.h. an der Verringerung oder Begrenzung zukünftige Umweltschutzkosten ansetzt.[282] Idealerweise führt eine solche Antizipation zukünftiger externer Zielerwartungen zur Vermeidung oder Verminderung von Emissionen und Abfällen an der Quelle (Anwendung von „clean technologies").[283] In der Gegenwart gesetzte Umweltschutzmaßnahmen werden hierbei als rational gesetzte Maßnahmen betrachtet, wenn sie aufgrund erkennbarer Entwick-lungen des Umweltrechts, behördlicher Auflagen, gesellschaftlicher Anforderungen, aufgrund

---

280 Vgl. dazu Schreiner, M.: Umweltmanagement in 22 Lektionen..., S. 266.
281 Vgl. hierzu auch Kloock, J.: Neuere Entwicklungen betrieblicher Umweltkostenrechnungen..., S. 185
282 Vgl. Roth, U.: Umweltkostenrechnung..., S. 41f. Vgl. Müllendorff, R.: Umweltbezogene Unternehmens-entscheidungen unter besonderer Berücksichtigung der Betriebswirtschaft..., S. 192f.
283 In diesem Sinne ist z.B. auch der Artikel 3 der EG-Öko-Audit-Verordnung (Verordnung (EWG) Nr. 1836/93 vom 29. Juni 1993) zu interpretieren, nach der Unternehmen, die sich am Gemeinschaftssystem beteiligen, verpflichtet sind, die Verbesserung ihres betrieblichen Umweltschutzes mit der „wirtschaftlich vertretbaren Anwendung der besten verfügbaren Technik" zu gewährleisten.

veränderter Kundenanforderungen oder Wettbewerbsbedingungen „früher oder später" ohnehin durchzuführen sind. Später allerdings mit höheren Kosten.[284]

Damit sinnvoll über aktive Strategien der Risikobewältigung[285] gesprochen werden kann, muß von der Unternehmensleitung ein Sicherheitsniveau vorgegeben werden, wobei die bloße Einhaltung bestehender gesetzlicher Vorschriften bei höherer Risikoexponierung sicherlich nicht ausreicht, um langfristig die Existenz des Unternehmens zu sichern.[286] Andererseits kann ein zu hohes Sicherheitsniveau auch davon abhalten, Chancen für das Unternehmen im Außenverhältnis wahrzunehmen.

5.1.3.2 Zur Chancenperspektive bei „Umweltschutz als Erfolgskomponente"

Unter marktstrategischen Gesichtspunkten geht es bei „Umweltschutz als Differenzierungs-potential" (Zielausrichtung (2 b) in Tab. 5-2) vorrangig um das frühzeitige Nutzen der Marktchancen mit Produkten, die gegenüber den bisherigen Erzeugnissen relativ umweltverträglicher sind. Gerade in gesättigten Märkten, in denen sich die Produkte zunehmend angleichen, erweist sich die ökologische Differenzierung als nutzbringend. Zugleich sind preispolitische Entscheidungen für umweltverträglichere Produktinnovationen und -variationen zu treffen, auch im Zusammenhang mit konventionellen Produktvarianten derselben Produktlinie, die hinsichtlich Preise und/oder Kosten miteinander verbunden sind. Der Zeitfaktor spielt dabei insofern eine wichtige Rolle, da unter den heutigen Marktbedingungen nur mehr der Innovator selbst mit maßgeblichen Gewinnen rechnen kann.

Unter operativen Gesichtspunkten kommt „Umweltschutz als Ertragsfaktor" (Zielausrichtung (2a) in Tab. 5-2) zum Tragen bei Preiskorrekturen, die durch Nachfrage- und Kostenänderung bzw. durch den Wettbewerb initiiert sind.

Zusammenfassend kann gesagt werden, daß Umweltschutzmaßnahmen im Rahmen einer strategischen Orientierung nicht mehr als aktuelle Reaktion auf externe Ziele - so wie bei Typ 1 oder Typ 2 - anzusehen sind, sondern auf eigenständigen Zielsetzungen basierende Maßnahmen darstellen, um zukünftige externe Zielerwartungen zu antizipieren (aktives Umweltschutzverhalten). Hierzu muß sich die Unternehmensführung des Dialogs mit Anspruchsgruppen bedienen (Diskursorientierung). Empirische Zielforschungen[287] belegen, daß Umweltschutzziele in diesem Fall *keine autonomen Formalziele* sind, sie haben vielmehr in bezug auf ökonomische Oberziele Mittelcharakter und stehen - da aktives Umweltschutzverhalten vor-

---

[284] Vgl. Ullmann, A.: Unternehmenspolitik in der Umweltkrise. Bern, Frankfurt a. M., München 1976, S. 186.

[285] Zur Anwendbarkeit der Risiko-Bewältigungsstrategien: „Vermeiden", „Vermindern", „Überwälzen", „Versichern" und „Selber tragen" im Umweltbereich siehe näher bei Steger, U.: Umweltmanagement...1993, S. 261ff.

[286] Ausführlich dazu Steger, U.: Umweltmanagement...1993, S. 211f.

[287] Vgl. Meffert, H., Kirchgeorg, M.: Marktorientiertes Umweltmanagement...1992, S. 39.

liegt - mit dem höherrangigen Gewinnziel in einer komplementären Zielbeziehung. Umwelt-schutz wird so nicht als wirksame Restriktion des Gewinnstrebens hingenommen, sondern dient letztlich als *autonomes Sachziel* zur vorsorglichen Abwehr ökonomischer Risiken sowie zum Aufbau und zur Nutzung ökonomischer Erfolgspotentiale.[288]

5.1.3.3 Zu Missionen und spezifischen Informationsinstrumenten des Umweltpolitiktyps „Umweltschutz als Erfolgskomponente"

Erhält Umweltschutz durch aktives Verhalten einen strategischen Stellenwert in der Unter-nehmungspolitik, so können im Sinne der obigen Darstellung zwei Missionsarten unter-schieden werden:

a)   Mission an das Umweltmanagement in bezug auf die unternehmerischen Gefahren: *Autonome Umweltschutzsachziele bzw. ökologieorientierte Standards*[289] *zur Verringerung bzw. Begrenzung von Risikopotentialen* sind festzulegen, d.h. erkennbare bzw. von außen geforderte Umweltvorgaben sind nicht hinzunehmen, sondern es ist gesamthaft im Sinne eines „Business Reengineering" nach effizienten, kostengünstigen Lösungen zu suchen. Lösungen, die - aus technologischer Sichtweise - über isolierte, oft rein addivte Maßnahmen hinausgehen („clean technologies") und im Ergebnis die oben genannten Standards repräsentieren.[290]

b)   Mission an das Umweltmanagement in bezug auf die unternehmerischen Chancen: *Autonome Umweltschutzsachziele bzw. ökologieorientierte Standards zum Aufbau öko-nomisch-strategischer Erfolgspotentiale* sind zu entwickeln. Im Mittelpunkt dieser Tätigkeit stehen innovative Aspekte, d.h. auf dem Markt ökologisch innovativ zu sein. Einen beson-deren Stellenwert nehmen dabei die ökologische Kommunikation und deren Glaubwürdigkeit in der Öffentlichkeit ein. So hängt etwa der Erfolg oder Mißerfolg von ökologischen Differen-

---

[288]   Diese Position von Umweltschutz als ein den ökonomischen Zielen untergeordnetes Sachziel dieses Umweltpolitiktyps vertreten auch Meffert und Kirchgeorg: „Angesichts des verschärften Wettbewerbs ist das aus den Legitimätszielen der Unternehmung abzuleitende Ausmaß des ökologieorientierten Unter-nehmensverhaltens allerdings kaum als eine altruistische Erfüllung gesellschaftlicher Ansprüche zu begreifen ..." (Meffert, H., Kirchgeorg, M.: Marktorientiertes Umweltmanagement...1993, S. 17) bzw. „Die notwendige Sicherung eines Mindestgewinns und die Erhaltung der Wettbewerbsfähigkeit bilden Restriktionen einer freiwilligen Integration ökologischer Kosten, sofern es Unternehmen nicht gelingt, den Umweltschutz als Instrument zur wettbewerbsbezogenen Profilierung und als Wertschöpfungskomponente einzusetzen" (ebd. S. 17). Zu kritisieren ist, daß Meffert/Kirchgeorg an anderer Stelle *Umweltschutz als Formalziel* (siehe Typ 4, Kapitel 5.1.4) überhaupt *negieren*: „... auch wenn das Umweltschutzziel kein autonomes Ziel, sondern ein Sachziel zur Sicherung der ökonomischen Zielsetzungen darstellt" (ebd. S. 39). Analog Hallay, der Umweltschutz den „betriebswirtschaftlichen Normen von Existenz- und Rentabilitätssicherung" unterordnen will (vgl. Hallay, H.: Die Ökobilanz. Ein betriebliches Infor-mationssystem. (Schriftenreihe des Institutes für ökologische Wirtschaftsforschung, Nr. 27/89), Berlin 1989, S. 3). Diese „Herabstufung" der Interessen zahlreicher gesellschaftlicher Anspruchsgruppen erscheint unter den unternehmensethischen Implikationen des Umweltschutzes nicht angemessen.

[289]   Dazu näher bei Seidel, A.: Ökologieorientiertes Controlling - Bezugsrahmen, Aktivitäten und Fallstudien zur Umsetzung einer Ökologieorientierung im Management. Sozial- und wirtschaftswissenschaftliche Dissertation, Linz 1993, S. 157ff.

[290]   Damit wird auch der Unterschied zum Umweltpolitiktyp 1 deutlich, bei dem externe Umweltvorgaben als solche akzeptiert werden. Kostengünstige Lösungen im Rahmen des defensiven Umweltverhaltens beschränken sich oft auf rein additive Maßnahmen.

zierungsstrategien in hohem Maße davon ab.

Während die Aufgaben im rein ökonomischen Bereich durch die Anwendung (adaptierter) Instrumente des Rechnungswesens unterstützt werden können, sind die im stofflich-energetischen Bereich liegenden Aufgaben des Umweltmanagements durch die systematische Anwendung von Stoff- und Energieflußanalysen und entsprechend angeschlossenen Kostenrechnungssysteme zu unterstützen. Für Aufgabenlösungen in der Schnittmenge zwischen den ökonomischen und den stofflich-energetischen Bereichen sind neue Instrumente des ökologisch orientierten Rechnungswesens zu entwickeln und anzuwenden.

Überwiegen Maßnahmen des integrierten Umweltschutzes, wie dies ja beim gegenständlichen Umweltpolitiktypus postuliert werden kann, so ist es wegen der Schwierigkeit Kosten integrierter Umweltschutzmaßnahmen bei umweltschutzzielorientierten Kostenrechnungs- systemen überhaupt zuzurechnen zweckmäßig ein *stoff- und energieflußorientiertes Kosten- rechnungssystem*[291] zumindest in jenen Bereichen des Unternehmens einzuführen, die hohe stoff- und Energiedurchsätze aufweisen bzw. primär integrierten Umweltschutz betreiben.

Zu den neueren Instrumenten, die im Rahmen der Umsetzung dieser Umweltpolitik zweck- mäßig eingesetzt werden können, gehören Ansätze einer *betrieblichen Externkostenrech- nung.*[292]

Während die betriebliche Externkostenrechnung bei „Umweltschutz als Risikoverminderungs- potential" zur Absicherung der unternehmensinternen Entscheidungen beiträgt, dienen sie bei „Umweltschutz als Differenzierungspotential" dazu, ökologische Anstrengungen des Unter- nehmens gegenüber externen Anspruchsgruppen glaubhaft zu machen. Im Rahmen dieses Rechnungssystems können die betrieblich induzierten Umweltwirkungen mit jenen spezifischen Kosten (= potentielle betriebliche Umweltschutzkosten[293]) angesetzt werden, die für (zukünftige) Umweltschutzmaßnahmen zur Vermeidung oder Verminderung dieser Umweltwirkungen anfallen. Untersuchungsobjekte für eine betriebliche Externkostenrechnung sind z.B. Betrieb, Kostenstelle, Geschäftsprozeß oder Produktart, aber auch Umweltschutz- maßnahmen dieser Bereiche, die bei gesetzlich auferlegter oder freiwilliger Internalisierung zukünftig entstehen.

Bei Aufgabenstellungen zur Identifizierung des umweltbezogenen Risikopotentials ist das Verhältnis der potentiellen (internen) Umweltbeanspruchungskosten aufgrund erwarteter externer Zielvorgaben (z.B. zusätzliche Kosten durch Steigerung einer Abwasserabgabe) zu den potentiellen Umweltschutzmaßnahmenkosten (z.B. zusätzliche Kosten aufgrund Einsatz einer verbesserten Abwasserreinigungstechnologie) entscheidend. Nach dem Rationalitäts

---

[291] Hierzu in Kapitel 5.2.1.2 dieser Arbeit.

[292] Hierzu in Kapitel 5.2.2 dieser Arbeit.

[293] Potentielle Umweltschutzkosten beziehen sich auf Kostenbestimmungsfaktoren, die (noch) nicht vorhanden sind. Siehe auch Kapitel 5.3.2 in dieser Arbeit.

verständnis von Typ 3 sind Umweltschutzmaßnahmen nur zu ergreifen, wenn die potentiellen Umweltschutzmaßnahmenkosten kleiner sind als die (internen) potentiellen Umweltbeanspruchungskosten.[294] Bei Aufgabenstellungen zur Identifizierung des umweltbezogenen Differenzierungspotential ist das Verhältnis zwischen potentiellen Betriebserlösen und potentiellen Umweltschutzmaßnahmenkosten relevant. Erstere resultieren aus den unterschiedlichen umweltorientierten Strategien, letztere stammen wieder aus der betrieblichen Externkostenrechnung. An dieser Stelle sei noch angemerkt, daß Handlungsalternativen im betrieblichen Umweltschutz allerdings immer mit *allen* anderen, auch weniger oder nicht umweltorientierten Handlungsalternativen in betriebswirtschaftlicher Konkurrenz stehen. Dies ist zugleich Ausdruck für die Begrenzung des Handelns nach diesem Umweltpolitiktyp.

Die Abschätzung potentieller Umweltschutzkosten erfordert grundsätzlich die Erfassung, Verrechnung und den Ausweis aller relevanten betrieblichen Umweltwirkungen. In der Praxis wird hier die Erstellung von Stoff- und Energiebilanzen zumindest auf Betriebs- und Prozeßebene notwendig sein. Produktbezogene ökologische Analysen sind für ein Unternehmen dann zweckmäßig, wenn bestimmte Lebensphasen des erzeugten Produktes besonders umweltexponiert sind. Ein vermehrter Einsatz dieser Instrumente ist vor dem Hintergrund der in den letzten Jahren intensiveren Diskussionen zur Erweiterung der Herstellerverantwortung für ihre Produkte auch nach Gebrauch bzw. Verbrauch zu erwarten.

Zusammenfassend kann gesagt werden, daß Umweltschutzsachziele mit Hilfe der Sachbilanzmodelle von Input/Output-Betriebsbilanzen, Prozeßbilanzen und Produktbilanzen formuliert werden können. Rational ist die Festlegung der Umweltschutzsachziele jedoch nur, wenn die betrieblichen Umweltwirkungen als *monetär* bewertete Stoff- und Energieströme in die unternehmerische Entscheidungsfindung einfließen. Während für die Ermittlung kurzfristiger Kosteneinsparungsmöglichkeiten die Analyse und gängige monetäre Bewertung ausgewählter Stoff- und Energieströme ausreichen, sind bei einer strategischen Ausrichtung der Umweltpolitik umfassende Stoff- und Energiebilanzen zu erstellen. Diese Daten sind dann mit potentiellen (internen) Umweltbeanspruchungskosten, mit potentiellen Umweltschutzmaßnahmenkosten sowie allfällig zu erzielenden potentiellen Umwelterlösen zu verknüpfen.

Auch wenn bei „Umweltschutz als Erfolgskomponente" bereits Instrumente des ökologisch erweiterten Rechnungswesens zum Einsatz gelangen, Zielinhalt und -niveau der Umweltschutzsachziele werden letztlich durch ökonomische Bewertungskalküle bestimmt.

---

[294] Die Maßnahmen führen nicht nur zu einer ökonomischen Internalisierung, sondern auch (ceteris paribus) zu einer ökologischen Internalisierung entsprechend den Umweltschutzmaßnahmen. Sind potentielle Umweltschutzmaßnahmenkosten größer als jene aufgrund erwarteter externer Zielvorgaben, dann werden im Rahmen dieser Umweltpolitik keine Umweltschutzmaßnahmen gesetzt. Bei Eintreffen der externen Zielvorgaben stellt dann die spätere Transformation der vormals potentiellen Kosten eine bloße ökonomische Internalisierung dar, d.h. bei gestiegenen Umweltschutzkosten bleiben die Umweltwirkungen des Unternehmens (ceteris paribus) konstant. Sind die potentiellen Umweltschutzmaßnahmenkosten negativ, so liegt der Fall „Umweltschutz als Kosteneinsparungsfaktor" vor.

5.1.4 Umweltschutz aus ethischer Selbstverpflichtung (Typ 4)

Vor dem Hintergrund eines Zielsystems,

- in dem Erfolg und Legitimität gleiche Wertstellung genießen,
- in dem „Umweltschutz" als autonomes Formalziel einbezogen ist und als eine der Voraussetzungen für die gesellschaftsbezogene Sicherung des Unternehmensbestandes gilt,
- in dem „Gewinn" als autonomes Formalziel einbezogen ist und als eine Voraussetzung für die langfristige ökonomische Sicherung des Unternehmensbestandes gilt,[295]

wird Umweltschutz über gesetzliche, kunden- oder wettbewerbsmäßige Forderungen hinaus als Leitlinie des betrieblichen Handelns aus ökologisch-ethischer Selbstverpflichtung umgesetzt, wobei es prinzipiell möglich ist, daß „Umweltschutz" als eigenständige Zielsetzung innerhalb des betrieblichen Zielsystem im Einzelfall dominiert.

Bei Umweltschutz als Formalziel ist die Schonung der Umwelt ein „ ... moralisches Postulat im Sinne einer Sozialverantwortlichkeit der Unternehmen - eine autonome, eigenständige und damit endogene Handlungsmaxime"[296], die idealtypisch nicht aufgrund von möglichen ökonomischen Vorteilen („Sekundärmotivation"[297]) verfolgt wird. Während eine fortdauernde Dominanz des Umweltschutzzieles im Rahmen einer Unternehmenspolitik nur als theoretisches Konstrukt gelten kann,[298] ist eine gleiche bzw. ausbalancierte Wertstellung ökonomischer, ökologischer und sozialer Ziele durch das Management zumindest in Ansätzen bereits realisiert.[299] In diesem Fall konzentriert sich die Unternehmensführung bei der strategischen und operativen Umsetzungen auf das Management des Gleichgewichts dieser Verpflichtungen.

Bei Zielkonkurrenz zwischen „Umweltschutz" und „Gewinnerzielung" besteht keine automatische Dominanz der ökonomischen Ziele. Die Schonung der natürlichen Umwelt tritt vielmehr *neben* das Gewinnziel als unabhängige Größe. Umweltschutz dient dann nicht mehr nur als Mittel zur Erzielung operativer Gewinne oder als Erfolgspotential, sondern wird auch als kulturelle Aufgabe begriffen, (Umwelt)Qualitätsziele zu entwickeln und zu kommunizieren. Erlangt der Umweltschutz eine derartige Bedeutung, folgt aufgrund der Mittel-Zweck-Beziehung von Sach- und Formalzielen, daß Umweltschutz auch als Sachziel verankert ist. Die

---

295   Aus ganzheitlicher Sicht treten auf der Ebene der Formalziele zu den ökonomischen und ökologischen noch die sozialen als gleichwertige Ziele hinzu.

296   Frese, E., Kloock, J.: Internes Rechnungswesen und Organisation aus der Sicht des Umweltschutzes..., S. 7.

297   Hierzu näher bei Strebel, H.: Umwelt und Betriebswirtschaft..., S. 50f.

298   Die Ergebnisse empirischer Zielforschungen weisen darauf hin, daß in der marktwirtschaftlichen Realität Ziele wie, langfristige Gewinnerzielung oder Sicherung der Wettbewerbsfähigkeit, als Voraussetzung für die Sicherung des Unternehmensbestandes Vorrang haben. Näher dazu bei Meffert, H., Bruhn, M., Schubert, F., Walther, T.: Marketing und Ökologie - Chancen und Risiken umweltorientierter Absatzstrategien der Unternehmungen. In: Die Betriebswirtschaft, 46. Jg. (1986), S. 148.

299   In ihrer „Vision 2000" hält etwa die Fa. Ciba Geigy fest: „Wir wollen die Zukunft unseres Unternehmens über das Jahr 2000 hinaus sichern, indem wir ein ausgewogenes Verhältnis zwischen unserer wirtschaftlichen, gesellschaftlichen und ökologischen Verantwortung anstreben." (Ciba-Geigy: Vision 2000. o. Ort, o.J., S. 1.

Festlegung von Präferenzen[300] hinsichtlich der Zielniveaus von Umweltschutzzielen und Gewinn- oder Rentabilitätszielen ist für die Umsetzung trotzdem unverzichtbar.[301]

Auch in Konzepten wie dem „qualitativen Unternehmenswachstum", wie es von *Ullmann* als Unternehmensstrategie empfohlen wird[302], erscheint Umweltschutz „als besondere autonom fixierte und gegenüber der bisher üblichen heteronomen Vorgabe besonders hoch angesetzte Restriktion. Ökonomische Ziele ... können nur in diesem verhältnismäßig engen Rahmen maximiert werden oder aber - wie ein Mindest- oder Standardgewinn - ebenfalls als Restriktion fungieren"[303].

Im Rahmen einer solchen Umweltpolitik begreift die Unternehmensführung die Frage des Umweltschutzes als integralen Bestandteil der gesamtgesellschaftlichen Verantwortung des Unternehmens. Das Management ist bestrebt, die an sie gestellten umweltbezogenen Legitimitätsansprüche durch eine auf *Nachhaltigkeit ausgerichtete aktive betriebliche Umweltpolitik* zu erfüllen. Zur Erfüllung dieser Ansprüche wird der Dialog mit Beteiligten und Betroffenen aufgenommen. Dazu gehört auch die Mitwirkung des Unternehmens an den gesellschafts- und wirtschaftspolitischen Rahmenbedingungen, innerhalb derer Wettbewerb stattfindet. Auf den Akteur selbst bezogen zielt diese Mitgestaltung zugleich auch auf die Entstehung oder Vergrößerung seiner ökologischen Wettbewerbsfelder. In diesem Zusammenhang und im Zusammenhang mit dem praktisch immer über die rechtlichen, behördlichen oder marktlichen Anforderungen hinausgehenden Ausmaß, in dem Umweltschutzziele aus einer Ethik des Dialogs und einer Ethik der kritisch-rationalen Eigenverantwortung erwachsen, kann von einem Höchstniveau des durch ein Unternehmen erreichbaren Umweltschutzes gesprochen werden.

Eine umweltpolitische Mission dieses Typs ist die Verpflichtung zur Festlegung autonomer Umweltschutzsachziele bzw. *autonomer ökologieorientierter Standards*. Sie nehmen - da nicht ökonomisch abgeleitet - den Rang eines Formalzieles ein. Hinsichtlich des Ausmaßes liegen die Standards grundsätzlich über dem Zielniveau von „Umweltschutz als Erfolgskomponente", wobei zwei Arten von Standards unterschieden werden: Einerseits handelt es sich um „*gesellschaftsbezogene Standards*", die vom Unternehmen im Rahmen der Mitgestaltung der gesellschaftlichen und wettbewerblichen Rahmenbedingungen vertreten werden. Zum anderen handelt es sich um „*unternehmensbezogene Standards*", die zum Zwecke der autonomen Realisierung im Unternehmen festgelegt werden. In der Schnittmenge liegen Standards, die sowohl *gesellschafts- als auch unternehmensbezogen* sind. Bei der Umsetzung der Standards gilt der Grundsatz einer ökonomisch *und* ökologisch effizienten Vermeidung oder

---

[300] Ausführlich dazu Pfohl, H.-C., Braun, G.: Entscheidungstheorie - Normative und deskriptive Grundlagen des Entscheidens. Landsberg am Lech 1981, S. 45.

[301] „Umweltschutz" geht dann im Rahmen unternehmerischer Entscheidungsmodelle zusätzlich in die Zielfunktion oder in zielplanbedingte Nebenbedingungen ein. Vgl. auch: Kudert, S.: Der Stellenwert des Umweltschutzes im Zielsystem einer Betriebswirtschaftslehre. In: WISU, 19. Jg. (1990), S. 571.

[302] Vgl. Ullmann, A.: Unternehmenspolitik in der Umweltkrise..., S. 65f., S. 180ff. und S. 228ff.

[303] Strebel, H.: Umwelt und Betriebswirtschaft..., S. 51.

Verminderung betrieblicher Umweltwirkungen. Diesen Anforderungen wird mit der Einführung einer *betrieblichen Umweltwirkungsrechnung* entsprochen, die zum Zwecke der Effizienz-bewertung zukünftiger Umweltschutzmaßnahmen mit einer *betrieblichen Externkosten-rechnung* verknüpft werden kann.

Die Aufgabe einer betrieblichen Umweltwirkungsrechnung besteht letztlich in der expliziten Erfassung, Verrechnung und im Ausweis betrieblicher Umwelt*auswirkungen*. Dazu ist zunächst die Erfassung, die Verrechnung und der Ausweis der betrieblichen Stoff- und Energieflüsse und anderer umweltrelevanter Aspekte (Umwelteinwirkungen) erforderlich. Da bei einer Umweltpolitik dieses Typs der Stellenwert einer ökologieorientierten Produkt-verantwortung und -politik entsprechend hoch ist, ist nicht nur die Erstellung und Auswertung von Stoff- und Energiebilanzen auf Betriebs- und Prozeßebene, sondern oft auch auf Produktebene erforderlich. Die für das strategische und operative Management abgeleiteten Umweltschutzsachziele können - so wie bei „Umweltschutz als Erfolgskomponente" - mit Hilfe der Sachbilanzmodelle aus Input/Output-Betriebsbilanzen, Prozeßbilanzen und Produktbilanzen gewonnen werden. Im Unterschied zur Umweltpolitik des Typs 3 werden Zielinhalte und Zielniveaus der Umweltschutzsachziele allerdings nicht (nur) rentabilitäts-wirtschaftlich abgeleitet.[304]

Mit der Problemstellung einer ökologisch und ökonomisch effizienten Vermeidung oder Verminderung betrieblicher Umweltauswirkungen geht es - wie oben mehrfach angesprochen - immer auch um das Verhältnis möglicher Umweltauswirkungsverringerungen im Sinne einer Steigerung der Umweltqualität zu den damit verbundenen potentiellen Umweltschutzkosten. Da hier nun ökonomische und ökologische Wertmaßstäbe gegenüber stehen, kann zur Analyse der Kostenwirksamkeit von Umweltschutzmaßnahmen[305] und zur Bestimmung einer Rang-folge dieser Maßnahmen ein Koeffizient aus den Umweltauswirkungsverringerungen (= öko-logischer Nutzen) und den jeweils zuzuordnenden potentiellen Umweltschutzmaßnahmen-kosten je Alternative gebildet werden. Dieser Koeffizient stellt eine Meßgröße für die ökonomisch-ökologische Produktivität der bewerteten Alternativen dar. Im Sinne ökonomisch *und* ökologisch rationaler Entscheidungen ergibt sich nun eine Prioritätenreihenfolge von Umweltschutzmaßnahmen, beginnend mit jener Maßnahme, die die höchste Umweltaus-wirkungsverringerung je potentieller (zusätzlicher) Umweltschutzkosteneinheit verursacht. Die Maßnahmenumsetzung hängt in der Folge von den zur Verfügung gestellten Mitteln ab.

Zusammenfassend kann gesagt werden, daß Stoff- und Energieflüsse sowie andere umwelt-

---

[304] Daß bei Entscheidungen über Umweltschutzalternativen die Anwendung beider Ansätze nicht zum gleichen Ergebnis führt, ergibt sich aus der Möglichkeit, daß z.B. die Reduktion eines bestimmten ökologisch wenig relevanten Schadstoffausstoßes erhebliche Umweltschutzmaßnahmenkosten verursachen kann. Umgekehrt kann die Reduktion eines bestimmten Schadstoffes relativ niedrige Maßnahmenkosten im Vergleich zu einer (hohen) ökologischen Relevanz dieses Schadstoffes haben.

[305] Analoge Entscheidungsprobleme treten etwa auch im Bereich der Energiewirtschaft auf. Zur Kosten-wirksamkeitsanalyse vgl. z.B.Winje, D., Witt, D. Energiewirtschaft - Band II (Handbuchreihe Energie-beratung/Energiemanagement, hrsg. von Winje, D., Hanitsch, R.), Köln 1991, S. 342ff.

relevante Aspekte im Rahmen einer betrieblichen Externkostenrechnung - wie bei Typ 3 - *monetär* über die potentiellen Vermeidungs- bzw. Verminderungskosten möglicher Umweltschutzmaßnahmen zu bewerten sind. „Umweltschutz als ethische Selbstverpflichtung" erfordert aber zugleich - d.h. über Typ 3 hinaus - die Bewertung betrieblicher Stoff- und Energieflüsse hinsichtlich ihrer Umweltauswirkungen (ökologische Knappheiten, Belastungen durch Emissionen, Störungen von Ökosystemen). Dazu dienen *ökologische Bewertungsverfahren*, wie sie bei der *betrieblichen Umweltwirkungsrechnung* angewendet werden.

5.1.5 Die Typologie der Umweltpolitiken im Überblick

Die unten dargestellten Tabellen 5-3 und 5-4 geben einen Überblick hinsichtlich der erfolgten Charakterisierung der einzelnen Umweltpolitiktypen. In Abb. 5-3 werden die Umweltpolitiken und deren „Kompatibilität" zueinander dargestellt. Die Kompatibilität wird durch die Überlappung der dargestellten Bereiche visualisiert. Zueinander kompatible Umweltpolitiken bilden einen gemeinsamen Entwicklungspfad.

Abb. 5-3:   Kompatibilität und Entwicklungspfade betrieblicher Umweltpolitiken

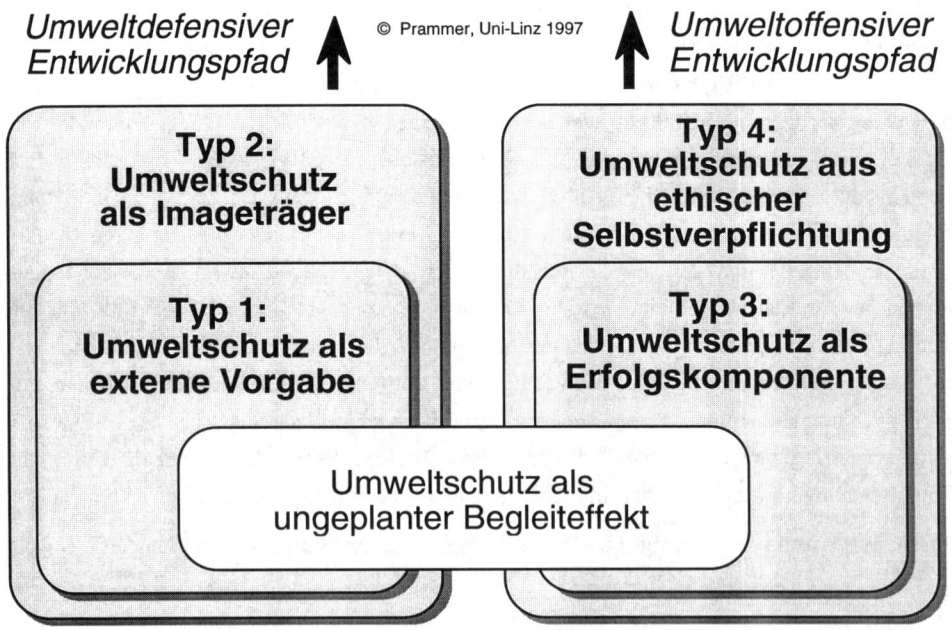

Quelle: eigene

Tab. 5-3: Charakterisierung der Umweltpolitiktypen „Umweltschutz als externe Vorgabe" und „Umweltschutz als Imageträger"

	Typ 1: **Umweltschutz als externe Vorgabe**	Typ 2: **Umweltschutz als Imageträger**
1) Ökonomisch-ökologische Zielausrichtung		
a) Vertikale Zielbeziehung zwischen Gewinn- und UWS-Ziel	Gewinnziel im Zielsystem klar dominierend vor UWS-Ziel (UWS-Ziel als extern vorgegebenes, erfolgskonkurrentes Ziel)	Gewinnziel im Zielsystem klar dominierend vor Umweltschutzziel (Umweltschutzziel als extern vorgegebenes, erfolgskonkurrentes Ziel)
b) Charakterisierung des UWS-Zieles	UWS-Ziel als heteronomes Sachziel	UWS-Ziel als vorgetäuschtes autonomes Ziel, tatsächlich UWS-Ziel als heteronomes Sachziel
2) Entwicklungsorientierung		
Risiko/Chancen-Perspektive im betrieblichen UWS	Passives UWS-Verhalten: UWS als Kostenverursacher	Passives UWS-Verhalten: Nur vorgetäuschtes aktives UWS-Verhalten (UWS nur für Imagezwecke)
3) Zielausrichtung auf Anspruchsgruppen		
a) Prozessual: Monologische versus dialogische Orientierung	Monologische Orientierung	Monologische Orientierung: Nur vorgetäuschte dialogische Orientierung
b) Inhaltlich: Ausmaß der gesellschaftlichen Induzierung	UWS-Ziel nur im von Gesetzgeber, Behörde und Vertragspartner geforderten Mindestausmaß	Vorgetäuschtes Ausmaß des UWS-Ziel nach Typ 3 bzw. Typ 4 Tatsächliches Ausmaß der UWS-Ziele wie Typ 1
4) Umweltpolitische Missionen (Forderungen) an das Management		
Forderungen an die Ausgestaltung von betrieblichen Umwelt-kostenrechnungen oder anderer Konzepte zur Bewertung betrieblicher UWS-Maßnahmen und Umweltwirkungen	Minimierung der Kosten bei Umsetzung der extern vorgegebener (additiver) UWS-Maßnahmen („end-of-pipe-technologies")	Herausstellen (vermeintlicher) UWS-Aktivitäten bei Minimierung der Kosten extern vorgegebener (additiver) UWS-Maßnahmen („end-of-pipe-technologies")

Quelle: eigene

Sowohl Typ 3 als auch Typ 4 beziehen Anspruchsgruppen zur umweltorientierten Ziel-findung mit ein. Auch wenn die Motive unterschiedlich sind, sammeln beide Typen diskurs-orientierte Erfahrung. Auch hinsichtlich der „Entwicklungsorientierung" praktizieren beide ein aktives Umweltschutzverhalten. Im Hinblick auf die ökonomisch-ökologische Zielausrichtung haben zwar beide Umweltschutz als autonomes Ziel verankert, der Reifegrad der Umwelt-politik in Typ 4 ist aber - aufgrund der Formalzielverankerung des Umweltschutzes - höher.

Tab. 5-4: Charakterisierung der Umweltpolitiktypen „Umweltschutz als Erfolgskomponente" und „Umweltschutz aus ethischer Selbstverpflichtung"

	Typ 3: **Umweltschutz als Erfolgskomponente**	Typ 4: **Umweltschutz aus ethischer Selbstverpflichtung**
1) Ökonomisch-ökologische Zielausrichtung		
a) Vertikale Zielbeziehung zwischen Gewinn- und UWS-Ziel	Langfristige Gewinnerzielung dominierend vor anderen Zielen im Zielsystem: UWS-Ziele werden umgesetzt, wenn sie erfolgskomplementär sind	Langfristige Gewinnerzielung „neben" UWS-Ziel: Maximierung des Umwelt-schutzes bei festgelegtem Mindestgewinn
b) Charakterisierung des UWS-Zieles	UWS-Ziel als autonomes Sachziel	UWS-Ziel als autonomes Formalziel
2) Entwicklungsorientierung		
Risiko/Chancen-Perspektive im betrieblichen UWS	Aktives UWS-Verhalten: UWS als Chance durch Prozeß- und Produkt-anstrengungen ökonomische Ziele mit Umweltwirkungsver-ringerungen zu koppeln: I) UWS als (operativer) Produktivitätsfaktor II) UWS als (strategisches) Potential zur Risiko-verminderung und zur Produktdifferenzierung	Aktives UWS-Verhalten: Über Typ 3 hinaus: I) für das Unternehmen zur Entstehung bzw. Vergröße-rung ökologischer Wettbe-werbsfelder (Erhöhung eigene Autonomie) II) für die Gesellschaft als Beitrag für ein auf Nachhaltig-keit gerichtetes Wirtschaften (Erhöhung Legitimität)
3) Zielausrichtung auf Anspruchsgruppen		
a) Prozessual: Monologische versus dialogische Orientierung	Dialogische Orientierung	Dialogische Orientierung verknüpft mit kritischer Verantwortungsethik
b) Inhaltlich: Ausmaß der gesellschaftlichen Induzierung	UWS-Ziele in dem von Gesetzgeber, Behörde und Wettbewerb geforderten Ausmaß, darüberhinaus (nur ökonom. erfolgskomplementär!) zur Antizipation externer Ziel-erwartungen auch anderer Anspruchsgruppen	Über das Ausmaß von Typ 3 hinaus zur Erhöhung eigener Zeit-, Sinn-, und Handlungs-autonomie und zur Mit-gestaltung unternehmerischer Rahmenbedingungen im Sinne der Erhöhung gesellschaft-licher Legitimität
4) Umweltpolitische Missionen (Forderungen) an das Management		
Forderungen an die Ausgestaltung von betrieblichen Umwelt-kostenrechnungen oder anderer Konzepte zur Bewertung betrieblicher UWS-Maßnahmen und Umweltwirkungen	Festlegung „ökologieorientierter Standards" (= aktives Auf-greifen von Umweltvorgaben): I) zur Suche nach ökonomisch und technisch effizienten Lösungen („clean technologies") sowie II) zum Aufbau strategischer Erfolgspotentiale	Festlegung „ökologieorientierter Standards" über Typ 3 hinaus: I) zur Mitgestaltung der gesellschaftlichen und wirtschaftlichen Rahmen-bedingungen (gesell-schaftsbezogen) und II) zum Zwecke der autonomen Realisierung im Unternehmen · (unternehmensbezogen)

Quelle: eigene

118

Dies kommt auch bei der Zielausrichtung auf Anspruchsgruppen zum Ausdruck, wo zwar Typ 3 Umweltschutzziele auch über das von Gesetzgeber, Behörde, Öffentlichkeit, Kunden oder Wettbewerb geforderte Ausmaß festsetzt, allerdings nur wenn sich dies operativ oder über Erfolgspotentiale „rechnet". Typ 4 verfolgt Umweltschutzziele auch in einem über Typ 3 hinausgehendem Ausmaß, das in einer sozial-ökologischen Unternehmensethik begründet ist und die gesellschaftliche Verantwortung gegenüber zukünftigen Generationen ausdrückt. Umweltpolitik aus ethischer Selbstverpflichtung schließt nicht aus, daß Umweltschutz als Erfolgskomponente genutzt wird. Typ 3 und Typ 4 bilden aufgrund dieser Kompatibilität einen Entwicklungspfad, der als *umweltoffensiver Entwicklungspfad* bezeichnet wird.

Die Kompatibilität der Typen 1 und 2 ergibt sich aus der Tatsache, daß Typ 2 unternehmensintern eine Umweltpolitik betreibt, die tatsächlich dem Typ 1 entspricht. Nur der Öffentlichkeit gegenüber wird Umweltschutz als Leitlinie des betrieblichen Handelns herausgestellt. Ausgehend vom Typ 1, der lediglich Anpassungsmaßnahmen ergreift, kann Typ 2 als nächste Entwicklungsstufe im Rahmen passiver Umweltstrategien bezeichnet werden. Typ 1 und Typ 2 bilden aufgrund ihrer Kompatibilität einen Entwicklungspfad, der als *umweltdefensiver Entwicklungspfad* gekennzeichnet wird.

In Unternehmen werden vielfach Handlungen gesetzt, die zur Verringerung von Umweltwirkungen führen, deren Ziel oder Absicht jedoch *nicht* darin besteht. Hier tritt „Umweltschutz als ein ungeplanter Begleiteffekt" auf (Abb. 5-3).

5.2 Spezifische Informationsinstrumente des ökologisch orientierten Rechnungswesens zur Abbildung und Bewertung von umweltrelevanten betrieblichen Tätigkeiten und Umweltwirkungen

Im Zusammenhang mit der Darstellung einzelner Umweltpolitiktypen wurden im letzten Kapitel Erläuterungen zu einzelnen Informationsinstrumenten des ökologisch orientierten Rechnungswesens gemacht. Je nach den umweltpolitischen Anforderungen sind die (Kosten) Rechnungsinstrumente ökologisch anzupassen oder zu erweitern (Abb. 5-5): Auf der einfachsten Stufe sind die Kosteninformationen über betriebliche Tätigkeiten bloß nach innen zu differenzieren (Betriebliche Umweltkostenrechnung). Auf der nächsten Stufe sind die Kosteninformationen ökologisch zu erweitern (Betriebliche Externkostenrechnung). Auf der dritten und auf der vierten Stufe sind neue über Kosteninformationen hinausgehende ökologieorientierte Informationen zu erfassen und auszuweisen. Sowohl in Ökobilanzen wie auch im Zuge der Erweiterung der betrieblichen Kostenrechnung sind Umwelteinwirkungsmengen zu erheben. Hinsichtlich dieser Aufgabe überschneiden sich die betriebliche Umweltwirkungsrechnung und die Ökobilanzierung (Abb. 5-1).

Abb. 5-4: Zusammenhang zwischen Umwelteinwirkungen, Umweltauswirkungen und Umweltschäden

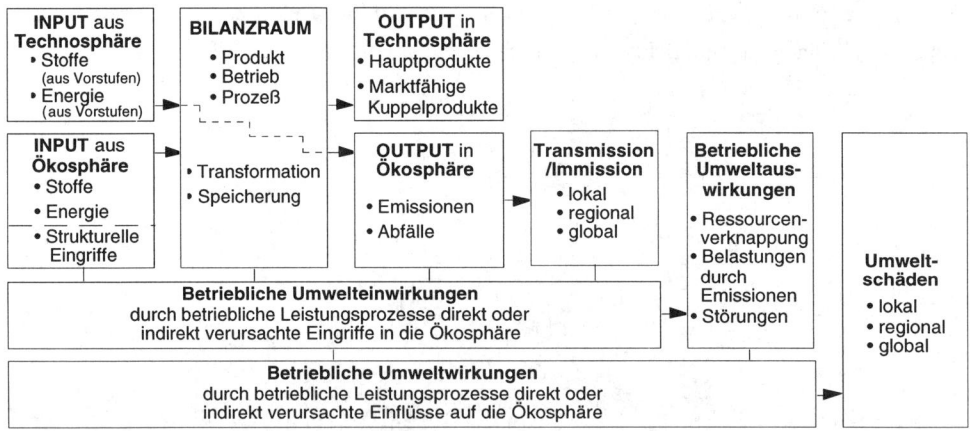

Quelle: eigene

Betriebliche Umweltwirkungen werden - wie bereits mehrfach angewendet - vereinfacht in Umwelteinwirkungen und Umweltauswirkungen unterschieden. Zu den betrieblichen Umwelteinwirkungen gehören direkt oder indirekt (Vor- und Nachstufen) verursachte Stoff- und Energieflüsse mit einem unmittelbaren Bezug zur natürlichen Umwelt sowie Eingriffe in die Struktur derselben (z.B. Boden- oder Landschaftsveränderungen). Umwelteinwirkungen führen in der Folge zu Veränderungen des Ausgangszustandes der natürlichen Umwelt. Zu Schäden führen diese Umweltauswirkungen dann, wenn durch sie die natürlichen Quellen- und/ oder Senkenkapazitäten überbeansprucht wurden (Abb. 5-4). Stoff- und Energieflüsse aus der

120

Technosphäre bzw. in die Technosphäre besitzen zunächst keine Umweltrelevanz. Erst beim (kaskadenhaften) „Eintritt" in die Ökosphäre entstehen Umweltwirkungen (strichlierter Pfeil von „Input aus Technosphäre" nach „Output in Ökosphäre" in Abb. 5-4).

Abb. 5-5: Bezüge zum traditionellen Rechnungswesen, konzeptionelle Grundlagen, Bewertungsansätze und Erfolgsdimensionen von Rechnungssystemen eines ökologisch orientierten Rechnungswesens

ÖKOLOGISCH ORIENTIERTES RECHNUNGSWESEN			
ÖKOLOGISCH ORIENTIERTE KOSTENRECHNUNG		NEUE INSTRUMENTE EINES ÖKOLOGISCH ORIENTIERTEN RECHNUNGSWESENS	
I. Element: **Betriebliche Umweltkosten- rechnung**	II. Element: **Betriebliche Externkosten- rechnung**	III. Element: **Betriebliche Umweltwirkungs- rechnung**	IV. Element: **Betriebliche Umweltzustands- rechnung**
BEZUG ZUM TRADITIONELLEN RECHNUNGSWESEN			
Umweltbezogene Adaption der Kostenrechnung	Ökologische Erweiterung der Kostenrechnung	Erweiterung des Rechnungswesens durch neue ökologie- orientierte Informationenen	Erweiterung des Rechnungswesens durch neue ökologie- orientierte Informationenen
KONZEPTIONELLE GRUNDLAGEN			
Umweltbezogene innere Differen- zierung von Kosten und Betriebserlösen zur Erfassung, Verrechnung und zum Ausweis des wertmäßigen Erfolges umwelt- relevanter betrieb- licher Tätigkeiten (Kosten- und Erlöswirkungen)	Erfassung, Ver- rechnung und Ausweis externer betrieblicher Umwelt- beanspruchungs- kosten durch betriebliche Tätigkeit (z.B. durch Ansatz potentieller betrieb- licher Umweltkosten abzüglich potentieller umweltbezogener Betriebserlöse)	Erfassung, Verrechnung und Ausweis betrieblicher Umweltwirkungen als ökologische Schad- potentialwirkung durch betriebliche Tätigkeit (ökologische Knappheiten, Belastungen durch Emissionen und ökologische Störungen)	Erfassung, Verrechnung und Ausweis von Veränderungen des Umweltzustandes durch betriebliche Tätigkeit (= ökologische Qualitätsver- änderungen)
BEWERTUNGSANSÄTZE			
monetäre Bewertung betrieblicher Tätigkeiten und Umweltwirkungen		nicht-monetäre Bewertung betrieblicher Tätigkeiten und Umweltwirkungen	
ERFOLGSDIMENSIONEN			
Wertmäßiger monetärer Erfolg	Betriebliche Umweltleistung		Qualitäts- verbesserung des Umweltzustandes

Quelle: eigene

5.2.1 Ziele, Aufgaben und Untersuchungsraum einer betrieblichen Umweltkostenrechnung

Zunächst ist auf den Begriff der *Umwelt(schutz)kosten* näher einzugehen. Nach der Definition des heute wohl überwiegend vertretenen „wertmäßigen Kostenbegriffes" (*Schmalenbach*) könnte auch der Verzehr von Umweltgütern durch betriebliche Leistungserstellung in den gesamten Kosten eines Unternehmens enthalten sein, wenn dies dem Zielsystem des Unternehmens entspricht.[306] In der Folge werden aber unter *betriebliche Umweltschutzkosten* nur jene sachzielbezogenen Güterverbräuche verstanden, die „herkömmlicherweise", also unter Ausschluß der externen Kosten in Anspruch genommen werden. Damit ist auch der Untersuchungsraum einer betrieblichen Umweltkostenrechnung umschrieben.

Abb. 5-6: Zusammenhang zwischen Umweltschutzaufwand, betriebliche Umweltschutzkosten und betriebliche Umweltgesamtkosten

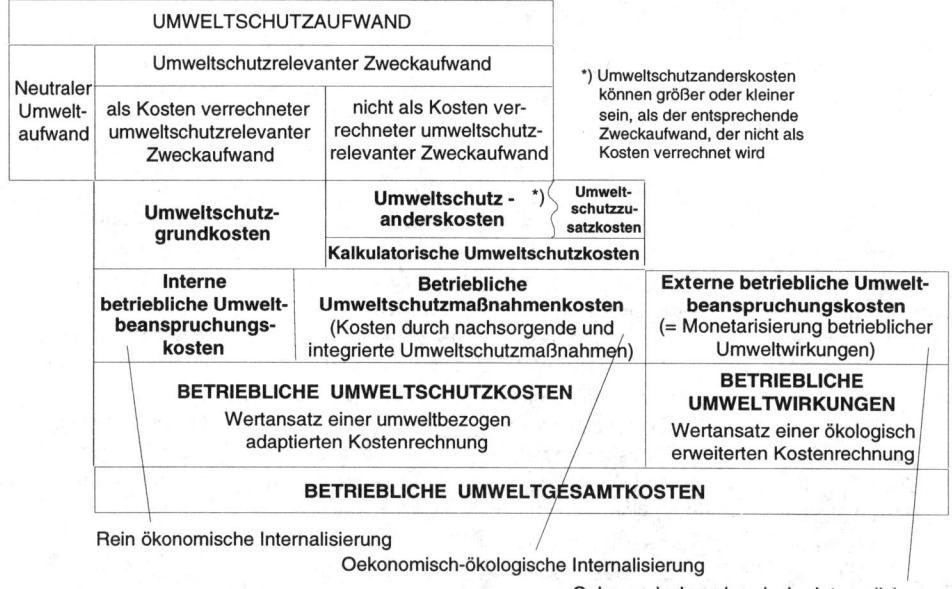

Quelle: eigene

Im Rahmen der gängigen Abgrenzung zwischen Aufwand und Kosten können betriebliche Umweltschutzkosten unterschieden werden in *Umweltschutzgrundkosten*, *Umweltschutzanderskosten* und *Umweltschutzzusatzkosten*. Im Sinne eines handlungsorientierten Ansatzes können betriebliche Umweltschutzkosten aber auch unterschieden werden in Kosten, die durch die bloße Beanspruchung der Umwelt im Sinne einer rein ökonomischen Internalisierung

---

[306] Hierbei wird die Zielabhängigkeit des wertmäßigen Kostenbegriffes deutlich.

entstehen (*interne betriebliche Umweltbeanspruchungskosten*) und in Kosten, die durch das Setzen betrieblicher Umweltschutzmaßnahmen entstehen (*betriebliche Umweltschutzmaß-nahmenkosten*). Zusammen ergeben sie die *betrieblichen Umweltschutzkosten* (Abb. 5-6).

Betriebliche Umweltbeanspruchungskosten entstehen durch die Inanspruchnahme der Funktionen der natürlichen Umwelt. Hier muß wieder unterschieden werden in *interne* und *externe betriebliche Umweltbeanspruchungskosten*. Erstere werden im Rahmen der betrieblichen Umsetzung der staatlichen Umweltpolitik vom Unternehmen zwar ökonomisch nicht aber ökologisch internalisiert. Dies trifft etwa bei Einleitgebühren oder Emissions-Lizenzen zu. Erzielen solche Umweltabgaben oder -lizenzen keinen ökologischen Lenkungseffekt, werden deren Kosten auch nicht durch Umweltschutzmaßnahmenkosten substituiert. Externe betriebliche Umweltbeanspruchungskosten stellen monetär bewertete betriebliche Umweltwirkungen im Sinne externer Kosten dar. In beiden Fällen handelt es sich um einen Wertverzehr, der jedoch nicht mit betrieblichen Umweltschutzmaßnahmen im Zusammenhang steht. Betriebliche Umweltschutzkosten und Kosten der externen Umweltbeanspruchung bilden zusammen die *betrieblichen Umweltgesamtkosten*. Der Begriff Kosten erscheint auch hier (noch) gerechtfertigt, da betriebliche Umweltwirkungen in "monetarisierter Form" einbezogen sind.

Betriebliche Umweltschutzmaßnahmenkosten sind der Wert aller sachzielorientierten Güterverbräuche betrieblicher *additiver oder integrierter Maßnahmen*, die zu einer Verringerung der betrieblichen Umweltwirkungen führen. Sowohl die Reparatur oder Begrenzung von Umweltschäden aus vergangenen Betrachtungsperioden (Altlastensanierung oder -sicherung) als auch End-of-Pipe-Lösungen (gegenwärtige Neulasten) stellen eine Verminderung bereits bestehender Umweltwirkungen dar und sind durch die Anwendung *nachsorgender Umweltschutztechnologien* gekennzeichnet. Anders verhält sich dies bei der Vermeidung zukünftiger betrieblicher Umweltwirkungen (zukünftige Neulasten); hier stehen *integrierte Umweltschutztechnologien* im Mittelpunkt der Umweltschutzmaßnahmen.

Welche Aufgaben hat nun die betriebliche Umweltkostenrechnung? Auch bei Umweltkostenrechnungssystemen steht im Mittelpunkt die verursachungsgerechte Zuordnung von Gemeinkosten und Fixkosten auf einzelne Kostenstellen und Kostenträger. Darüberhinaus ist die Abschätzung der Kostenwirkungen getätigter oder unterlassener Umweltschutzmaßnahmen zu leisten (I. Element in Abb. 5-5). Und wenn sich einzelne Kostenrechnungssysteme hinsichtlich der Fähigkeit zur verursachungsgerechten Zuordnung von Kosten deutlich voneinander unterscheiden, so gilt dies natürlich auch für die Verrechnung von Umweltkosten. In den letzten Jahren sind allerdings Entwicklungen zu beobachten, die neue Anforderungen zur Erfassung und Verteilung umweltrelevanter Kosten mit sich gebracht haben:

(1) Durch die in der jüngeren Vergangenheit eingeführten Umweltmanagementsysteme nach EMAS oder ISO 14001[307] sind die planerischen, organisatorischen und überwachenden Aufgaben vor allem in den indirekten Leistungsbereichen wieder gewachsen und mit ihnen manchmal auch das Volumen (fixer) Gemeinkosten. Dies verstärkt die Forderung nach mehr Kostentransparenz in diesen Leistungsbereichen. Es muß aufgezeigt werden, welche Kosten in den Kostenstellen für welche Aktivitäten (Prozesse) anfallen. Hier setzt die Prozeßkostenrechnung an, die den Einfluß von Kostentreibern auf die Höhe der Kosten deutlich macht und die (fixen) Gemeinkosten der indirekten Leistungsbereiche verursachungsgerechter auf die Kostenträger verrechnet.

(2) Unternehmen setzen zunehmend integrierte Umweltschutztechnologien und -instrumente ein.[308] Während sich die Kosten etwa für Erstellung und Betrieb von Filteranlagen oder für die Abfallentsorgung in gängigen Kostenrechnungssystemen relativ leicht ermitteln lassen, trifft dies für produktionsprozeß- und produktintegrierte Umweltschutzmaßnahmen nicht zu. Angesicht der steigenden Bedeutung dieser Aktivitäten ist die daraus ableitbare Forderung nach einer klaren, handlungsorientierten und nachvollziehbaren Definition für betriebliche Umweltschutzkosten gerade für Umweltkostenrechnungen von zentraler Bedeutung. Schließlich ist es deren Aufgabe den entsprechenden Güterverzehr auch ökologisch treffsicher abzubilden.

Allgemein ist das unter (1) angeführte Wachsen der indirekten Leistungsbereiche ein Trend, der bereits seit Jahren besteht. Es wurden daher schon Ende der 80-er Jahre diesbezügliche Lösungsvorschläge publiziert,[309] deren Anwendung nun verstärkt zu diskutieren sind. Anders zu beurteilen ist die unter (2) skizzierte Bedeutungszunahme des integrierten Umweltschutzes. Hier wird für die Kostenrechnung die Frage anhand welcher Bezugsgrößen die Kosten- und Erfolgsgrößen in solche mit und solche ohne Umweltrelevanz zu spalten und zu verteilen ist, wieder neu aufgerollt. In diesem Zusammenhang können heute zwei Arten von Umweltkostenrechnungssysteme unterschieden werden:

(a) *Umweltschutzzielorientierte Ansätze*, die in „umweltschutzbedingte" und „nicht umweltschutzbedingten" Kosten unterscheiden und

(b) *Stoff- und energieflußorientierte Ansätze*, die bewußt auf eine solche Trennung verzichten und sich bei der Verrechnung der Kosten grundsätzlich an betriebliche Stoff- und Energieflüssen orientieren.

---

[307] Vgl. EN ISO 14001:1996 Umweltmanagementsysteme. Spezifikation mit Anleitung zur Anwendung (1. Dezember 1996).

[308] Für die Schweiz hat dies jüngst *Gressly* erhoben. Vgl. Gressly, J.-M.: Erfassung der Umweltschutzkosten anhand von Beispielen in der Schweizer Industrie. Bern, Stuttgart, Wien 1996. Für den oberösterreichischen Wirtschaftraum belegen dies *Malinsky/Dietachmair* (siehe hierzu Malinsky, A.H., Dietachmair, T.: Umweltschutz - Beispiele für umweltverträgliche Produktionsprozesse in der o.ö. Industrie. Linz 1994).

[309] Vgl. Horváth, P., Mayer, R.: Prozeßkostenrechnung - der Weg zu mehr Kostentransparenz und wirkungsvolleren Unternehmungsstrategien. In: Controlling, 1. Jg. (1989) S. 214-219; Horváth, P., Mayer, R.: Prozeßkostenrechnung - Konzeption und Entwicklungen. In: Kostenrechnungspraxis, Sonderheft 2, 1993.

5.2.1.1 Umweltschutzzielorientierte Ansätze einer betrieblichen Umweltkostenrechnung

Zu den umweltschutzzielorientierten Ansätzen zählen praktisch alle bis Mitte der 90-er Jahre publizierten Umweltschutzkostenrechnungssyteme. Als geeignete Bezugsgrößen für die Spaltung und Verteilung der Kostengrößen wären etwa zu entsorgende, zu verwertende oder zu reinigende Mengen an Abwasser, Abluft, Abwärme oder Abfall zu nennen. Bestehende Datendefizite (z.B. Abwasserstrom) können durch eine punktuelle Anwendung von Stoff- und Energieflußanalysen behoben werden.[310]

Verfügt ein Unternehmen bereits über ein Kostenrechnungssystem, so handelt es sich vorwiegend um Istkosten- und Plankostenrechnungssysteme, die eine Basis für die umweltschutzzielorientierte Kostenrechnung bilden können. Welches System bei der betrieblichen Kostenrechnung zum Einsatz gelangt, hängt von der mit ihr zu lösenden Aufgabe ab. So kann etwa zur Erfüllung von Publikationsaufgaben eine Istkostenrechnung Verwendung finden, während die Lösung kurzfristiger Planungs- und Entscheidungsaufgaben eine Plankostenrechnung erfordert.

Die erste Stufe einer umweltschutzzielorientierten Kostenrechnung (in Abb. 5-7 als Istkostenrechnung zu Teilkosten) bildet die *Kostenartenrechnung*, innerhalb der zu untersuchen ist, welche Kostenarten in welcher Höhe in der betrachteten Periode anfielen. Im Rahmen der sachlichen Abgrenzung sind manche Kostenarten - abhängig vom unternehmensspezifischen Kontenrahmen - eindeutig als Umweltschutzkostenart erkennbar:[311]

- Abschreibungen und kalkulatorische Zinsen für Umweltschutzanlagen (Rauchgasreinigungsanlagen, Abwasserreinigungsanlagen),
- Personalkosten für den Betrieb von Umweltschutzanlagen,
- Kosten aufgrund von Umweltschutzgebühren und -beiträgen (z.B. Abfallgebühren, Deponiegebühren, Kanalbenützungsgebühren, Abwasserabgaben).

Sachliche Abgrenzungsprobleme ergeben sich vor allem aus der Tatsache, daß in der Unternehmung häufig Maßnahmen getroffen werden, die nicht nur dem Umweltschutz, sondern auch anderen betrieblichen Zwecken, z.B. dem Arbeitsschutz, der Betriebssicherheit oder der betrieblichen Infrastruktur dienen (Mehrzweckmaßnahmen).[312] Besonders schwierig ist die Zuordnung bei Umweltschutzmaßnahmen, die mit der Produktion eng verflochten sind, wie dies bei integrierter Technologie der Fall ist. Die Kostenansätze können hierbei häufig nur geschätzt werden.

---

310   Einen aktuellen Überblick über unterschiedliche Ansätze in der Umweltkostenrechnung geben Fichter, K., Loew T., Seidel, E.: Betriebliche Umweltkostenrechnung. Berlin, Heidelberg 1997, S. 34ff.

311   Vgl. Wicke, L., u.a.: Betriebliche Umweltökonomie. München 1992, S. 250.

312   Vgl. Hansmeyer, K.-H.: Umweltschutz und Betrieb. In: Handwörterbuch der Betriebswirtschaft. (Bd. 3, hrsg. von Grochla, E., Wittmann, W.), 4. Auflage, Stuttgart 1976, Sp. 4030 f.

Abb. 5-7: Kostendurchlaufschema einer umweltschutzzielorientierten Istkostenrechnung zu Teilkosten

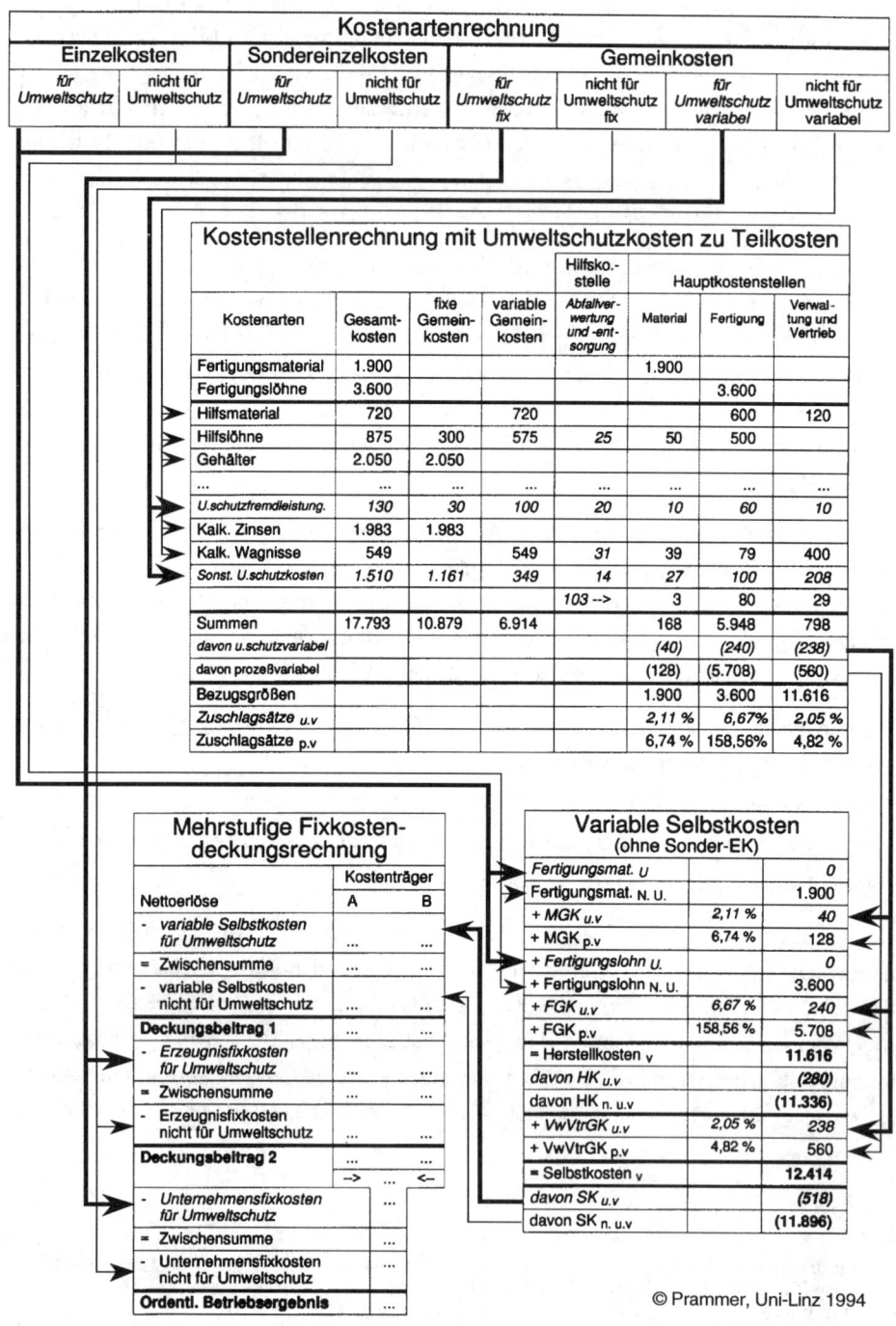

© Prammer, Uni-Linz 1994

Quelle: eigene

Ergebnis der Kostenartenrechnung sind in Einzel- und Gemeinkosten unterteilte, - bei Teilkostenrechnung in beschäftigungsproportionale und -fixe aufgespaltene - und ev. nach Umweltschutzbereichen differenzierte betriebliche Umweltschutzkosten. Diese sind gesondert von den „herkömmlichen" Kostenarten auszuweisen, da sie in der nachfolgenden Kostenstellenrechnung als solche erkennbar bleiben müssen. In der Literatur wird auch die *zeitliche* Abgrenzung diskutiert.[313] Werden etwa Produktionsanlagen stillgelegt, so plädiert etwa *Roth* dafür, die in diesem Zusammenhang entstehenden Stillegungs- und Stillstandskosten (Leerkosten) „solange als Umweltschutzkosten zu erfassen, wie die aus der Stillegung resultierenden Kosten (z.B. Umrüst-, Sanierungs-, Abbruchskosten) auf das Umweltschutzmotiv zurückgeführt werden können".[314] Für die Durchführung eindeutiger sachlicher und zeitlicher Abgrenzungen ist es zweckmäßig, daß die damit befaßten Akteure von vornherein entsprechende Kriterien entwickeln.

Im Hinblick auf die *Kostenstellenrechnung* lassen sich drei Arten von Kostenstellen unterscheiden:[315]

1. Kostenstellen, die keine Umweltschutzfunktion erfüllen.
2. Kostenstellen, die nur teilweise dem Umweltschutz zuzuordnen sind (z.B. Produktionsanlagen mit integrierter Umweltschutzeinrichtung, Planungabteilung).
3. Kostenstellen, die vollständig dem Umweltschutz zuzuordnen sind (z.B. Kostenstelle Kläranlage, Abfallsammler, Filteranlage).

Während im dritten Fall die Zuordnung eindeutig ist, muß im zweiten Fall der „gemischten Kostenstelle" erst in umweltschutzinduzierte Kosten (als primäre Umweltschutzgemeinkosten) und in prozeßbedingte Kosten (als primäre prozeßbedingte Kosten) aufgesplittet werden. Danach sind die (primären) Umweltschutzgemeinkosten[316] je nach Inanspruchnahme durch andere Kostenstellen unmittelbar als Kostenstelleneinzelkosten oder über geeignete Schlüsselgrößen wie Mengen an Abwasser, Abwärme, Abfall oder flüssigen oder gasförmigen Schadstoffen zuzuordnen. Andere Schlüssel wären Betriebsstunden von Umweltschutzanlagen (Mengenschlüssel) oder Anschaffungsausgaben für die in den Stellen vorgenommenen Umweltschutzinvestitionen (Wertschlüssel). Damit die nunmehr auf die verschiedenen Kostenstellen aufgeteilten Umweltschutzgemeinkosten nicht in die Gemeinkosten der einzelnen Stellen „verschwinden", ist es zweckmäßig, sie unter der gesonderten Kostenart „Umweltschutzkosten" je Kostenstelle explizit auszuweisen.[317] Nur so ist es möglich, ihren Verbleib weiter zu verfolgen. Nach Aufsplittung der Umweltschutzgemeinkosten je Stelle in beschäftigungsfixe und -proportionale Bestandteile werden nur die letzteren in die Kostenträgerstückrechnung über-

---

313 Vgl. Schreiner, M.: Umweltmanagement in 22 Lektionen..., 265.
314 Vgl. Roth, U.: Umweltkostenrechnung..., S. 114.
315 Vgl. Fleischmann, E., Paudtke, H.: Rechnungswesen: Kosten des Umweltschutzes..., S. 16
316 Auf die Darstellung der Verrechnung sekundärer Umweltschutzgemeinkosten wird hier verzichtet.
317 Vgl. Fleischmann, E., Paudtke, H.: Rechnungswesen: Kosten des Umweltschutzes..., S. 17.

nommen. Abb. 5-8 gibt einen Überblick über die Systematik einer umweltschutzzielorientierten Kostenrechnung als Istkostenrechnung zu Teilkosten.

Im Rahmen der *Kostenträgerrechnung* interessiert zunächst die Zurechnung und der explizite Ausweis betrieblicher Umweltschutzkosten in den (proportionalen) Selbstkosten einzelner Produktarten. Es könnte aber auch ermittelt und verglichen werden, wie hoch der in den Selbstkosten befindliche Umweltschutzkostenanteil bei exakter Erfüllung gesetzlicher oder vertraglicher Umweltschutzauflagen sowie einer darüberhinaus gehenden Umweltpolitik ist. Dies kann auch dazu dienen, im Rahmen von preispolitischen Überlegungen umweltschutzbedingte Preiserhöhungen in der Öffentlichkeit zu rechtfertigen.[318]

Umweltschutzkosten haben häufig Fixkostencharakter. Im Rahmen einer Deckungsbeitragsrechnung werden von den jeweiligen Erlösen die proportionalen Selbstkosten abgezogen, um Deckungsbeiträge zu ermitteln. Von den Deckungsbeiträgen werden nun die beschäftigungsfixen Kosten (mit den fixen Umweltschutzkosten) abgezogen. Die Erweiterung der „herkömmlichen" DB-Rechnung besteht im expliziten Ausweis der fixen Umweltschutzkosten.

Kalkulationsobjekte in der umweltschutzzielorientierten Kostenrechnung sind aber nicht nur die Kostenträger. Die betrieblichen Entscheidungsträger benötigen auch Informationen darüber, welche Kosten durch eine einzelne Umweltschutzmaßnahme, durch ein Maßnahmenbündel durch die Gesamtheit der von der Unternehmung durchgeführten Umweltschutzmaßnahmen oder durch das Nichtsetzen einer Maßnahme durch betriebliche Umweltbeanspruchungskosten angefallen sind. Damit werden Umweltschutzmaßnahmen bzw. das Nichtsetzen von Maßnahmen als neue zusätzliche Kalkulationsobjekte eingeführt. Die entsprechenden Kosten wären aus der Arten-, hauptsächlich aber aus der Stellenrechnung abzuleiten. Denkbar wäre auch eine Weiterverrechnung dieser betrieblichen Umwelt(schutz)kosten auf bestimmte Umweltkategorien, wie etwa Ressourcenschonung, Luftreinhaltung, Gewässerschonung, Bodenschutz, Recycling, Abfallentsorgung, o.ä., sofern eine exakte Abgrenzung der Bereiche untereinander möglich ist. Zu beachten ist, daß sich die betrieblichen Umwelt(schutz)kosten - wie üblich in der Kostenrechnung, aber etwa im „Gegensatz" zur betrieblichen Umweltwirkungsrechnung - auf den *gesamten* betriebsbedingten (ökonomischen) Wertverzehr, also unter Einschluß der Anlagegüter beziehen.

An dieser Stelle sei noch festgestellt, daß ein relativ hoher Umweltschutzkostenanteil bei (variablen) Selbstkosten oder hohe fixe Umweltschutzkosten nicht auf eine hohe Umweltfreundlichkeit der Produktherstellung an sich schließen läßt, da ja in den Kosten hohe Anteile für Maßnahmen zur *Verringerung* bereits entstandener Umweltwirkungen enthalten sein können (Nachsorgemaßnahmenkosten). Entscheidend für die tatsächliche relative Umweltverträglichkeit der Produktherstellung sind allerdings die „verbleibenden" betrieblichen Umweltwirkungen.

---

[318] Vgl. Wicke, L., u.a.: Betriebliche Umweltökonomie. München 1992, S. 254.

Allerdings lassen sich im Zeitablauf Veränderungen der Umweltschutzkosten feststellen, wobei Höhe und Art der Kosten von den (nicht getroffenen) Maßnahmen abhängt, was wieder auf unterschiedlichen Umweltpolitiken beruhen kann. Schließlich werden bei Typ 1 die Umweltschutzsachziele von außen vorgegeben, d.h. Art und Höhe der internen Umweltschutzkosten für die dann durchgeführten Maßnahmen orientierten sich ausschließlich an diesen externen Vorgaben. Gegenüber Typ 1 treten bei Typ 2 zusätzliche (vermeintliche) Umweltschutzmaßnahmen hinzu, die als interne Umweltschutzkosten ihren Niederschlag finden.

Bei Typ 3 und Typ 4 werden die Umweltschutzsachziele autonom bestimmt. Sie orientieren sich nach den erwarteten Erfolgskomponenten bzw. nach den Möglichkeiten zur effizienten Verringerung der Umweltwirkungen. Art und Höhe der betrieblichen Umweltschutzkosten werden vor allem durch die eigenständig gesetzten Umweltschutzmaßnahmen bestimmt. In Abhängigkeit von der Ausgangssituation und der Schrittgröße zum Erreichen der Umweltziele werden diese Kosten bei Typ 3 und Typ 4 i.d.R. höher liegen als bei Typ 1 oder Typ 2. Und das Verhältnis der Kosten für Nachsorgemaßnahmen zu den Kosten für Vorsorgemaßnahmen wird i.d.R. spiegelbildlich sein.

Als bereichsspezifische Aufgaben einer umweltschutzzielorientierten Kostenrechnung können bspw. genannt werden:[319]

a) Aufgaben im Bereich Planung und Entscheidung
- Planung und Vergleich von Selbstkosten bei einer bestimmter Produktart:
  - bei Verzicht auf Umweltschutzmaßnahmen (interne Beanspruchungskosten),
  - bei exakter Erfüllung gesetzlicher Auflagen („legal compliance"),
  - bei Erfüllung vertraglicher Auflagen.
- Kurzfristige Planung und Entscheidung über alternative Umweltschutzmaßnahmen
  - bei Verzicht auf Umweltschutzmaßnahmen (interne Beanspruchungskosten),
  - bei exakter Erfüllung gesetzlicher Auflagen („legal compliance"),
  - bei Erfüllung vertraglicher Auflagen.
- Neue Beschaffungspreise bzw. Beschaffungspreisuntergrenzen bei
  - Verzicht auf umweltverträglichere Roh-, Hilfs- oder Betriebsstoffe,
  - Verzicht auf umweltverträglichere Energieträger,
  - Substitution umweltverträglichere Roh-, Hilfs- oder Betriebsstoffe, bzw. Energieträger durch weniger umweltverträglichere Stoffe oder Energieträger
- Planung betrieblicher Umweltschutzkosten bei steuerlichen Vergünstigungen oder Subventionen

---

[319] Auf die Darstellung der für die kurzfristige Planung und Entscheidung von Umweltschutzmaßnahmen, sowie deren Soll-Ist-Vergleich notwendigen Plankostenrechnung, wird hier verzichtet. Zu den angeführten Beispielen vgl. etwa Roth, U.: Umweltkostenrechnung..., S. 88ff.

b) Aufgaben im Bereich Kontrolle

- Soll-Ist-Vergleich betrieblicher Umweltschutzkosten
- Kontrolle der Wirtschaftlichkeit (sachzielbezogener) umweltfreundlicher Produktherstellung (Typ 3)
- Kontrolle der Wirtschaftlichkeit einzelner (gesetzter oder nicht gesetzter) Umweltschutzmaßnahmen, Maßnahmenbündel oder gesamter betrieblicher Umweltschutzmaßnahmen
- Hilfestellung für Kostensenkungsmöglichkeiten bei Aufdeckung von Unwirtschaftlichkeiten und Schwachstellen
- Zeitvergleich bei Umweltschutzkosten
- Zwischenbetrieblicher Vergleich bei Umweltschutzkosten

c) Aufgaben im Bereich Publikation

- Bereitstellung von betrieblichen Umweltschutzkosten für den Geschäftsbericht
- Hilfestellung bei der Bewertung von Herstellungskosten umweltfreundlicher Halb- und Fertigerzeugnisse und bei selbsterstellten Umweltschutzanlagen
- Ausweis betrieblicher Umweltschutzkosten bei Kreditwürdigkeitsprüfungen
- Ausweis betrieblicher Umweltschutzkosten für Versicherungszwecke (Prämiengestaltung)
- Bereitstellung von Daten für Offenlegung betrieblicher Umweltschutzkosten im Rahmen einer ökologieorientierten Kommunikationspolitik (Typ 3 und 4)

Da die ökonomische Internalisierung externer Kosten nicht zwingend eine ökologische Internalisierung gleichen Ausmaßes nach sich zieht, sind aus den Daten der umweltschutzzielorientierten Kostenrechnung nur bedingt Informationen im Hinblick auf gegebene betriebliche Umweltwirkungen zu entnehmen.

5.2.1.2 Stoff- und energieflußorientierte Ansätze einer betrieblichen Umweltkostenrechnung

Wesentlicher Kritikpunkt an diesen Rechnungssystemen ist, daß die Festlegung der Umweltschutzkostenanteile praktisch nur bei Anwendung nachsorgender Technologien möglich ist. Dies bedeutet aber zugleich, daß die ökologische Treffsicherheit und Anwendbarkeit dieser Ansätze in dem Ausmaß sinkt, in dem der Einsatz integrierter Umweltschutztechnologien an Bedeutung gewinnt.[320] Dies betrifft vor allem jene Unternehmen, die eine Umweltpolitik nach Typ 3 und Typ 4 umsetzen.

---

[320] Dies bestätigt auch eine jüngst durchgeführte empirische Untersuchung in der Schweizer Industrie. Ausführlich dazu Gressly, J.-M.: Erfassung der Umweltschutzkosten ..., S. 349.

Im Mittelpunkt der stoff- und energieflußorientierten Kostenrechnungssysteme[321] stehen Ansätze wie „Flußkostenrechnung" oder „Reststoffkostenrechnung", die sich nicht auf den Begriff der betrieblichen Umweltschutzkosten stützen, sondern auf den Begriff der „Fluß- bzw. Fließkosten" aufbauen. Nahezu alle Kosten werden einbezogen, jedoch in einer anderen Struktur. Flußorientierte Kostenrechnungssysteme unterscheiden sich von umweltschutzziel-orientierten Ansätzen dadurch, daß Stoff- und Energieflüsse als maßgebliche Kostenfaktoren und Kostentreiber betrachtet werden. Neu ist, daß Kosten nicht nur dem gewünschten Output flußorientiert zugeordnet werden (= Produktkosten einschließlich Kosten integrierte Umwelt-schutzmaßnahmen, Abb. 5-8), sondern nach der gleichen Methodik auch auf Reststoffe und Abwärme (= Reststoff- und Abwärmekosten, Abb. 5-8).

Gerade die durchgängige Mengenverfolgung vom Einkauf der Stoffe bis zu deren Anfall als Ausschuß, Abfall, Abwasserinhaltsstoffe, Luftschadstoffe oder Abwärme läßt auch deren Entstehungskosten sichtbar werden. Dabei können die bislang „versteckten" Entstehungs-kosten (strichlierte Linie in „Betriebliche Umweltschutzmaßnahmenkosten", Abb. 5-8) weit über die Kosten der mit ihnen verknüpften nachsorgenden Umweltschutzmaßnahmen hinausgehen. Synergieeffekte bei der Verfolgung ökologischer und ökonomischer Ziele können durch kostensenkende Maßnahmen systematisch hervorgebracht werden, wie dies etwa im Modellprojekt „Umweltkosten-Management der Kunert AG 1995" belegt wurde.[322]

Abhängig von der unternehmensspezifischen Situation läßt sich die Flußkostenrechnung auch im Rahmen gängiger Vollkosten- oder Teilkostenrechnungssysteme (z.B. Grenzplankosten-rechnung) entwickeln. Wenn hingegen die verursachungsgerechte Zuordnung von Stoff- und Energieströmen einerseits und wachsender Gemeinkosten andererseits zu den damit verbun-denen Unternehmensprozessen eine zentrale Forderung ist, so muß die Prozeßkostenrechnung präferiert werden.

Die Umweltrelevanz der Flußkosten ergibt sich durch die einfache, aber plausible Annahme, daß mit der Vermeidung oder Verminderung betrieblicher Stoff- und Energieströme geringere produktionsbedingte Umweltwirkungen einhergehen. Der zentrale Vorteil der Flußkosten-rechnung besteht nun darin, daß die Beschäftigung mit der Frage, welche betrieblichen Maß-nahmen zu welchem Anteil dem Umweltschutz dienen, obsolet wird. Dies entspricht auch dem Gedanken eines vollintegrierten Umweltschutzes: Es geht um die flußorientierte Zuordnung jeglicher Kosten auf die Produkte als Wertschöpfungsträger einerseits und auf Reststoffe und Abwärme als Schadschöpfungsträger andererseits. Somit ergeben sich Produkt-

---

321   Vgl. dazu Kunert AG, Kienbaum Unternehmensberatung GmbH, Institut für Management und Umwelt der Universität Augsburg (Hrsg.): Modellprojekt Umweltkostenmanagement - Abschlußbericht. Immenstadt 1995; Bundesumweltministerium, Umweltbundesamt (Hrsg.): Handbuch Umweltcontrolling. München 1995, S. 439-457; Arndt, H.K.: Flußkostenrechnung - eine Umweltkostenkonzeption für das Umweltmanagement. In: Fichter, K. (Hrsg.): Die Öko-Audit-Verordnung - mit Öko-Controlling zum zertifizierten Umweltmanagementsystem. München, Wien 1995, S. 249-259.

322   Ausführlich hierzu Kunert AG, Kienbaum Unternehmensberatung GmbH, Institut für Management und Umwelt der Universität Augsburg (Hrsg.): Modellprojekt Umweltkostenmanagement ..., S. 35ff.

kosten immer einschließlich der Kosten integrierter Umweltschutzmaßnahmen. Der Ausweis und die Gegenüberstellung der drei Kostenpositionen „Produktkosten einschließlich Kosten integrierte Umweltschutzmaßnahmen", „Kosten reststoff- und abwärmeinduzierter Maßnahmen" und „Betriebliche Umweltbeanspruchungskosten" (die übrigens auch nur bei Existenz von Reststoffen oder Abwärme anfallen) im Zeitablauf ermöglicht Aussagen über ökonomische und ökonomisch-ökologische Internalisierungsgrade im Rahmen einer Flußkostenrechnung.

Abb. 5-8: Zusammenhang betriebliche Umweltschutzkosten und betriebliche Flußkosten

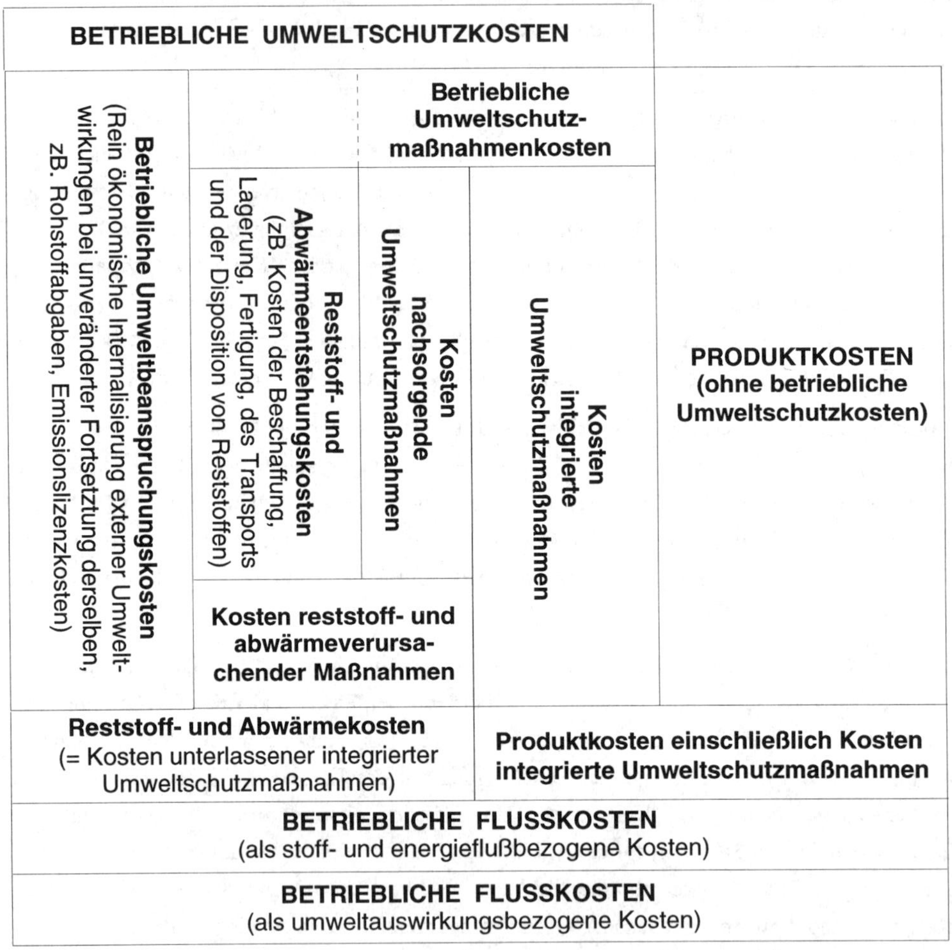

Quelle: eigene Darstellung

Ökologisch treffsicher ist eine Umweltkostenrechnung dann, wenn die ausgewiesenen Kosten betrieblicher Aktivitäten in hohem Ausmaß mit den verursachten tatsächlichen Umweltauswirkungen korrelieren. Unter der Voraussetzung, daß nicht Stoff- und Energieflüsse selbst sondern die durch sie verursachten Umweltauswirkungen zum maßgeblichen Kostentreiber werden,[323] muß für die Weiterentwicklung der Flußkostenrechnung eine enge Verknüpfung mit einer betrieblichen Umweltwirkungsrechnung (Element III in Abb. 5-5) gefordert werden. Das heißt, daß nicht reine Mengengrößen (z.B. Fehlcharge in Stück, Materialgewicht in kg) sondern wirkungsbezogen gewichtete Mengengrößen (z.B. Überdüngungs- und Versauerungspotential der Fehlcharge, Ozonabbaupotential und Ökotoxizität eines bestimmten Materials) als Kostenbezugseinheiten zu verwenden wären.[324] In diesem Fall kann von *umweltauswirkungsbezogenen Flußkosten* (Abb. 5-8) gesprochen werden. Diese Forderung ergibt sich aber auch aus der Tatsache, daß die Umweltrelevanz der stoff- und energieflußorientierten Ansätze der Umweltkostenrechnung zwar mit der Vermeidung oder Verminderung von Stoffflüssen, nicht aber mit deren Substituierung hinreichend erklärbar ist.

5.2.2 Ziele, Aufgaben und Untersuchungsraum einer betrieblichen Externkostenrechnung

Während bei der betrieblichen Umweltkostenrechnung Umweltwirkungen bloß als Instrument für die *Zuordnung* von Kosten fungieren,[325] *erweitern* sie im Rahmen der nun skizzierten Ansätze als monetarisierte externe Umweltbeanspruchung den Kostenbegriff.[326] Der damit verbundene Ausweis betrieblicher Umweltgesamtkosten (Abb. 5-6) geht über das herkömmliche Rechnungswesen weit hinaus und kann als erster Schritt zu einer ökologisch verpflichteten Unternehmensführung gesehen werden (II. Element in Abb. 5-5).

Es können grob drei Ansätze zur Monetarisierung betrieblicher Umweltwirkungen unterschieden werden[327]: Der Schadenskostenansatz, der Beseitigungskostenansatz (beide nachsorgeorientiert) und der Vermeidungskostenansatz.

Unter Heranziehung des letzteren Kostenansatzes kann die betriebliche Externkostenrechnung kurz folgendermaßen gekennzeichnet werden:

- Sie ist eine Erweiterung der betrieblichen Umweltkostenrechnung im Sinne des Einbezugs (externer) betrieblicher Umweltwirkungen als potentielle betriebliche Umweltschutzkosten, die getrennt von den (internen) betrieblichen Umweltschutzkosten zu erfassen und auszuweisen sind.

---

323   Im Rahmen einer auf Nachhaltigkeit ausgerichteten regionalen und überregionalen Umweltpolitik wird die Bedeutung stoff- und energieflußinduzierter Umweltauswirkungen als maßgebliche Kostentreiber noch zunehmen (z.B. Energie/CO_2-Abgaben oder Lizenzmodelle auf Basis von Umweltauswirkungen).

324   In der betrieblichen Praxis wird dies zunächst für jene Reststoffe gut umsetzbar sein, die unmittelbar oder über nachgelagerte Entsorgungsstufen in die natürliche Umwelt gelangen (Emissionen).

325   Umwelteinwirkungsmengen als Schlüsselgrößen etwa für die Verteilung von Umweltschutzgemeinkosten.

326   Frese/Kloock sprechen von einer „systematischen und vollständigen Integration der betrieblichen Umweltbelastungen und Umweltschutzaktionen in die unternehmerische Planungs-, Kontroll-, Lenkungs- und Publikationsrechnungen des internen Rechnungswesens" (Frese, E., Kloock, J.: Internes Rechnungswesen und Organisation aus der Sicht des Umweltschutzes..., S.7).

327   Zu den anderen möglichen Kostenansätzen siehe Kapitel 5.3. in dieser Arbeit.

- Als Bewertungsansatz für die potentiellen Kosten dienen jene Kosten, die für die (noch nicht realisierten) Umweltschutzmaßnahmen zur Vermeidung oder Verminderung betrieblicher Umweltwirkungen anzusetzen sind. Die monetäre Bewertung setzt dabei auf Umwelteinwirkungs*mengen* (Stoff- und Energieflüsse) auf.
- Sie kann - analog der betrieblichen Umweltkostenrechnung - als umweltschutzzielorientiertes oder als stoff- und energieflußorientiertes Kostenrechnungssystem geführt werden.

Die im Rahmen einer betrieblichen Externkostenrechnung erfaßten Umwelteinwirkungs*mengen* entsprechen einem Untersuchungsschritt zur Erstellung einer Ökobilanz (Sachbilanz). Bei Ökobilanzen werden allerdings nicht nur quantitative, „rechenbare" Stoff- und Energieströme erfaßt, sondern auch andere Umwelteinwirkungen miteinbezogen, wie landschaftliche Veränderungen oder direkte strukturelle Eingriffe in die Umwelt.[328]

Bei der betrieblichen Externkostenrechnung werden die im 1. Schritt erfaßten Umwelteinwirkungs*mengen* in einem nächsten Schritt mit den *potentiellen Kosten* für jene Umweltschutzmaßnahmen bewertet, die zur Vermeidung oder Verminderung der Umwelteinwirkungen führen: Das Umwelteinwirkungs*mengengerüst* wird mit der Wertkomponente der betrieblichen Umweltwirkungsrechnung verknüpft. Diese Bewertung dürfte insbesondere dann unproblematisch sein, wenn in der Unternehmung bereits eine betriebliche Umweltkostenrechnung existiert. So können etwa Planungsansätze einer bezugsgrößen- oder prozeßorientierten Umweltkostenrechnung als Potentialansätze verwendet werden.[329]

Da sich potentielle betriebliche Umweltkosten als "Soll"-Kosten und betriebliche Umweltkosten - nach Durchführung der entsprechenden Minderungsmaßnahmen - als interne „Ist"-Kosten auf gleiche Bewertungsgrundlagen stützen, bilden die betriebliche Externkosten- und Umweltkostenrechnung eine ökonomisch-konzeptionelle Einheit im Sinne einer betrieblichen Umweltgesamtkostenrechnung.

So wie bei der betrieblichen Umweltkostenrechnung können potentielle Umweltschutzmaßnahmenkosten auch auf bestimmte Umweltkategorien, wie etwa Ressourcenschonung, Luftreinhaltung, Gewässerschonung, Bodenschutz, Recycling, Abfallentsorgung, o.ä. weiterverrechnet werden, sofern eine hinreichende Abgrenzung der Bereiche untereinander möglich ist.

Untersuchungsräume einer betrieblichen Externkostenrechnung können je nach dem Ziel der Beobachtung unterschiedlich groß sein. Als kleinster Untersuchungsraum (= „kleinster ökologischer Betriebsbegriff") wird das *Basic Operational System (BOS)* definiert.[330] Dem *BOS*

---

328 Umwelteinwirkungsmengeninformationen stellen als Teil einer betrieblichen Ökobilanz bereits wesentliche Elemente eines betrieblichen Umweltinformationssystems (BUIS) dar.

329 Für Investitonsentscheidungen, bei denen sich die Konsequenzen der Alternativen über mehrere Perioden erstrecken (z.B. nachträglicher Einbau von Filtern oder Bau einer neuen Produktionsanlage mit integrierter Technologie), die Kosteninformationen aus der betrieblichen Umweltwirkungsrechnung nicht ausreichend. Dazu werden auch Wirtschaftlichkeits- bzw. Investitionsrechnungen benötigt.

330 Die Begriffbildung erfolgt in Anlehung an den in der ISO/DIS 14031 verwendeten Begriff „Operational System". Hinsichtlich der unterschiedlichen Untersuchungsweiten lehnt sich der Verfasser an die von

sind alle jene Stoff- und Energieströme aus der betrieblichen Tätigkeit zuzuordnen, die direkt vom Betrieb verursacht, „vor Ort" in die natürliche Umwelt (z.B. Luftschadstoffe) oder von dort direkt in den Betrieb (z.B. Umgebungswärme) gelangen. Weiters gehören dazu indirekt verursachte Stoff- und Energieflüsse aus der Energie- und Wasserversorgung (Vorstufen) sowie aus der Entsorgung anfallender Abfälle (Nachstufen). Wird die betriebliche Schauweise - nach Typ 3 oder Typ 4 - branchenstufen- bzw. produktlebenszyklusweit ausgedehnt, so sind je nach Beobachtungsziel weitere indirekt verursachte Stoff- und Energieflüsse aus Vor- und Nachstufen in den Untersuchungsraum einzubeziehen. In diesem Zusammenhang kann von (mehreren) *Wide Operational System(s) (WOS)* gesprochen werden.[331] Aus der Höhe potentieller betrieblicher Umweltschutzkosten, die für einzelne Branchenstufen im WOS erfaßt werden können, sind Potentiale für ökologische Wettbewerbsstrategien ableitbar.

Die bei einem engen ökologischen Betriebsbegriff erforderliche Zurechnung potentieller Umweltschutzkosten zu bestimmten Vor- und Nachstufen wirft umwelteinwirkungs*mengen*- und umwelteinwirkungs*kosten*mäßige Zurechnungsprobleme auf, die an dieser Stelle nicht vertieft behandelt werden können.[332] Bei einem weiteren ökologischen Betriebsbegriff bzw. einem WOS dürften die praktischen Probleme und Kosten der Informationsgewinnung mindestens so groß sein, wie bei der Erstellung von Produkt-Ökobilanzen.

Wird der Untersuchungsraum zusätzlich auf jene Umweltwirkungen ausgedehnt, die durch die *Anlagegüter* (z.B. Gebäude, Maschinen) in den Vor- und Nachstufen verursacht werden, so könnten die Mengen- und Kostengrößen der betroffenen Anlagegütern analog einer Abschreibungsmethodik auf die Bezugsobjekte der betriebliche Externkostenrechnung verrechnet und ausgewiesen werden.

Eine bislang einzigartige Form einer Umweltkostenrechnung legt seit 1990 die BSO/Origin, eine in 14 Ländern vertretene niederländische Unternehmensberatungsfirma jährlich in ihrem Geschäftsbericht vor. Dabei werden sowohl die (internen) betrieblichen Umweltschutzkosten als auch die externen Umweltbeanspuchungskosten ausgewiesen.[333] BSO erfaßt ihre externen Umweltbeanspuchungskosten in Form potentieller Umweltschutzmaßnahmenkosten als Sonderrechnung. Dabei orientiert sich BSO an Reduktionszielen für Umweltwirkungen, wie sie

---

Braunschweig/Müller-Wenk konzipierte Systematik von „Kernbilanz" und „Komplementärbilanzen" an (vgl. Braunschweig, A., Müller-Wenk, R.: Ökobilanzen für Unternehmungen. Bern, Stuttgart, Wien 1993, S. 57ff.), wobei im schweizer Kernbilanzkonzept die Umweltwirkungen aus der Wasserversorgung nicht enthalten sind.

[331] Ausführlich zu „Komplementätbilanzen" bei Braunschweig/Müller-Wenk (ebd., S. 58ff.).

[332] Bevor außerbetriebliche potentielle Umweltschutz(maßnahmen)kosten zugerechnet werden können, müssen innerbetriebliche und zwischenbetriebliche umwelteinwirkungs*mengen*mäßigen Zurechnungsprobleme gelöst sein. Diesbezügliche mögliche Problemlösungen eröffnen sich im Rahmen einer Neukonzeption der betrieblichen Kostenrechnung. Als Kristallisationskern für die Neukonzeption einer Kostenrechnung, wie sie bei Ausweitung des Untersuchungsraumes der ökologieorientierten Kostenrechnung angesprochen wurde, hat sich in den letzten Jahren die Prozeßkostenrechnung herausgebildet.

[333] Die sog. „costs of environmental effects" bei BSO beinhalten die internen Umweltbeanspruchungskosten, die Umweltschutzmaßnahmenkosten und die externen Umweltbeanspruchungskosten. Ausführlicher hierzu BSO/Origin (Hrsg.): Annual Accounts 1992. Utrecht (Niederlande) 1993, S. 106ff.

im niederländischen nationalen Umweltplan vorgegeben sind oder wie sie durch Empfehlungen von Expertengremien zum Ausdruck kommen.[334] Von den ermittelten externen Umweltkosten werden die internen Umweltbeanspruchungskosten (Umweltabgaben) abgezogen. Ergebnis ist dann die von BSO direkt verursachte, aber nicht ökologisch internalisierte Umweltbeanspruchung in Geldeinheiten (Umwelt-Netto-Beanspruchung), die - gemessen an den gesellschaftlich festgelegten Reduktionszielen - für BSO mittelfristig als nicht akzeptabel erscheint und daher eine zu minimierende Größe darstellt. Diese „Umwelt-Netto-Beanspruchung" wird abschließend noch vom Betriebsertrag („value added") abgezogen und ergibt so den Netto-Betriebsertrag („Net value added").[335]

Als Kostenpotentialanalyse ermöglicht die betriebliche Externkostenrechnung somit u.a.:

- Die Identifizierung von Schwachstellen in der Form, daß gegenwärtige Umwelt-einwirkungs*mengen* zukünftig zu hohen Umweltschutzkosten führen werden, wenn zu ihrer Vermeidung oder Verminderung nur „teure" oder keine Umweltschutzmaßnahmen zur Verfügung stehen,

- das Festlegen von Umwelt-Forschungsschwerpunkten aufgrund hoher Wachstums-potentiale bei externen Umweltbeanspruchungskosten,

- Identifizierung und Priorisierung neuer Wettbewerbsstrategien, insbesondere im Rahmen der lebenszyklusweiten Betrachtung externer Umweltbeanspruchungskosten,

- Bereitstellung von Daten über externe Umweltbeanspruchungskosten auf Betriebsebene, auf Prozeß- bzw. Kostenstellenebene sowie auf Produktebene an interne und externe Anspruchsgruppen.

- die Weiterentwicklung der betrieblichen Umweltpolitik durch eine andere Sichtweise betrieblich verursachter Kosten (Umweltgesamtkostensicht).

Hauptansatzpunkt der Kritik an der monetären Bewertung von Umweltwirkungen im allgemeinen und am Vermeidungskostenansatz im speziellen ist, daß zwischen Niveau und Verlauf der potentiellen Kosten für mögliche Umweltschutzmaßnahmen und den betrieblichen Umweltwirkungen im Sinne eines qualitativ veränderten Umweltzustandes kein linearer Zusammenhang besteht. Dies gilt ebenso für Kosten bereits umgesetzter Umweltschutzmaß-nahmen und den durch diese Maßnahmen entstandenen (tatsächlichen) ökologischen Nutzen.

Dies macht deutlich, daß die betriebliche Externkostenrechnung mit ihrem erweiterten Kostenbegriff zwar als Planungs- und Entscheidungsgrundlage für Kostenstrategien (Vermeidung potentieller Umweltschutzkosten) und zur Identifizierung zukünftiger Geschäftsfelder geeignet ist, als Planungs- und Entscheidungsgrundlage für Strategien zur Vermeidung von Umwelt*wirkungen* stellt sie jedoch nur eine Vorstufe dar, bleiben doch unternehmerische

---

[334]   BSO geht hier davon aus, daß die Gesellschaft in dem Umfang Maßnahmen ergreift, bis ein gesell-schaftlich akzeptiertes - i.d.R. gesetzlich verankertes - Maß an Umweltwirkung erreicht ist, d.h. die Grenzkosten der Umweltwirkungsverringerung dem Grenznutzen entspricht.

[335]   Vgl. BSO/Origin (Hrsg.): Annual Accounts 1992 ..., S. 110.

Entscheidungen über Umweltschutzmaßnahmen und Umweltnutzen im Rahmen einer Monetarisierung betrieblicher Umweltwirkungen bloß ökonomisch rational unterstützt.

5.2.3 Ziele, Aufgaben und Untersuchungsraum der betrieblichen Umweltwirkungsrechnung

Der obigen Kritik kann durch die Einführung einer *betrieblichen Umweltwirkungsrechnung* begegnet werden. Ziel dieses Rechnungssystems ist die Abbildung und quantitative Bewertung betrieblicher Umweltauswirkungen. Dazu gehören Ressourcenverknappung, Treibhauseffekt, Ozonschichtzerstörung Lärmbelastungen, Landschaftsbildbeeinträchtigungen u.a., wie sie als heute vordringliche Umweltprobleme im CML-Modell unter dem Begriff der Wirkungskategorien zusammengefaßt sind (Tab. 5-5).

Tab. 5-5:   Umweltauswirkungen und deren Meßbarkeit im CML-Modell

Wirkungskategorien - Umweltauswirkungen		*Äquivalenzfaktor*	*Einheit des Wirkungsindikators*
Ressourcen-verknappung	Verknappung abiotischer Ressourcen	1/Reserven	-
	Verknappung biotischer Ressourcen	BDF	a^{-1}
Belastungen durch Emissionen	Treibhauseffekt	GWP	kg CO_2-Äquivalente
	Ozonschichtzerstörung	ODP	kg CFC11-Äquivalente
	Humantoxizität	HCA, HCW, HCS	kg Körpergewicht
	Ökotoxizität (aquatisch, terrestrisch)	ECA, ECT	m^3 Wasser bzw. kg Boden
	Photooxidantienbildung	POCP	kg C_2H_4-Äquivalente
	Versauerung	AP	kg SO_2-Äquivalente
	Überdüngung	NP	kg PO_4^{-3}-Äquivalente
	Strahlungbelastung	1/ALI	a^{-1}
	Belastungen durch Abwärme	1	MJ
	Geruchsbelästigung	1/OTV	m^3 Luft
	Lärmbelastungen	1	$Pa^2 \ast s$
	Austrocknung	1	kg (oder l) Wasser
Zerstörung	Physische Ökosystembeeinträchtigung und Landschaftsbildbeeinträchtigung	1	$m^2 \ast s$ (Veränderungen innerhalb 5 Kategorien)

Quelle: nach Heijungs, R., u.a.: Environmental Life Cycle Assessment of Products - II Backgrounds. Leiden 1992, S. 68ff.

Ausgehend von einer betrieblichen Externkostenrechnung stellt die betriebliche Umweltwirkungsrechnung den nächsten logischen Schritt zur Erweiterung eines ökologisch orientierten Rechnungswesens dar (III. Element in Abb. 5-5). Erfaßte Umwelteinwirkungsmengen werden statt mit ihren potentiellen Kostenwirkungen mit den ökologischen Auswirkungen bewertet, wobei sich die Bewertungakteure hier auf naturwissenschaftliche Erkenntnisse stützen. Dies macht auch den - im Vergleich zur Externkostenrechnung - notwendigen Perspektivenwechsel zur Bearbeitung des Untersuchungsraumes deutlich.

Die betriebliche Umweltwirkungsrechnung kann auch als Baustein einer ökologieorientierten Nutzenrechnung betrachtet werden, da vermiedene oder verminderte Umweltauswirkungen zu einem „ökologischen Nutzen" im Sinne eines qualitativ verbesserten Umweltzustandes[336] führen. Ein so definierter Nutzen ist als Ausfluß von Entscheidungen über Umweltschutz- maßnahmen zu sehen, die auf dem umweltpolitischen Rationalitätsniveau des Typ 4 begründet sind. Die betriebliche Umweltwirkungsrechnung bildet in diesem Zusammenhang auch eine Vorstufe für eine betriebliche Umweltzustandsrechnung (siehe unten).

Grundsätzlich stellt sich natürlich die Frage, ob nur unter Typ 4 eine betriebliche Umwelt- wirkungsrechnung zur Anwendung gelangt. Im Rahmen einer Umweltpolitik vom Typ 3 wird sich die Unternehmensleitung allerdings kaum für ihre „tatsächliche" Umweltleistung interes- sieren. Es sei denn, der Unternehmenserfolg läßt sich (langfristig) nur sichern bzw. steigern, wenn die betriebliche Umweltleistung besonders glaubwürdig kommuniziert wird. Im Vergleich dazu kann bei Typ 4 von einem „bedingungslosen" Einsatz der betrieblichen Umwelt- wirkungsrechnung gesprochen werden.

Bei der Bewertung von Umweltauswirkungen kommen Verfahren ins Blickfeld, die unter dem Sammelbegriff der „Ökobilanzierung"[337] bekannt wurden. Ökobilanzen umfassen heute stand- ortbezogene Analysen und produktbezogene Analysen (Produktökobilanzen)[338]. Die Aufga- ben der betrieblichen Umweltwirkungsrechnung und der Betriebsökobilanz überlappen sich im quantitativ-rechnerischen: Beide Verfahren befassen sich mit der Erfassung und Zuordnung umweltrelevanter Stoff- und Energieströme sowie deren Umweltauswirkungen. Bei der betrieb- lichen Umweltwirkungsrechnung werden - dem Stoff- bzw. Energiefluß folgend - Einwirkungs- arten (Stoff- und Energieströme des Untersuchungsraumes) erfaßt und diese über Einwir- kungsstellen (Abteilungen, Anlagen) bzw. -prozesse auf Einwirkungsträger (Produkte) zuge- ordnet. Dies entspricht dem Schritt der Sachbilanzerstellung im Rahmen einer Ökobilan- zierung. Parallel dazu werden die erhobenen Stoff- und Energieströme hinsichtlich ihrer potentiellen Umweltauswirkungen unter Zuhilfenahme spezifischer Meßgrößen abgeschätzt und *innerhalb* einer Wirkungskategorie aggregiert (Tab. 5-5). Nach dieser Methodik können

---

[336]   Ausführlich dazu Metzger, A.G.: Zur Problematik der Berücksichtigung ökologischer Aspekte bei der investitionsrechnerischen Beurteilung von Luftreinhaltemaßnahmen. Diss. Mannheim 1987, S. 108ff.

[337]   Ausführlich dazu Prammer, H. K.: Einsatzgebiete und Leistungsfähigkeit ökobilanzieller Bewertungsver- fahren. In: Betriebliche Umweltwirtschaft - Grundzüge und Schwerpunkte. (Hrsg. von Malinsky, A. H.), Wiesbaden 1996, S. 211-243.

[338]   Im deutschen Sprachgebrauch wird der Begriff „Ökobilanzierung" für ökologische Analysen von Produkten und Dienstleistungen, Prozessen, Betrieben und Regionen verwendet. Hinsichtlich des Unter- suchungsraumes ist zu sagen, daß bei der Bilanzierung von Prozessen, Betrieben oder Regionen (standort- bezogene Ökobilanzierung) für die ökologisch relevanten Stoff- und Energieströme ein Ortsbezug feststellbar ist, d.h. der Bilanzraum ist geografisch abgrenzbar. Bei der Bilanzierung von Produkten und Dienstleistungen über den gesamten Produktlebensweg (produktbezogene Ökobilanzierung) ist dies nicht der Fall. Hier muß von "virtuellen" Bilanzräumen gesprochen werden. Im anglo-amerikanischen Sprachgebrauch kommt dieser Systemunterschied klar zum Ausdruck: Produktbezogene Ökobilanzen werden - dem nicht ortsbezogenen Lebensweggedanken folgend - als „life cycle assessments" bezeichnet. Und im Zusammenhang mit den Ergebnissen einer standortbezogenen Ökobilanzierung wird von „environmental performance of the operational system area", also der betriebliche Umweltleistung stand- ortbezogener Umwelteinwirkungen gesprochen (vgl. dazu: ISO/DIS 14.031 Environmental performance evaluation. Draft International Standard des ISO/TC 207/SC 4, Stand 1997, S. 10ff.). Zu Methodik von Produktökobilanzen näher Prammer, H.K.: Konzept und Praxis - Ökologische Bewertung von Dichtungs- massen. In: Müllmagazin, 10. Jg. (1997), Heft 4, S. 35 ff.

z.B. der Treibhauseffekt oder das Versauerungspotential mehrerer Produkte miteinander verglichen werden.[339] Mit dem Ausweis dieser Wirkungen bleibt die betriebliche Umweltwirkungsrechnung jedenfalls bei naturwissenschaftlich nachvollziehbaren Größen stehen. Die Grenzen umweltrechnerischer Unterstützung werden dann deutlich, wenn bei mehreren in Betracht kommenden Alternativen eine Handlungsalternative nicht bei allen Umweltauswirkungen (= Wirkungskategorien im CML-Verfahren) besser abschneidet als die anderen. Ökobilanzielle Bewertungen gehen nun über die naturwissenschaftlich-rechnerische Methodik hinaus und setzen unter Einbezug bestimmter Strukturierungshilfen (Nutzwertanalyse, Delphi-Methode u.a.) dort an, wo die Naturwissenschaften keine weiteren Grundlagen für eine Vollaggregation aller Wirkungsindizes liefern können.

Als bereichsspezifische Aufgaben einer betrieblichen Umweltwirkungsrechnung können bspw. genannt werden:

a) Aufgaben im Bereich Planung und Entscheidung

- Planungs- und Entscheidungshilfe für Umweltschutzmaßnahmen,
- Planungs- und Entscheidungshilfe bei behördlichen Verfahren über die Festlegung von Grenzwerten,
- Planungs- und Entscheidungshilfe bei der Festlegung autonomer ökologieorientierter Standards

durch die Ermittlung von Umweltauswirkungen auf Betriebs-, auf Prozeß-/Kostenstellen- und auf Produktebene (innerbetrieblich/überbetrieblich).

b) Aufgaben im Bereich Kontrolle

- Soll-Ist-Vergleich, Zeitvergleich und Betriebsvergleich von Umweltauswirkungen auf Betriebs-, auf Prozeß-/Kostenstellen- und auf Produktebene (innerbetrieblich/überbetrieblich).

c) Aufgaben im Bereich Publikation

- Bereitstellung von Daten über Umweltauswirkungen auf Betriebs-, auf Prozeß-/Kostenstellen- und auf Produktebene (innerbetrieblich/überbetrieblich) an interne und externe Anspruchsgruppen bzw. für den Geschäftsbericht.

5.2.4 Ziele, Aufgaben und Untersuchungsraum einer ökologieorientierten Kosten-Nutzen-Rechnung

Sie ist eine Kombination aus der betrieblichen Umweltwirkungsrechnung und der betrieblichen Externkostenrechnung. Als ex ante-Rechnung besteht ihre Aufgabe in der Entscheidungshilfe für alternativ zur Wahl stehende, zukünftige Umweltschutzmaßnahmen. Bei der ökologisch und ökonomisch rationalen Bewertung von alternativen Umweltschutzmaßnahmen geht es um das Verhältnis des durch die jeweilige Maßnahme zu erreichenden ökologischen Nutzens im

---

[339] Vgl. Clausen, J., Lehmann, S.: Handbuch Umwelt-Controlling. (Hrsg. vom Bundesministerium für Umwelt, Naturschutz und Reaktorsicherheit und vom Umweltbundesamt Berlin), München 1995, S. 147f.

Sinne vermiedener oder verminderter Schäden (Daten aus der betrieblichen Umweltwirkungsrechnung) zu den damit verbundenen potentiellen Umweltschutzkosten (Daten aus der betrieblichen Externkostenrechnung). Dieses Kosten-Nutzen-Verhältnis alternativer Umweltschutzmaßnahmen kann durch (einen) *Umweltentlastungskoeffizienten* ausgedrückt werden. Als Regel für die Entscheidungshilfe gilt, daß jene Umweltschutzalternativen zu präferieren sind, die die maximale Umweltauswirkungsverringerung je potentieller (zusätzlicher) Umweltschutzkosteneinheit verursachen.

Werden Umweltentlastungskoeffizienten auf der Ebene einzelner Umweltauswirkungen gebildet, so liegen mehrere Umweltentlastungskoeffizienten je Alternative vor (z.B. Veringerung des Wassereinsatzes je Geldeinheit und Verringerung des Treibhauseffektes je Geldeinheit), die im Rahmen einer Entscheidungsfindung zueinander zu gewichten sind. Werden die Umweltauswirkungsveränderungen einer betrachteten Alternative jedoch vor der Koeffizientenberechnung zu einem Gesamtumweltindex - etwa mittels nutzwertanalytischer Verfahren – aggregiert, so können dann alternative Umweltschutzmaßnahmen anhand des *einen*, zugehörigen Umweltentlastungskoeffizienten leichter bewertet werden.

Im Zuge einer ex post-Rechnung können dann tatsächliche Umweltauswirkungsveränderungen aufgrund durchgeführter Umweltschutzmaßnahmen je Periode (Ist-Nutzen) mit den angefallenen Maßnahmenkosten (Ist-Kosten aus der betrieblichen Umweltkostenrechnung) zum Zwecke der Effizienzkontrolle ins Verhältnis gesetzt werden.

Im Zusammenhang mit einer betrieblichen Umweltwirkungsrechnung kommt die Anwendung einer ökologieorientierten Kosten-Nutzen-Rechnung für Typ 3 nur unter der Bedingung in Frage, daß die Verringerung betrieblicher Umweltwirkungen letztlich vom Markt honoriert wird. Damit koppelt sich Typ 3 an das ökonomisch-ökologische Rationalitätsniveau seiner Märkte. Typ 4 setzt diese Instrumente „bedingungslos" ein.

5.2.5 Ziele, Aufgaben und Untersuchungsraum einer betrieblichen Umweltzustandsrechnung

Der Zustand der Umwelt (Wasser, Boden, Luft, Flora und Fauna) wird von öffentlich-rechtlichen Institutionen mit Hilfe von Umweltindikatoren auf lokaler, regionaler und globaler Ebene gemessen und bewertet. Aktuelle Umweltprobleme lassen sich so quantifizieren, um umweltpolitische Entscheidungen vorzubereiten und datenmäßig abzustützten. Für Unternehmen kann aus dem Spektrum der ausgewählten Indikatoren abgeleitet werden, welche Umweltprobleme die staatliche Ebene verstärkt Bedeutung zumißt.[340]

Wird der Zustand der (lokalen bzw. regionalen) Umwelt vom Unternehmen gemessen oder

---

[340] Solche öffentlich-rechtlichen Umweltindikatoren können z.B. Veröffentlichungen der Landes- oder Regionalverwaltung, der nationalen Umweltbundesämter, der Europäischen Union oder der Organisation für wirtschaftliche Zusammenarbeit und Entwicklung (OECD) entnommen werden.

erhoben, so wird von betrieblichen Umweltzustandsindikatoren oder -kennzahlen gesprochen. Konkret werden hier qualitative Veränderung der Umwelt aufgrund von Stoff- und Energieflüssen sowie aufgrund der Veränderungen umweltrelevanter Bestandsgrößen (Flächenbeanspruchung, Bodenbeeinträchtigung) periodisch gemessen. Dadurch können Unternehmen:

- Verständnis für den Zusammenhang zwischen Umweltauswirkungen des Unternehmens und dem Umweltzustand gewinnen,
- die lokale Umweltsituation wirksam kontrollieren
- und gegebenenfalls konkrete Verbesserungen des Umweltzustandes nachweisen und dokumentieren.

Die Anwendung der betrieblichen Umweltzustandsrechnung ist in der Praxis sehr schwierig, da der Einfluß eines einzelnen Betriebes auf den Zustand der Umwelt gegenüber den von anderen Betrieben oder privaten Haushalten oder etwa durch Umweltbelastungen, die durch den Verkehr verursacht werden, schwer abzugrenzen ist.

Die Veränderung des Umweltzustandes im Sinne einer Umweltqualitätsverbesserung ist vor allem einer Unternehmensführung nach Typ 4 ein Anliegen. Für Typ 3 ist dies nur dann von Interesse, wenn es bedeutende Geschäftsfelder gibt, in denen ökologische Leistungsfähigeit und Glaubwürdigkeit kritische Erfolgsfaktoren bilden.

5.3 Monetäre und nicht-monetäre Bewertungsmethoden als Vermittler des umweltpolitischen Rationalitätsniveaus

Das Ergebnis einer Bewertung basiert immer auf der Vorgabe eines Sachmodells (einer bestimmten Anforderung der Fakten), eines Wert- oder Zielsystems und einer Bewertungsmethode (Bewertungsregeln).

Die vom Umweltmanagement angewendeten Bewertungsmethoden hängen von der generellen Zielausrichtung der Umweltpolitik ab, die wiederum vom Wertsystem bzw. von der Werthaltung bestimmt wird. Zur Umsetzung der Umweltpolitiken können grundsätzlich zwei dem jeweiligen „umweltpolitischen Rationalitätsniveau" adäquate Bewertungsmethoden unterschieden werden:

a) *Bewertungsmethoden der monetären Bewertung,*
    wie sie in der betrieblichen Umweltkostenrechnung für die (internen) Umweltschutzkosten und in der betrieblichen Externkostenrechnung zur Bewertung der betrieblichen Umweltwirkungen Verwendung finden. Die Anwendung dieser Instrumente impliziert eine „ökonomische Rechenart der Natur".

b) *Bewertungsmethoden der nicht-monetären Bewertung,*
    wie sie etwa bei der betrieblichen Wirkungsrechnung oder bei nutzwertanalytischen Verfahren in Ökobilanzen Verwendung finden. Die Anwendung dieser Instrumente impliziert eine „ökologische Rechenart der Natur".

5.3.1 Von der Problematik monetärer Bewertung betrieblicher Umweltwirkungen und eines ökologischen Nutzens

Bei den im folgenden genannten Ansätzen handelt es sich um volkswirtschaftliche Methoden der monetären Bewertung von Umweltschäden, die jedoch für die Zwecke der Bewertung betrieblicher Umwelteinwirkungen diskutiert werden. Da für Umweltschäden keine Marktpreise vorliegen, muß auf Ersatzwerte als Hilfsgrößen zurückgegriffen werden. Bei einer Vielzahl von in der Literatur dargestellten Bewertungsansätzen werden im folgenden nur jene angeführt, die zum Verständnis und zur Präzisierung des in dieser Arbeit gewählten Ansatzes zweckmäßig sind. Dabei wird differenziert in nachsorgeorientierte Ansätze, die Umweltschäden bewerten und in vorsorgeorientierte Ansätze, die auf das Vorfeld der Entstehung von Umweltschäden abzielen.[341]

5.3.1.1 Nachsorgeorientierte Ansätze

Ansatz der Beseitigungskosten

Dabei handelt es sich um eine indirekte Bewertung von Umweltschäden, da nicht der tatsächliche Wert der Schäden, sondern deren Beseitigung in Form von Reinigung, Instandhaltung und Reparatur ermittelt wird.[342] Damit ist die Reinigung oder Reparatur von Gebäuden ebenso einbezogen, wie etwa die Aufbereitung von Trinkwasser. Wird bei Anwendung dieses Ansatzes - oft zwecks Vereinfachung der Kostenermittlung - eine direkte Abhängigkeit von Beseitigungskosten und Schadenshöhe unterstellt, so kann dies zu beträchtlichen Unterbewertungen führen. Vor allem deshalb, da irreparable Schäden bei diesem Ansatz nicht berücksichtigt werden können.

Interpretiert man umweltschutzorientierten Nutzen im Sinne verhinderter Schäden und bewertet dementsprechend mit vermiedenen Beseitigungskosten, so müßten schließlich jene Kosten erfaßt werden, die bei Eintritt der Schäden zur deren Beseitigung angefallen wären. Abgesehen davon, daß für das Beziehungsgefüge „Umwelteinwirkungen - Umweltauswirkungen - Schäden" noch erheblicher wissenschaftlicher Erklärungsbedarf besteht, ist es problematisch für derart hypothetisch erhobene Schäden auch noch Beseitigungskosten zu berechnen.

Für die betriebliche Anwendung diese Kostenansatzes sind alle additiven Umweltschutzmaßnahmen angesprochen, die zu einer Verringerung bestehender Umweltwirkungen führen.

Ansatz der Schadenskosten

Der Ansatz von Schadenskosten geht über den Ansatz der Beseitigungskosten hinaus und deckt alle jene Kosten ab, die entstehen, wenn Umwelteinwirkungen nicht an ihrer Quelle

---

[341] Bei diesen Ansätzen handelt es sich um volkswirtschaftliche Methoden der Bewertung, die für die Zwecke der Bewertung potentieller betrieblicher Umweltschutzkosten diskutiert werden.

[342] Vgl. z.B. Kapp, K.W.: Soziale Kosten der Marktwirtschaft. Frankfurt a. Main 1979, S. 62.

vermieden oder nach ihrer Entstehung nicht entsprechend vermindert wurden. Unter Schadens-kosten fallen Schäden der menschlichen Gesundheit, Vegetations- und Materialschäden sowie Schädigungen des Ökosystems.[343] Als Schadenskosten werden nicht nur die Kosten für die „Wiederherstellung" der geschädigten Güter, sondern auch die in der Volkswirtschaft oder dem Betroffenen entstehenden Kosten angesetzt. Bei Gesundheitsschäden wären dies etwa neben ärztlicher Behandlung, Pflegekosten, Kosten für Rehabilitation und Frühinvalidität auch die Kosten für den Ausfall der Arbeitsleistung (Ressourcenausfallkosten) sowie Einkommens-verluste des Erkrankten.[344] Immaterielle Schäden wie Schmerzen, Ängste u.ä. können praktisch nicht bewertet werden. Beim Ansatz der Schadenskosten ist vor allem die verursachungs-gerechte Zurechnung der Schäden ein Hauptproblem. Die doch zugerechneten Schäden werden - auch wegen quantitativen Datenmangels - allgemein als zu niedrig angesetzt beurteilt.[345]

Interpretiert man umweltschutzorientierten Nutzen im Sinne verhinderter Schäden und bewer-tet dementsprechend mit vermiedenen Schadenskosten, so müßten schließlich jene Kosten erfaßt werden, die bei Eintritt der Schäden zur Wiederherstellung der geschädigten Güter angefallen wären. Abgesehen davon, daß die Erforschung von Umweltwirkungen und Schäden durch die Komplexität ihrer Zusammenhänge limitiert wird, ist es außerordentlich proble-matisch für derart hypothetisch erhobene Schäden auch noch Schadenskosten zu berechnen.

Ansatz der „Defensiven Kosten"

Zur Beseitigung, Kompensation oder Neutralisation von Folgeschäden des Wirtschaftens (Kontraproduktivitäten) verwenden *Seidel/Menn* das Konzept der defensiven Kosten im umfassenden Sinne von „nachlaufenden Kosten".[346] Bei der Bewertung nach diesem Konzept handelt es sich um die zuvor dargestellten Wertansätze der Beseitigungs- und Schadenskosten.

5.3.1.2 Vorsorgeorientierte Ansätze - Ansatz von Vermeidungskosten

Diese Bewertung zielt auf das Vorfeld der Entstehung von Umweltschäden ab.[347] Dabei ist der Einsatz integrierter Technologie sowie die Durchführung organisatorischer Maßnahmen angesprochen, die zur Vermeidung von Umwelteinwirkungen an der Quelle beitragen. Die

---

343 Vgl. Rat von Sachverständigen für Umweltfragen: Umweltgutachten 1974. (Hrsg. vom Bundesminister des Inneren), Bundestagsdrucksache 7/2802, Bonn 1974, S. 164.

344 Vgl. Kapp, K.W.: Zur Theorie der Sozialkosten und der Umweltkrise. In: Sozialisierung der Verluste? Die sozialen Kosten des privatwirtschaftlichen Systems. (Hrsg. von Kapp, K.W., Vilmar, F.), München 1972, S. S. 46f.

345 Vgl. Rat von Sachverständigen für Umweltfragen ..., S. 164.

346 Vgl. Seidel, E., Menn, H.: Ökologisch orientierte Betriebswirtschaft..., S. 23f. und Leipert, C.: Brutto-sozialprodukt, defensive Ausgaben und Wohlfahrtsmessung - Zur Ermittlung eines von Wachstumskosten bereinigten Konsumindikators. In: Zeitschrift für Umweltpolitik, Heft 7 (1984), S. S. 245.

347 Vgl. z.B. Zwintz, R.: Die monetäre Bewertung materieller und immaterieller Umweltschäden. In: Umweltstrategie. Materialien und Analysen zu einer Umweltethik der Industriegesellschaft. (Hrsg. von Engelhardt, H.D.), Gütersloh 1975, S. 192ff.

Annahme einer direkten Abhängigkeit zwischen Vermeidungskosten und Umweltwirkungen führt auch hier wieder zu „unrealistischen" Bewertungen.

Liegt die tatsächliche Umwelteinwirkungsmenge über jener, die vom Gesetzgeber als Grenzwert vorgeschrieben ist, so sind die potentiellen Kosten jener Maßnahmen anzusetzen, die zum Erreichen des festgesetzten Grenzwertes erforderlich sind. Diese potentiellen Kosten können auch als *grenzwertbestimmte Prohibitivausgaben*[348] bezeichnet werden. Dieser Ansatz ist auch anwendbar, wenn die zu erreichenden Umweltziele nicht vom Gesetzgeber vorgegeben werden, sondern im Sinne einer Umweltpolitik vom Typ 3 oder Typ 4 autonom angestrebt werden. Die hierbei anfallenden Prohibitivausgaben können dann als durch *Erfolgskomponenten bestimmte Zahlungsbereitschaft* bzw. als durch *ethische Selbstverpflichtung bestimmte Zahlungsbereitschaft*[349] bezeichnet werden.

Hinsichtlich einer monetären Nutzenbewertung mittels Vermeidungskostenansatz sei hier angemerkt, daß zwischen den angesetzten Kosten und den durch diese Maßnahmen entstehenden ökologischen Nutzen *kein* gleichgerichteter Zusammenhang besteht.[350] Daher können obige Kostenansätze nur als Untergrenze für die Abbildung von Nutzen im Sinne eines qualitativ verbesserten Umweltzustandes betrachtet werden.

5.3.2 Welche Ansätze für die Bewertung betrieblicher Umweltschutzkosten und betrieblicher Umweltwirkungen entsprechen welchen umweltpolitischen Anforderungen?

Art der Kostenansätze und Höhe der Kosten für (unterlassene) Umweltschutzmaßnahmen sind ein Spiegelbild des umweltpolitischen Rationalitätsniveaus.

Unter Bezugnahme auf obige Ausführungen zur umweltschutzzielorientierten Kostenrechnung werden als *betriebliche Umweltschutzkosten*[351] definiert:

1. alle sachzielorientierten „herkömmlichen" Güterverbräuche, die im Zuge der Umweltinanspruchnahme anfallen, jedoch zu keiner ökologischen Internalisierung der betrieblichen

---

[348] Zur Methode der zielbestimmten Prohibitivausgaben zur Bewertung von Umweltwirkungen vgl. Marburger, E.-A.: Die ökonomische Beurteilung der städtischen Umweltbelastung durch Automobilabgase. Methoden und Quantifizierungsversuche. Dissertation Köln 1974, S. 133ff.

[349] Der Ansatz der Zahlungsbereitschaft ist ein in der Volkswirtschaft vielfach diskutierter Ansatz. Dazu etwa Endres, A.: Ökonomische Grundlagen der Umweltpolitik - Übersicht über aktuelle umweltökonomische Bücher. In: Zeitschrift für die gesamte Staatswissenschaft, Band 134 (1978), S. 548f.; Bonus, H.: Probleme der ökonomischen Bewertung von Umweltschäden. In: Volkswirtschaftliche Kosten durch Luftverunreinigungen (Infu-Werkstattreihe, Heft 4, hrsg. vom Institut für Umweltschutz der Universität Dortmund), 2. Auflage, Dortmund 1983, Anhang I, S. 168; Wicke, L.: Umweltschutz zahlt sich aus. In: Umwelt und Energie. Handbuch für die betriebliche Praxis. Gruppe 12 (Betriebswirtschaft/Volkswirtschaft), Freiburg im Breisgau 1988, S. 275.

[350] Wir zur Bestimmung des Umweltschutznutzens der Opportunitätskostenansatz angewendet, so besteht eine zusätzliche Problematik darin, daß der Umweltnutzen unterlegener Alternativen oft nicht bekannt ist oder sich nur sehr schwer ermitteln läßt.

[351] Vereinfachend als „interne Kosten zur Umweltinanspruchnahme und zur Vermeidung oder Verminderung betrieblicher Umweltwirkungen" bezeichnet.

Umweltwirkungen im Unternehmen führen (interne *betriebliche Umweltbeanspruchungs-kosten*)

2. alle sachzielorientierten Güterverbräuche für Umweltschutzmaßnahmen (*betriebliche Umweltschutzmaßnahmenkosten*), und zwar für: [352]

a) betriebliche Maßnahmen zur Vermeidung betrieblicher Umwelteinwirkungen (Vermeidungskostenansatz)[353]

b) betriebliche Maßnahmen zur Verminderung bereits entstandener Umwelteinwirkungen z.B. durch Verwertung von Altstoffen oder durch ordnungsgemäße Entsorgung (Beseitigungskostenansatz)

c) betriebliche umweltschutzbezogene Sicherheitsmaßnahmen (Vermeidungskostenansatz oder Beseitungskostenansatz) und für

d) die Ausgliederung der Maßnahmen nach a), b) oder c) (Übertragen ökologieorientierter Sachziele).

Betriebliche Umweltschutzkosten zur Bewertung des realen „herkömmlichen Wertverzehrs" durch umweltrelevante betriebliche Tätigkeiten stellen für jede Unternehmensführung - unabhängig vom Typus der Umweltpolitik - relevante Informationen dar, besonderen wenn additive Technologien eingesetzt werden (Typ 1 und Typ 2 in Tab. 5-6). Zugleich dient dieser Ansatz bei Typ 3 und Typ 4 auch zur Bewertung des potentiellen „herkömmlichen" Wertverzehrs durch umweltrelevante betriebliche Tätigkeiten (potentielle Umweltschutzkosten). Bei Typ 2 allerdings nur wenn dies zur Aufrechterhaltung des Unternehmensimage als umweltfreudliches Unternehmen dient.

Aus dem Blickwinkel von Typ 3 werden betriebliche Umweltwirkungen in autonom bestimmte (interne) betriebliche Umweltschutzkosten transformiert. Daher dient hier der Ansatz potentieller Umweltschutzkosten auch zur Bewertung des ökologischen Nutzens im Sinne vermiedener oder verminderter Umweltschäden.

In Bezugnahme auf obige Ausführungen ist für Unternehmungen, die dem integrierten Umweltschutz einen hohen Stellenwert einräumen (Typ 3 und Typ 4), nur mit Einschränkungen zu empfehlen umweltschutzkostenorientierte Ansätze anzuwenden. Grundsätzlich dürften hier Bewertungsansätze im Sinne von Flußkosten- oder Reststoffkosten sinnvoller sein, was jedoch eine entsprechende Ausgestaltung des betrieblichen (Umwelt-) Informationssystems voraussetzt.

Umweltschutzmaßnahmen von Typ 1, Typ 2 und Typ 3 bewegen sich innerhalb der rein ökonomischen Handlungsrationalität. Nur Typ 4 ist die Abbildung einer *Qualitätsverbesserung durch Umweltschutzmaßnahmen* ein unbedingtes Anliegen. Für Typ 4 kommen daher

---

[352] Ausführlich bei Frese, E., Kloock, J.: Internes Rechnungswesen und Organisation aus der Sicht ..., S. 15.

[353] Etwa bei der Tellus-Studie hat man zur Bewertung der relevanten Prozesse in der Abfallwirtschaft die Kosten zur *Vermeidung* bestimmter Schadstoffe angesetzt. Vgl. dazu Tellus-Institute (Hrsg.): Disposal Cost Fee Study: Final Report. Boston 1991.

aufgrund der oben diskutierten Probleme bei der monetären Bewertungen von Umweltschutznutzen im Sinne einer Verbesserung der Umweltqualität nicht in Frage. Zur Bewertung des „herkömmlichen" Wertverzehrs für zu setzende Umweltschutzmaßnahmen wird der gewählte Kostenansatz jedoch als geeignet erachtet.

Tab. 5-6: Anwendung von Bewertungsansätzen nach Umweltpolitiktypen

		Monetäre Bewertungsansätze						Nicht-monetäre Bewertungsansätze
		Ansatz realer Kosten		Ansatz potentieller Kosten				
		Betriebl. Umwelt- schutz- kosten	Betriebl. Fluß- od. Rest- stoff- kosten	Betriebl. Umwelt- schutz- kosten	Betriebl. Fluß- od. Rest- stoff- kosten	Betriebl. Umwelt- schutz- kosten	Betriebl. Fluß- od. Rest- stoff- kosten	
Umweltpolitik- typen	Typ 1	++	0	0	0	0	0	0
	Typ 2	++	0	+	0	+	0	0
	Typ 3	+	++	+	++	+	++	+
	Typ 4	+	++	+	++	0	+	++
		zur Bewertung des realen „herkömmlichen" Wertverzehrs durch umwelt- relevante betrieb- liche Tätigkeit		zur Bewertung des potentiellen „herkömmlichen" Wertverzehrs durch umwelt- relevante betrieb- liche Tätigkeit		zur Bewertung des ökologischen Nutzens durch umweltrelevante betriebliche Tätigkeit (Bewertung betrieblich induzierter Umweltqualitätsveränderungen)		

Legende: 0 - Bewertungsansatz entspricht nicht den umweltpolitischen Anforderungen
+ - Bewertungsansatz entspricht teilweise den umweltpolitischen Anforderungen
++ - Bewertungsansatz entspricht voll den umweltpolitischen Anforderungen

Quelle: eigene Darstellung

5.4 Zuordnung spezifischer Informationsinstrumente des ökologisch orientierten Rechnungswesens zu betrieblichen Umweltpolitiken

Der Typisierung betrieblicher Umweltpolitiken (Kap. 5.1) mit Formulierung entsprechender Aufgaben und Aufgabenlösungen durch spezifische Informationsinstrumente folgte eine kurze Darstellung dieser Instrumente (Kap. 5.2). Rationale Entscheidungen über den Einsatz von Instrumenten erfordern eine Beurteilung dieser Instrumente hinsichtlich ihrer Wirksamkeit zur Erreichung angestrebter Ziele.

Insofern ist der Einsatz von Informationsinstrumenten des (Umwelt-)Managements ein Spiegelbild der ökonomischen und ökologischen Rationalität dieses Managements. Einen Überblick über die bislang dargestellten Instrumente des ökologisch orientierten Rechnungswesens und deren Zuordnung zu einzelnen Umweltpolitiktypen zeigt Tab. 5-7.

Tab. 5-7: Die Zuordnung spezifischer Instrumente des ökologisch orientierten Rechnungswesens zu betrieblichen Umweltpolitiktypen

Spezifische Informations-instrumente der ökologisch orientierten Kostenrechnung	Typ 1: Umweltschutz als externe Vorgabe	Typ 2: Umweltschutz als Imageträger	Typ 3: Umweltschutz als Erfolgs-komponente	Typ 4: Umweltschutz aus ethischer Selbst-verpflichtung
Umweltschutzziel-orientierte Kosten-rechnung als betriebl. Umweltkostenrechnung	++	++	+	+
Stoff- und energiefluß-orientierte Kosten-rechnung als betriebl. Umweltkostenrechnung	0	0	++	++
Betriebliche Externkostenrechnung	0	+	++	+
Betriebliche Umweltwirkungs-rechnung	0	0	+	++
Ökologieorientierte Kosten-Nutzen-Rechnung	0	0	+	++
Betriebliche Umweltzustands-rechnung	0	0	0	++

Legende: 0   ... Informationsinstrument entspricht nicht den umweltpolitischen Anforderungen
+   ... Informationsinstrument entspricht teilweise den umweltpolit. Anforderungen
++   ... Informationsinstrument entspricht voll den umweltpolitischen Anforderungen

Quelle: eigene Darstellung

6 Schlußbetrachtung und Ausblick

Eine dauerhaft umweltgerechte Entwicklung der Gesellschaft erfordert in bezug auf die anthropogenen Stoff- und Energieflüsse eine Ausrichtung nicht am technisch Machbaren, sondern an den Grenzen der Quellen- und Senkenkapazität der Ökosphäre. Unternehmen sind gefordert, diese ökologischen Anforderungen nicht (nur) als neue „Restriktion" aufzugreifen, sondern sie in unternehmerischen und gesellschaftlichen Nutzen zu transformieren. Dazu benötigen sie Erfassungs- und Bewertungsinstrumente, die in der Lage sind, Informationen über die Zusammenhänge zwischen der natürlichen Umwelt und der betrieblichen Tätigkeit bereitzustellen.

Anliegen dieser Arbeit ist es, nicht verkürzend auf die betriebliche Nutzung ökologie-orientierter Informationen abzustellen, sondern zuvor einen Blick auf die ökologischen Problem- und Gefährdungslagen zu werfen und Grundeinsichten und Prämissen zur Ökologie-orientierung wirtschaftlichen Handelns zu hinterfragen. Erst dann wird deutlich, daß nur eine strukturelle und kulturelle Öffnung des Unternehmens - vor allem auf der normativ-ethischen Ebene - notwendige Voraussetzungen schafft, ökologische Anforderungen angemessen, d.h. ökonomisch und ökologisch rational zu begegnen und aufzuarbeiten.

Umweltschutz tritt im Unternehmen ambivalent auf: Als Kostenfaktor und Risikopotential ebenso, wie als Produktivitätsfaktor und Differenzierungspotential. Damit das Management die Querschnittaufgabe „Umweltschutz" in seiner funktions- und managementebenenüber-greifenden Weise bewältigen kann, wird die Gewinnung effektiver ökologieorientierter Informa-tionen und deren effiziente Nutzung zu einer zentralen Aufgabenstellung. Mit den „richtigen" Informationen für das Umweltmanagement schließt sich nun der Kreis zurück zum Rationali-tätsniveau des Umweltmanagements und damit zu Anknüpfungspunkten für eine dauerhaft umweltgerechte Entwicklung der Wirtschaft als Teil der Gesellschaft.

Die vorliegende Systematisierung der Umweltpolitiken und die Zuordnung entsprechender Informationsinstrumente des ökologieorientierten Rechnungswesens soll - vorwiegend für produzierende Unternehmen - zu einer konstruktiven Auseinandersetzung über Möglichkeiten und Grenzen umweltbezogener Positionen, Entwicklungsrichtungen und Maßnahmen beitragen. Das Management muß sich dabei bewußt sein, daß zum einen Entwicklungen nur begrenzt steuerbar sind, zum anderen Maßnahmen in Hinblick auf die zur Verfügung stehenden ökologieorientierten Informationen in Angriff genommen werden, obwohl die „richtige" Lösung nicht immer oder (noch) nicht ermittelt werden kann.

Ein Hauptanliegen dieser Arbeit ist es aufzuzeigen, daß betrieblicher Umweltschutz nicht nur kostenorientiert und auf kurze Sicht zu begreifen ist. Haben doch - hoffentlich - so manche Ausführungen verdeutlicht, daß von einem entsprechend ausgestalteten ökologieorientiertem Rechnungswesen auch strategische, innovatorische und präventive Anstöße ausgehen können.

Schwierigkeiten konzeptioneller Art bei den dargestellten ökologieorientierten Informations-instrumenten sowie bei deren Datengewinnung lassen jedoch keine (Selbst)Zufriedenheit aufkommen: Für die Zukunft ist zu wünschen, daß (Weiter)Entwicklung, Treffsicherheit und Verbreitung dieser Instrumente von betriebswirtschaftlichen, technischen und ökologischen Disziplinen gemeinsam mit der Unternehmenspraxis getragen werden.

Im Hinblick auf die in der jüngsten Vergangenheit veröffentlichten Daten zum veränderten Umweltbewußtsein und -verhalten von Konsumenten[354] sollte sich der Blick auch stärker auf jene Faktoren in den gesellschaftlichen Handlungsfeldern richten, die einer nachhaltigen Entwicklung förderlich sind bzw. ihr entgegenstehen. Erklärungs- und Gestaltungsansätze auf dieser Ebene können Hilfestellung auch für instrumentelle Umorientierungen auf der unternehmerischen Ebene bieten.

---

[354] Vgl. Meffert, H., Kirchgeorg, M.: Ökologieorientiertes Konsumentenverhalten als markt- und wettbewerbsstrategische Herausforderung für das Umweltmanagement. In. Handbuch des integrierten Umweltmanagements. (Hrsg. von Steger, U.), München, Wien, Oldenbourg 1997, S. 223ff.

Literaturverzeichnis

Ackoff, R.L.: Creating the Corporate Future: Plan or Be Planned for. New York 1981.

Ackoff, R.L.: A Guide to Controlling your Corporations Future. New York 1984.

Albert, H.: Politische Ökonomie und rationale Politik. In: Aufklärung und Steuerung. (Hrsg. von Albert, H.), Hamburg 1976, S. 91-122.

Albert, H.: Individuelles Handeln und soziale Steuerung. Die ökonomische Tradition und ihr Erkenntnisprogramm. In: Handlungstheorien - interdisziplinär. (Bd. IV, hrsg. von Lenk, H.), München 1977, S. 177-225.

Albert, H.: Traktat über rationale Praxis, Tübingen 1978.

Aldrich, H.E.: Organizations and environments, Englewood Cliffs, New York 1979.

Antes, R.: Umweltschutzinnovationen als Chance des aktiven Umweltschutzes für Unternehmen im sozialen Wandel. (Arbeitspapier Nr. 16 der Schriftenreihe des Instituts für ökologische Wirtschaftsforschung Berlin), Berlin 1988.

Apel, K-O.: Diskurs und Verantwortung. Das Problem des Übergangs zur postkonventionellen Moral. Frankfurt a.M. 1988.

Apel, K.-O. (Hrsg.): Transformation der Philosophie, Bd. 1, Frankfurt a. M. 1973.

Apel, K.-O.: Die Kommunikationsgemeinschaft als transzendente Voraussetzung der Sozialwissenschaften. In: Transformation der Philosophie. (Bd. 2, hrsg. von Apel, K.-O.), Frankfurt 1973, S. 220-263.

Arndt, H.K.: Flußkostenrechnung - eine Umweltkostenkonzeption für das Umweltmanagement. In: Fichter, K. (Hrsg.): Die Öko-Audit-Verordnung - mit Öko-Controlling zum zertifizierten Umweltmanagementsystem. München, Wien 1995.

Barman, J.P.: Ökologie eine unternehmerische Herausforderung, Gesellschaftliche Akzeptanz als Voraussetzung für wirtschaftlichen Erfolg. Bern, Stuttgart, Wien 1992.

Bildlingmaier, J.: Unternehmerziele und Unternehmensstrategien. Wiesbaden 1964.

Bidlingmaier, J., Schneider, D.: Ziele, Zielsysteme und Zielkonflikte. In: Handwörterbuch der Betriebswirtschaft. (Hrsg. von Grochla, E., Wittmann, W.), Stuttgart 1976, Sp. 4731-4740.

Bleicher, K.: Das Konzept Integriertes Management. 2. Auflage, Frankurt/Main, New York 1992.

Bleicher, K.: Normatives Management, Frankfurt a. M., New York 1994.

Bonus, H.: Probleme der ökonomischen Bewertung von Umweltschäden. In: Volkswirtschaftliche Kosten durch Luftverunreinigungen (Infu-Werkstattreihe, Heft 4, hrsg. vom Institut für Umweltschutz der Universität Dortmund), 2. Auflage, Dortmund 1983, Anhang I, S. 160-177.

Braunschweig, A., Müller-Wenk, R.: Ökobilanzen für Unternehmungen. Bern, Stuttgart, Wien 1993.

Brown, L.R.: Die neue Weltordnung. In: Zur Lage der Welt 91/92. (Hrsg. vom Worldwatch Institute, deutsche Übersetzung hrsg. von Michelsen, G.), Frankfurt/Main 1991, S. 9-43.

Brugger, E.A., Clémencon, R.G.: Sustainable Development: A Challenge for the Business World. In: WICEM II Background papers. (Hrsg. von Willems, J.O., Golüke, U.), Rotterdam 1991.

Brundtland, G.H. (Hrsg.): Our Common Future. Oxford Univ. Press 1987.

Buchanan, J.M.: Freedom in Constitutional Contract. Perspectives of a Political Economist. London 1977.

Budäus, D., Gerum, E., Zimmermann, G. (Hrsg.): Betriebswirtschaftslehre und Theorie der Verfügungsrechte. Wiesbaden 1988.

Bundesumweltministerium, Umweltbundesamt Berlin (Hrsg.): Handbuch Umweltcontrolling. München 1995.

Burla, S.: Rationales Management in Nonprofit-Organisationen. Bern 1990.

Clausen, J., Lehmann, S.: Handbuch Umwelt-Controlling. (Hrsg. vom Bundesministerium für Umwelt, Naturschutz und Reaktorsicherheit und vom Umweltbundesamt Berlin), München 1995.

Copley, F.B.: Frederick W. Taylor: Father of scientific management, Vols. I and II, New York 1923.

Council on Environmental Quality und US-Außenministerium (Hrsg.): Global 2000. Der Bericht an den Präsidenten (deutsche Übersetzung hrsg. von Kaiser, R.). 24. Auflage, Frankfurt a.M. 1981.

Cyert, R.M., March, J.G.: A Behavioral Theory of the Firm. Englewood Cliffs 1963.

Dahl, R.A., Lindblom, Ch.E.: Politics, economics and welfare, New York 1953.

Daly, H., u.a.: For the Common Good: Redirecting the Economy Towards Community, Environment and a Sustainable Future. Boston 1989.

Dlugos, G.: Unternehmensplanung und Unternehmenspolitik unter pluralistischem Aspekt. In: Organisation. Evolutionäre Interdependenzen von Kultur und Struktur der Unternehmung. (Hrsg. von Seidel, E., Wagner, D.), Wiesbaden 1989, S. 39-53.

Döring, U.: Kostenrechnung und Steuern. In: Handwörterbuch der Betriebswirtschaft. (Hrsg. von Wittmann, W. u.a.), Teilband 2, Stuttgart 1993, Sp. 2340-2352.

Dyllick, T., Probst, G.: Lebensgrundlagen und Werthaltungen im Wandel. In: Mitarbeiterführung und gesellschaftlicher Wandel. (Hrsg. von Siegwart, H., Probst, G.), Bern, Stuttgart 1983, S. 17-47.

Dyllick, Th.: Ökologisch bewußtes Management. In: Die Orientierung (Schriftenreihe der Schweizerischen Volksbank, Nr. 96.), Bern 1990.

Endres, A.: Ökonomische Grundlagen der Umweltpolitik - Übersicht über aktuelle umweltökonomische Bücher. In: Zeitschrift für die gesamte Staatswissenschaft, Band 134 (1978), S. 546-572.

Fayol, H.: Allgemeine und industrielle Verwaltung. Berlin 1929 (deutsche Übersetzung).

Fichter, K., Loew T., Seidel E.: Betriebliche Umweltkostenrechnung. Berlin, Heidelberg 1997.

Fleischmann, E., Paudtke, H.: Rechnungswesen: Kosten des Umweltschutzes. In: Handbuch des Umweltschutzes (Teil M, III-7, hrsg. von Heigl, A., Schäfer, K., Vogel, J.), Betriebswirtschaftliches Umweltschutzmanagement, Landsberg am Lech 1977, III-7, S. 1-23.

Freeman, R.E.: Strategic Management: A Stakeholder Approach. Boston 1984.

Freimann, J.: Plädoyer für die Normierung von betrieblichen Öko-Bilanzen. In: Ökologische Herausforderung der Betriebswirtschaftslehre. (Hrsg. von Freimann, J.), Wiesbaden 1990, S. 177-195.

Frese, E., Kloock, J.: Internes Rechnungswesen und Organisation aus der Sicht des Umweltschutzes. In: Betriebswirtschaftliche Forschung und Praxis. 41. Jg. (1989), S. 1-29.

Frey, B.S.: Theorie demokratischer Wirtschaftspolitik, München 1981.

Fritz, W., Förster, F., Wiedmann, K.P.: Neuere Resultate der empirischen Zielforschung und ihre Bedeutung für strategisches Management und Managementlehre, Arbeitspapier Nr. 57. Mannheim 1987.

Gälweiler, A.: Strategische Unternehmensführung. Frankfurt a.M., New York 1987.

Gorsler, B.: Umsetzung ökologisch bewußten Denkens. Eine Studie zur Unternehmenskultur. Dissertation. Bern, Stuttgart 1991.

Gressly, J.-M.: Erfassung der Umweltschutzkosten anhand von Beispielen in der Schweizer Industrie. Bern, Stuttgart, Wien 1996.

Gröschner, R.: Zur rechtsphilosophischen Fundierung einer Unternehmensethik. In: Unternehmensethik. (Hrsg. von Steinmann, H., Löhr, A.), 1. Auflage 1989, Stuttgart 1991.

Haasis, H. D., Hackenberg, D., Hillenbrand, R.: Betriebliche Umweltinformationssysteme. In: Information Management, Heft 4 (1989), S. 46-48.

Haber, W.: Über den Beitrag der Ökosystemforschung zur Entwicklung der menschlichen Umwelt. In: Systemforschung und Neuerungsmanagement. (Hrsg. von Bierfelder, W., Höcker, K.H.), München, Wien 1980, S. 135-159.

Habermas, J.: Theorie des kommunikativen Handelns. Bd. 1, Frankfurt a.M. 1981.

Habermas, J.: Moralbewußtsein und kommunikatives Handeln. Frankfurt a. M. 1983.

Habermas, J.: Der philosophische Diskurs der Moderne. Frankfurt a.M. 1985.

Habermas, J.: Erläuterungen zur Diskursethik. Frankfurt a.M. 1991.

Hallay, H.: Die Ökobilanz. Ein betriebliches Informationssystem. (Schriftenreihe des Institutes für ökologische Wirtschaftsforschung, Nr. 27/89), Berlin 1989.

Hansmeyer, K.-H.: Umweltschutz und Betrieb. In: Handwörterbuch der Betriebswirtschaft. (Bd. 3, hrsg. von Grochla, E., Wittmann, W.) , 4. Auflage, Stuttgart 1976, Sp. 4026-4035.

Harborth, H.-J.: Dauerhafte Entwicklung statt globaler Selbstzerstörung - Eine Einführung in das Konzept des Sustainable Development. Berlin 1991.

Hartfelder, D.: Unternehmen und Management vor der Sinnfrage - Ursachen, Probleme und Gestaltungshinweise zu ihrer Bewältigung. Diss. St. Gallen 1989.

Heinen, E.: Grundfragen der entscheidungsorientierten Betriebswirtschaftslehre. München 1976.

Heinen, E.: Grundlagen betriebswirtschaftlicher Entscheidungen. Das Zielsystem der Unternehmung. Wiesbaden 1976.

Heinen, E.: Industriebetriebslehre als Entscheidungslehre. In: Industriebetriebslehre - Entscheidungen im Industriebetrieb. (Hrsg. von Heinen, E.) Wiesbaden 1978, S 21-78.

Heinrich, L.J., Burgholzer, P.: Informationsmanagement. München 1987.

Hill, W.: Betriebswirtschaftslehre als Managementlehre. In: Betriebswirtschaftslehre als Management- und Führungslehre. (Hrsg. von Wunderer, R.), Stuttgart 1985, S. 111-146.

Hill, W.: Basisperspektiven der Managementforschung. In: Die Unternehmung, Heft 1 (1991), S. 2-15.

Hinder, W.: Strategische Unternehmensführung in der Stagnation. München 1986.

Hinterhuber, H.H.: Strategische Unternehmensführung. Band I: Strategisches Denken. 4. Auflage, Berlin, New York 1989.

Hinterhuber, H.H., Krauthammer, E.: Das Visionsteam im Unternehmen. In: io Management Zeitschrift, 58 Jg. (1989), Heft 6, S. 27-30.

Hobsbawn, E.J.: Die Blütezeit des Kapitals. Eine Kulturgeschichte der Jahre 1848-1875. München 1977.

Hopfenbeck, W.: Allgemeine Betriebswirtschafts- und Managementlehre, 4. Auflage, Landsberg/Lech 1991.

Horváth, P.: Controlling. München 1994.

Horváth, P., Mayer, R.: Prozeßkostenrechnung - der Weg zu mehr Kostentransparenz und wirkungsvolleren Unternehmungsstrategien. In: Controlling, 1. Jg. (1989), S. 214-219.

Horváth, P., Mayer, R.: Prozeßkostenrechnung - Konzeption und Entwicklungen. In: Kostenrechnungspraxis, Sonderheft 2 (1993).

Kapp, KW.: Zur Theorie der Sozialkosten und der Umweltkrise. In: Sozialisierung der Verluste? Die sozialen Kosten des privatwirtschaftlichen Systems. (Hrsg. von Kapp, K.W., Vilmar, F.), München 1972, S. 39-48.

Kapp, K.W.: Soziale Kosten der Marktwirtschaft. Frankfurt a. Main 1979.

Kappler, E.: Zur praktischen Berücksichtigung pluralistischer Interessen in betriebswirtschaftlichen Entscheidungen. In: Betriebswirtschaftliche Forschung und Praxis, (1977), Heft 29, S. 70-82.

Keilus, S.: Produktions- und kostentheoretische Grundlagen einer Umweltplankostenrechnung. Diss., Köln 1993.

Kern, W.: Investitionsrechnung. Stuttgart 1974.

Kirchgeorg, M.: Ökologieorientiertes Unternehmerverhalten. Wiesbaden 1990.

Kirsch, W.: Die Lernfähigkeit als Schlüsselfähigkeit evolutionsfähiger Systeme. (Unveröffentliches Arbeitspapier). München 1988.

Kirsch, W.: Kommunikatives Handeln, Autopoiese, Rationalität. (Unveröffentlichtes Arbeitspapier), München 1990.

Kirsch, W., Knyphausen, D.: Unternehmen und Gesellschaft. Die Standortbestimmung als Problem eines Strategischen Managements. In: Die Betriebswirtschaft, Nr. 48, Heft 4 (1988), S. 489-506.

Kirsch, W., Maaßen H.: Managementsysteme. 2. Auflage., München 1990.

Kloock, J., Sieben, G., Schildbach, T.: Kosten- und Leistungsrechnung. Düsseldorf 1990.

Kloock, J.: Betriebliche Abwasserwirtschaft. In: Das Wirtschaftsstudium, 19. Jg. (1990), S. 107-113.

Kloock, J.: Neuere Entwicklungen betrieblicher Umweltkostenrechnungen. In: Betriebswirtschaft und Umweltschutz. (Hrsg. von Wagner, G.R.), Stuttgart 1993, S. 179- 206.

Kluckhohn, C.: Values and value-orientations in the theory of action. In: Towards a general theory of action. (Hrsg. von Parsons, T., Shils, E.A.), Cambridge, Mass. 1951.

Koontz, H., O′Donnell, C.: Principles of management. An analysis of managerial functions. New York 1955 (in 9. Auflage 1988 von Koontz, H. und Weihrich H. unter dem Titel „Management" erschienen).

Kraemer, R.A.: Die Europäische Verordnung zum Umweltaudit. In: VT-Newsletter, Heft 2 (1995), S. 6-10.

Kreikebaum, H.: Strategische Unternehmensplanung, Stuttgart 1981.

Kudert, S.: Der Stellenwert des Umweltschutzes im Zielsystem einer Betriebswirtschaftslehre. In: WISU 19. Jg. (1990), S. 569-574.

Kunert AG, Kienbaum Unternehmensberatung GmbH, Institut für Management und Umwelt der Universität Augsburg (Hrsg.): Modellprojekt Umweltkostenmanagement - Abschlußbericht. Immenstadt 1995.

Laske, S.: Unternehmensinteresse und Mitbestimmung. In: Zeitschrift für Unternehmens- und Gesellschaftsrecht, Heft 8 (1979), S. 173-200;

Leipert, C.: Bruttosozialprodukt, defensive Ausgaben und Wohlfahrtsmessung - Zur Ermittlung eines von Wachstumskosten bereinigten Konsumindikators. In: Zeitschrift für Umweltpolitik, Heft 7 (1984).

Lenz: Moralische Normen und Opportunismus in der neueren Theorie der Unternehmung. In: Wirtschaftsethik. (Hrsg. von Schauenberg, B.), Wiesbaden 1991.

Leontief, W., u.a.: Die Zukunft der Weltwirtschaft: Bericht der Vereinten Nationen. Stuttgart 1977.

Lichtwer, L.: Differenzierte Wirkung des Umweltschutzes auf die Wettbewerbsstellung kleiner und mittlerer Unternehmen und auf Konzentrationstendenzen. In: Umwelt und Wettbewerb. (Hrsg. von Gutzler, H.), Baden-Baden 1981.

Löhr, A.: Unternehmensethik und Betriebswirtschaftslehre. Dissertation, Stuttgart 1991.

Löw, R.: Philosophische Begründung des Naturschutzes. In: Scheidewege, Heft 18 (1988/89), S. 149-167.

Luhmann, N.: Zweckbegriff und Systemrationalität, Tübingen 1968.

Luhmann, N.: Soziale Systeme. Frankfurt a.M. 1984.

Luhmann, N.: Ökologische Kommunikation. Kann die moderne Gesellschaft sich auf ökologische Gefährdungen einstellen? Opladen 1988.

Magyar, K.: Visionen schaffen neue Qualitätsdimensionen. In: Thexis 6 (6/1989).

Malik, F.: Kybernetische und methodische Grundlagen des strategischen Managements. Bern 1981.

Malinsky, A.H.: Umweltvorsorge - Politik für die Zukunft. In: Österreichische Zeitschrift für Vermessungswesen und Photogrammetrie, 76. Jg. (1988), Heft 3, S. 314-321.

Malinsky, A.H.: Umweltschutz und Unternehmerverhalten. Eine umweltwirtschaftliche Analyse. Linz 1993.

Malinsky, A.H. (Hrsg.): Betriebliche Umweltwirtschaft - Grundzüge und Schwerpunkte.

Wiesbaden 1996.

Malinsky, A.H., Dietachmair, T.: Umweltschutz - Beispiele für umweltverträgliche Produktionsprozesse in der o.ö. Industrie. Linz 1994.

Malinsky, A.H., Seidel, E.: Betriebswirtschaftslehre und Ökologie - Ansätze zu einer interdisziplinären Kooperation am Beispiel des betrieblichen Rechnungswesens. In: Unternehmenserfolg durch Umweltschutz. Rahmenbedingungen, Instrumente, Praxisbeispiele. (Hrsg. von Kreikebaum, H., Seidel, E., Zabel, H.-U.), Wiesbaden 1992, S. 32-52.

Männel, W.: Rechnungswesen. In: Handwörterbuch der Wirtschaftswissenschaften. (Hrsg. von Albers, W., u.a.), S. 456-478.

Marburger, E.-A.: Die ökonomische Beurteilung der städtischen Umweltbelastung durch Automobilabgase. Methoden und Quantifizierungsversuche. Dissertation Köln 1974.

Meadows, D.L., u.a..: Die Grenzen des Wachstums. Bericht an den Club of Rom zur Lage der Menschheit. Stuttgart 1972.

Meffert, H., Bruhn, M., Schubert, F., Walther, T.: Marketing und Ökologie - Chancen und Risken umweltorientierter Absatzstrategien der Unternehmungen. In: Die Betriebswirtschaft, 46. Jg. (1986), S. 140-159.

Meffert, H., Kirchgeorg, M.: Umweltschutz als Unternehmensziel. In: Marketing-Schnittstellen. (Hrsg. von Specht, G., Silberer, G., Engelhardt, W.H.), Stuttgart 1989, S. 179-200.

Meffert, H., Kirchgeorg, M.: Marktorientiertes Umweltmanagement. 2. Auflage, Stuttgart 1993.

Meffert, H., Kirchgeorg, M.: Ökologieorientiertes Konsumentenverhalten als markt- und wettbewerbsstrategische Herausforderung für das Umweltmanagement. In: Handbuch des integrierten Umweltmanagements. (Hrsg. von Steger, U.), München, Wien, Oldenbourg 1997, S. 217 - 239.

Mesarovic, M., Pestel, E.: Menschheit am Wendepunkt. 2. Bericht an den Club of Rome zur Weltlage. Stuttgart 1974.

Metzger, A.G.: Zur Problematik der Berücksichtigung ökologischer Aspekte bei der investitionsrechnerischen Beurteilung von Luftreinhaltemaßnahmen. Diss. Mannheim 1987.

Meyer-Abich, M.: Im sozialen Frieden zum Frieden mit der Natur. In: Wissen für die Umwelt, 17 Wissenschafter bilanzieren. (Hrsg. von Jänicke, M., Simonis, U., Weigmann, G.), New York 1985.

Miles, R.E., Snow, C.C.: Organizational strategy, structure and process. New York u.a. 1978.

Mintzberg, H.: Power In and Around Organizations. Englewood Cliffs 1983.

Monhemius, K.C.: Divergenzen zwischen Umweltbewußtsein und Kaufverhalten - Ansätze zur Operationalisierung und empirische Ergebnisse. Arbeitspapier Nr. 38 des Instituts für Marketing der Universität Münster, Münster 1990.

Moser, F.: Bewußtsein in Zeit und Raum. Graz 1988.

Müllendorf, R.: Umweltbezogene Unternehmungsentscheidungen unter besonderer Berücksichtigung der Energiewirtschaft. Frankfurt a.M. 1981.

Narodoslawsky, M.: Die Vision der Nachhaltigkeit. Tagungsband zum Symposium „Forschungs- und Entwicklungsprobleme der Kreislaufwirtschaft" an der TU Graz. (Hrsg. von Moser, F.), Graz 1993, S. 37- 50.

Nussbaum, R.: Umweltbewußtes Management und Unternehmensethik. Dissertation, Bern, Stuttgart 1994.

Odum, E.P., Reichholf, J.: Ökologie - Grundbegriffe, Verknüpfungen, Perspektiven. München 1980.

Parson, T.: Einige Grundzüge der allgemeinen Theorie des Handelns. In: Moderne amerikanische Soziologie. (Hrsg. von Hartmann, H.), Stuttgart 1973.

Pearce, D., Tuner, R. K.: Economics of natural Resources and Environment. New York 1990.

Peter, H.-B., Roulin, A., Schmid, D., Villet, M.: Wirtschaftsethische Leitlinien zur Überprüfung von Entschuldungsmaßnahmen. In: Kreative Entschuldung. (Hrsg. von Peter, H.-B.), Bern, Fribourg 1990.

Pfohl, H.-C., Braun, G.: Entscheidungstheorie - Normative und deskriptive Grundlagen des Entscheidens. Landsberg am Lech 1981.

Pfriem, R.: Können wir von der Natur lernen? Ein Begründungsversuch aus der Sicht des ökologischen Diskurses. In: IWE-Beiträge und Berichte. (Schriftenreihe des Institutes für Wirtschaftsethik an der Hochschule St. Gallen, Nr. 34), St. Gallen 1990.

Picot, A.: Betriebswirtschaftliche Umweltbeziehungen und Umweltinformationen. Berlin 1977.

Pieper, A.: Ethik und Moral. Eine Einführung in die praktische Philosophie. München 1985.

Prammer, H. K.: Einsatzgebiete und Leistungsfähigkeit ökobilanzieller Bewertungsverfahren. In: Betriebliche Umweltwirtschaft - Grundzüge und Schwerpunkte. (Hrsg. von Malinsky, A. H.), Wiesbaden 1996, S. 211-243.

Prammer, H.K.: Konzept und Praxis - Ökologische Bewertung von Dichtungsmassen. In: Müllmagazin, 10. Jg. (1997), Heft 4, S. 35-41.

Prammer, H.K.: Unternehmensethische Grundkonzepte als Bezugsrahmen für die Bewältigung der ökologischen Krise. In: Umweltwirtschaftsforum, 5. Jg. (1997), Heft 2, S. 78-82.

Probst, G.: Selbstorganisation. Berlin, Hamburg 1987.

Raffée, H., Fritz, W.: Dimensionen und Konsistenz der Führungskonzeption von Industrieunternehmen - Ergebnisse einer empirischen Untersuchung. In: Zeitschrift für betriebswirtschaftliche Forschung, Heft 44 (1992), S. 303-322.

Raffée, H., Förster, F., Fritz, W.: Umweltschutz im Zielsystem von Unternehmen. In: Handbuch des Umweltmanagements. (Hrsg. von Steger, U.), München 1992, S. 241-256.

Rat von Sachverständigen für Umweltfragen: Umweltgutachten 1974. (Hrsg. vom Bundesminister des Inneren), Bundestagsdrucksache 7/2802, Bonn 1974.

Rauberger, R., Wagner, B.: Leitfaden betriebliche Umweltkennzahlen. (Hrsg. vom Bundesministerium für Umwelt, Naturschutz und Reaktorsicherheit und Umweltbundesamt Berlin), Bonn, Berlin 1997.

Rich, A.: Wirtschaftsethik. 4. Auflage (1. Auflage. 1984), Gütersloh 1991.

Roth, K.: Ressourcenschutz als Unternehmensaufgabe. Anforderung an eine ökologische Unternehmenspolitik. In: Ökologische Reform der Unternehmen. (Hrsg. von Roth, K., Sander, R.), Köln 1992.

Rückle, D.: Investition. In: Handwörterbuch der Betriebswirtschaft. (Hrsg. von Wittmann, W. u.a.), Teilband 2, Stuttgart 1993, Sp. 1924-1936.

Schaltegger, S., Sturm, A.: Ökologieorientierte Entscheidungen in Unternehmen. Bern, Stuttgart, Wien 1992.

Schmidheiny, S.: Kurswechsel. Globale unternehmerische Perspektiven für Entwicklung und Umwelt. München 1992.

Schmidt, R.-B.: Unternehmensphilosophie und Umweltschutz. In: Umwelt und Ökonomie. (Hrsg. von Seidel, L., Strebel, H.), Wiesbaden 1991, S. 181-193.

Schmidt-Bleek, F.: Ökologie der Stoffströme, Enquete-Kommission Umwelt des Deutschen Bundestages. Wuppertal 1993.

Schreiner, M.: Umweltmanagement in 22 Lektionen. Wiesbaden 1993.

Schumacher, E.F.: Die Rückkehr zum menschlichen Maß. Reinbeck 1977; Türk, K.: Grundlagen einer Pathologie der Organisation. Stuttgart 1976.

Schweitzer, M.: Industrielle Fertigungswirtschaft. In: Industriebetriebslehre. (Hrsg. von Schweitzer, M.), München 1990, S. 561-696.

Seidel, A.: Ökologieorientiertes Controlling - Bezugsrahmen, Aktivitäten und Fallstudien zur Umsetzung einer Ökologieorientierung im Management. Sozial- und wirtschaftswissenschaftliche Dissertation, Linz 1993.

Seidel, E., Menn, H.: Ökologisch orientierte Betriebswirtschaftslehre. Stuttgart u.a. 1988.

Senn, J.F.: Ökologie-orientierte Unternehmensführung. Frankfurt/Main 1986.

Smith, A.: Der Wohlstand der Nationen. (Hrsg. und mit einer Würdigung des Gesamtwerks von Recktenwald, H.G.). München 1974 (London 1776).

Stähle, W.H.: Management. 3. Auflage, München 1987.

Stähler, C.: Strategisches Ökologiemanagement. München 1991.

Steger, U.: Umweltmanagement. Wiesbaden 1988.

Steger, U.: Umweltmanagement. Frankfurt/Main 1993.

Steinmann, H.: Zur Lehre von der "Gesellschaftlichen Verantwortung der Unternehmensführung". In: WiSt-Wirtschaftswissenschaftliches Studium, Heft 2 (1973), S. 472-478.

Steinmann, H., Gerum, E.: Reform der Unternehmensverfassung. Köln 1978.

Steinmann, H., Löhr, A.: Unternehmensethik. (1. Auflage 1989), Stuttgart 1991.

Steinmann, H., Löhr, A.: Grundlagen der Unternehmensethik. Stuttgart 1992.

Steinmann, H., Schreyögg, G.: Management. Wiesbaden 1993.

Stitzel, M.: Das Verhalten der Unternehmer gegenüber gesellschaftspolitischen Wandel. München 1976.

Stitzel, M.: Ökologische Ethik und wirtschaftliches Handeln. In: Wirtschaftsethik, Schnittstellen zwischen Ökonomie und Wissenschaftstheorie. (Hrsg. von Schauenberg, B.), Wiesbaden 1991, S. 101-116.

Strebel, H.: Umwelt und Betriebswirtschaft. Berlin 1980.

Strebel, H.: Industrie und Umwelt. In: Industriebetriebslehre. (Hrsg. von Schweitzer, M.), München 1990, S. 697-779.

Tellus-Institute (Hrsg.): Disposal Cost Fee Study: Final Report. Boston 1991.

The Boston Consulting Group (Hrsg.): Vision und Strategie. Die 34. Kronberger Konferenz. München 1988.

Thielemann, U.: Ökologische Ethik. An den Grenzen der praktischen Vernunft. In: IWE-Beiträge und Berichte. (Schriftenreihe des Institutes für Wirtschaftsethik an der Hochschule St. Gallen, Nr. 24), St. Gallen 1988, S. 17-34.

Thielemann, U.: Die Unternehmung als ökologischer Akteur? In: Ökologische Herausforderungen der Betriebswirtschaftslehre. (Hrsg. von Freimann, J.), Wiesbaden 1990, S. 43-72.

Ullmann, A.: Unternehmenspolitik in der Umweltkrise. Bern, Frankfurt a. M., München 1976.

Ulrich, H.: Management - Gesammelte Beiträge. Bern, Stuttgart 1984.

Ulrich, H.: Management-Philosophie in einer sich wandelnden Gesellschaft. In: Strategische Unternehmensplanung. (Hrsg. von Hahn, D., Taylor, B.), Heidelberg, Wien 1986, S. 798-810.

Ulrich, H.: Die Unternehmung als produktives soziales System - Grundlagen der allgemeinen Unternehmungslehre. Bern, Stuttgart 1970.

Ulrich, H., Krieg, W.: St. Galler Management-Modell. Bern, Stuttgart 1974.

Ulrich, H., Probst, G.: Anleitung zum ganzheitlichen Denken und Handeln. Ein Brevier für Führungskräfte. Bern, Stuttgart 1988.

Ulrich, P.: Konsensus-Management - Die zweite Dimension rationaler Unternehmensführung. In: Betriebswirtschaftliche Forschung und Praxis, Nr. 35 (1983), S. 70-84.

Ulrich, P.: Transformation der ökonomischen Vernunft, Fortschrittsperspektiven der modernen Industriegesellschaft. Bern, Stuttgart 1986.

Ulrich, P.: Die Weiterentwicklung der ökonomischen Rationalität - Zur Grundlegung der Ethik der Unternehmung. In: Ökonomische Theorie und Ethik. (Hrsg. von Biervert, B., Held, M.), Frankfurt a.M., New York 1987, S. 121-143.

Ulrich, P.: Wirtschaftethik und ökonomische Rationalität. Zur Grundlegung einer Vernunftsethik des Wirtschaftens. St. Gallen 1987.

Ulrich, P.: Zur Grundlegung einer Vernunftsethik des Wirtschaftens. In: IWE-Beiträge und Berichte. (Schriftenreihe des Institutes für Wirtschaftsethik, Hochschule St. Gallen, Nr. 19), St. Gallen 1987.

Ulrich, P.: Betriebswirtschaftslehre als praktische Sozialökonomie - Programmatische Überlegungen. In: Betriebswirtschaftslehre als Management und Führungslehre. (Hrsg. von Wunderer, R.), 2. Aufl., Stuttgart 1988, S. 191-230.

Ulrich, P.: Lassen sich Ökonomie und Ökologie wirtschaftsethisch versöhnen? In: Wirtschaftsethik und ökologische Wirtschaftsforschung. (Hrsg. von Seifert, K., Pfriem, R.), Bern, Stuttgart 1989.

Ulrich, P.: Betriebswirtschaftliche Rationalisierungskonzepte im Umbruch - neue Chancen ethikbewußter Organisationsgestaltung. In: Die Unternehmung, Heft 3 (1991), S. 146-166.

Ulrich, P: Ökologische Unternehmenspolitik im Spannungsfeld von Ethik und Erfolg. In: IWE-Beiträge und Berichte. (Schriftenreihe des Institutes für Wirtschaftsethik an der Hochschule St. Gallen, Nr. 47), St. Gallen 1991.

Ulrich, P.: Unternehmensethik - Führungsinstrument oder Grundlagenreflexion. In: Unternehmensethik. (Hrsg. von Steinmann, H., Löhr, A.), Stuttgart 1991, S. 189-210.

Ulrich, P.: Moral in der Marktwirtschaft. In: Evangelische Kommentare, Heft 2 (1992), S 76-89.

Ulrich, P.: Integrative Wirtschafts- und Unternehmensethik - ein Rahmenkonzept. In: IWE-Beiträge und Berichte. (Schriftenreihe des Institutes für Wirtschaftsethik an der Hochschule St. Gallen, Nr. 55), St. Gallen 1993.

Varela, F.J.: Principles of Biological Autonomy. New York 1979.

Vester, F.: Unsere Welt - ein vernetztes System. München 1980; Ders.: Neuland des Denkens. Vom technokratischen zum kybernetischen Zeitalter. München 1980.

Wagner, G.R.: Unternehmung und ökologische Umwelt - Konflikt oder Konsens? In: Unternehmung und ökologische Umwelt. (Hrsg. von Wagner, G.R.), München 1990, S. 1-28.

Wicke, L.: Plädoyer für ein offensives Umweltmanagement. In: Chancen der Betriebe durch Umweltschutz. (Hrsg. von Pieroth, E., Wicke, L.), Freiburg im Breisgau 1988, S. 11-33.

Wicke, L.: Umweltschutz zahlt sich aus. In: Umwelt und Energie. Handbuch für die betriebliche Praxis. Gruppe 12 (Betriebswirtschaft/Volkswirtschaft), Freiburg im Breisgau 1988, S. 269-306

Wicke, L.: Umweltökonomie. 3. Auflage, München 1991.

Wicke, L. u.a.: Betriebliche Umweltökonomie. München 1992.

Wiedmann, K.-P.: Gesellschaft und Marketing - Neuorientierung der Marketingkonzeption im Zeichen des gesellschaftlichen Wandels. In: Marketing-Schnittstellen. (Hrsg. von Specht, G., Silberer, G., Engelhardt, H.), Stuttgart 1989.

Wiesmann, D.: Management und Ästhetik, München 1989.

Wild, J.: Grundlagen der Unternehmensplanung. 4. Auflage., Opladen 1980.

Winje, D., Witt, D. Energiewirtschaft - Band II (Handbuchreihe Energieberatung/Energiemanagement, hrsg. von Winje, D., Hanitsch, R.), Köln 1991.

Winter, S.G.: Economic natural selection and the theory of the firm. In: Yale Economic Essays, Nr. 4 (1964), S. 225-272.

Witte, E.: Entscheidungsprozesse. In: Handwörterbuch der Organisation. (Hrsg. von Grochla, E.), Stuttgart 1969, Sp. 498-506.

Wittkämper, G.: Analyse und Planung in Verwaltung und Wirtschaft. Bonn, Bad Godesberg 1972.

Wöhe, G.: Einführung in die Allgemeine Betriebswirtschaftslehre. München 1973.

Zwintz, R.: Die monetäre Bewertung materieller und immaterieller Umweltschäden. In: Umweltstrategie. Materialien und Analysen zu einer Umweltethik der Industriegesellschaft. (Hrsg. von Engelhardt, H.D.), Gütersloh 1975, S. 192-220.

Regelwerke und sonstige Quellen

BSO/Origin: Annual Accounts 1992. Utrecht (Niederlande) 1993.

Ciba-Geigy: Vision 2000. o. Ort, o.J.

ISO 14001:1996 Umweltmanagementsysteme - Spezifikation mit Anleitung zur Anwendung. (Hrsg. von der International Organisation for Standardization), 1996.

ISO/DIS 14.031 Environmental performance evaluation - Draft International Standard des ISO/TC 207/SC 4. (Hrsg. von der International Organisation for Standardization), 1997.

Spiegel Spezial (Sonderausgabe): Bericht des Club of Rome 1991 - Die globale Revolution. Hamburg 1991.

Verordnung (EWG) Nr. 1836/93 des Rates vom 29. Juni 1993 über die freiwillige Beteiligung gewerblicher Unternehmen an einem Gemeinschaftssystem für das Umweltmanagement und die Umweltbetriebsprüfung (Öko-Audit-Verordung).

Adolf Heinz Malinsky

Betriebliche Umweltwirtschaft

Grundzüge und Schwerpunkte

1996, X, 340 Seiten, Broschur DM 68,–
ISBN 3-409-12178-1

In den 70er und 80er Jahren wurden dem materiellen Wohlstand und dem kontinuierlichen Wirtschaftswachstum im Wertgefüge der Gesellschaft höchste Priorität eingeräumt. Heute nehmen dagegen Umwelt und Gesundheit den höchsten Stellenwert ein. Unternehmen, die sich diesen Wertveränderungen verschließen, geraten zunehmend in Mißkredit. Prestigeverlust, Probleme mit Anrainern und Bürgerinitiativen sowie der Verlust von Marktanteilen sind die Folgen.

Renommierte Wirtschaftswissenschaftler und Unternehmenspraktiker beleuchten vor diesem Hintergrund die wichtigsten Aspekte der aktuellen umweltwirtschaftlichen Diskussion und bieten Konzepte zur Gestaltung eines ganzheitlich orientierten und das betriebliche Umfeld berücksichtigenden Managements. Ihre Themenschwerpunkte sind:

– Ökologie und Produktgestaltung;
– umweltorientiertes Stoff- und Energiemanagement;
– ökologieorientierte Rechen- und Bewertungsverfahren sowie
– umweltorientierte Kommunikation und Organisation.

„Betriebliche Umweltwirtschaft" wendet sich an Wissenschaftler und Studenten der Betriebswirtschaftslehre mit dem Schwerpunkt Umweltmanagement sowie an Führungskräfte in Unternehmen, Unternehmensberater und Umweltbeauftragte.

Betriebswirtschaftlicher Verlag Dr. Th. Gabler GmbH, Abraham-Lincoln-Str. 46, 65173 Wiesbaden